U0456472

《色达县的生物多样性》编委会

编 印 统 筹：甘孜州色达生态环境局　四川大学生命科学学院

编委会主任：罗　林

副 　主 　任：易西泽仁

主 　　　编：窦　亮

副 　主 　编：王东磊　王　磊

编 　　　委：(按姓氏拼音为序)

苟民钟　何晓兰　李　斌　李世美

洛绒次称　鲁　程　桑巴绒波顿珠

帅　军　陶　敏　王明祥　杨创明

付志玺

色达县
的生物多样性

甘孜州色达生态环境局
四川大学生命科学学院　/组织编写

窦亮 / 主编

唐古特岩黄芪　黑颈鹤　岩羊
光核桃　变红蜡伞
红桦　大花红景天　水鹿

四川大学出版社
SICHUAN UNIVERSITY PRESS

图书在版编目（CIP）数据

色达县的生物多样性 / 窦亮主编 . -- 成都 ：四川
大学出版社，2024. 11. --（生物多样性研究丛书）.
ISBN 978-7-5690-7493-2

Ⅰ . Q16

中国国家版本馆 CIP 数据核字第 2025EP9788 号

书　　名：色达县的生物多样性
　　　　　Seda Xian de Shengwu Duoyangxing
主　　编：窦　亮
丛 书 名：生物多样性研究丛书

丛书策划：蒋　玙
选题策划：蒋　玙
责任编辑：蒋　玙
责任校对：龚娇梅
装帧设计：墨创文化
责任印制：李金兰

出版发行：四川大学出版社有限责任公司
　　　　　地址：成都市一环路南一段 24 号（610065）
　　　　　电话：（028）85408311（发行部）、85400276（总编室）
　　　　　电子邮箱：scupress@vip.163.com
　　　　　网址：https://press.scu.edu.cn
审 图 号：川 S【2025】00001 号
印前制作：四川胜翔数码印务设计有限公司
印刷装订：成都金阳印务有限责任公司

成品尺寸：210mm×285mm
印　　张：11.75
插　　页：12
字　　数：406 千字

版　　次：2025 年 3 月 第 1 版
印　　次：2025 年 3 月 第 1 次印刷
定　　价：108.00 元

扫码获取数字资源

本社图书如有印装质量问题，请联系发行部调换

版权所有 ◆ 侵权必究

四川大学出版社
微信公众号

目　录

绪　言

加强生物多样性调查监测和科学研究，强化生物多样性保护监管，加大宣传力度，促进全社会共同参与生物多样性保护，是色达县实现生态价值转化的途径之一，也是色达县积极争创生态文明建设示范县的基础工作，具有重要的现实意义。2023 年，项目组在色达县开展了生物多样性调查工作，现将调查成果汇总如下。

1. 总体概况

根据野外调查结果并参考相关历史资料，色达县域共记录到高等植物 120 科 387 属 1024 种。其中苔藓植物有 44 科 91 属 166 种，蕨类植物有 7 科 8 属 9 种，裸子植物有 3 科 6 属 22 种，被子植物有 66 科 282 属 827 种。

色达县分布有野生脊椎动物 28 目 74 科 260 种，包括陆生哺乳类 56 种、鸟类 183 种、两栖类 7 种、爬行类 4 种、鱼类 10 种。本次调查还记录到昆虫 128 种、大型真菌 149 种、浮游植物 71 种、浮游动物 28 种、大型底栖动物 12 种、周丛藻类 36 属。

在这些物种中，国家二级保护野生植物有 16 种；国家一级保护野生动物有 15 种，国家二级保护野生动物有 47 种。

本次调查发现疑似大型真菌新种 3 种，分别隶属于卷毛菇属、地花菌属和粉褶蕈属。色达县还分布有国家二级保护大型真菌 1 种，为冬虫夏草。

2. 高等植物

根据野外调查结果并参考相关历史资料，色达县内共有陆生高等植物 120 科 387 属 1024 种。其中苔藓植物有 44 科 91 属 166 种，蕨类植物有 7 科 8 属 9 种，裸子植物有 3 科 6 属 22 种，被子植物有 66 科 282 属 827 种。

依据 2021 年发布的《国家重点保护野生植物名录》，经过资料调查与野外调查评估，色达县分布有国家二级保护野生植物 16 种，分别为红花绿绒蒿、大花红景天、四裂红景天、桃儿七、独叶草、匙叶甘松、水母雪兔子、辐花、羽叶点地梅、甘肃贝母、梭砂贝母、西藏杓兰、紫点杓兰、西南手参、手参和三刺草。

色达县内共有特有种植物 50 科 134 属 290 种。

根据《中国生物多样性红色名录——高等植物卷》，统计出色达县有 17 种受威胁〔包括极危（CR）、濒危（EN）和易危（VU）〕物种，其中，濒危物种有 5 种，分别为大花红景天、辐花、手参、紫点杓兰、赛莨菪；易危物种有 12 种，分别为褐紫乌头、鳞皮冷杉、康定杨、甘肃贝母、独叶草、西南手参、四川菠萝花、红花绿绒蒿、水母雪兔子、川滇槲蕨、梭砂贝母、紫果冷杉；近危（NT）物种有 23 种，分别为直立点地梅、新山生柳、微柔毛花椒、金沙绢毛菊、西藏沙棘、多刺绿绒蒿、羽叶点地梅、金川粉报春、紫罗兰报春、四裂红景天、桃儿七、扇唇舌喙兰、匙叶甘松、斗叶马先蒿、高葶点地梅、角盘兰、毛花龙胆、青海锦鸡儿、中华羊茅、异色红景天、华西小红门兰、三刺草、西藏鳞果草；无危（LC）物种有 555 种；数据缺乏（DD）物种和未评价（NE）物种有 263 种。

3. 植被

参照《四川植被》一书，色达县属于川西北高原灌丛、草甸地带，雅砻江上游植被地区，石渠、色达植被小区。

根据《四川植被》的分类标准，色达县的自然植被共划分为 5 个植被型，14 个群系组和 47 个群系。

4. 陆生哺乳动物

根据野外实地调查数据，并结合红外相机监测资料、历史调查资料和相关文献资料，按照《四川兽类志》（刘少英等，2023）的分类体系，色达县内已知哺乳类有 6 目 18 科 56 种。

根据 2021 年发布的《国家重点保护野生动物名录》，统计出县域内有国家重点保护野生动物哺乳类 22 种。其中国家一级保护野生动物哺乳类有 5 种，分别为荒漠猫、雪豹、马麝、白唇鹿和西藏马鹿；国家二级保护野生动物哺乳类有 17 种，包括猕猴、黑熊、棕熊、黄喉貂、狼、赤狐、藏狐、欧亚水獭、豹猫、兔狲、猞猁、毛冠鹿、水鹿、藏原羚、岩羊、中华鬣羚和中华斑羚。

色达县内有中国特有兽类 14 种，包括藏鼩鼱、陕西鼩鼱、云南鼩鼱、斯氏缺齿鼩、荒漠猫、白唇鹿、藏原羚、高原鼢、四川林跳鼠、青海松田、高原松田鼠、高山姬鼠、间颅鼠兔和川西鼠兔。

根据《中国生物多样性红色名录——脊椎动物卷（2020）》，县域内受威胁〔包括极危（CR）、濒危（EN）、易危（VU）〕的哺乳动物多达 14 种，其中极危物种有 2 种，为荒漠猫和马麝；濒危物种有 6 种，分别为欧亚水獭、兔狲、猞猁、雪豹、西藏马鹿和白唇鹿；易危物种有 6 种，分别为棕熊、黑熊、黄喉貂、豹猫、中华鬣羚和中华斑羚。此外，近危（NT）物种有 12 种，无危（LC）物种有 30 种。

5. 鸟类

根据野外实地调查数据，并结合红外相机监测资料、历史调查资料和相关文献资料，按照《中国鸟类分类与分布名录（第四版）》（郑光美，2023）的分类体系，色达县内已知鸟类有 17 目 45 科 183 种。

根据 2021 年发布的《国家重点保护野生动物名录》，统计出县域内有国家重点保护野生鸟类 35 种。其中国家一级保护野生鸟类有 11 种，分别为斑尾榛鸡、红喉雉鹑、黑颈鹤、黑鹳、中华秋沙鸭、胡兀鹫、秃鹫、草原雕、金雕、猎隼和黑头噪鸦；国家二级保护野生鸟类有 24 种，包括藏雪鸡、血雉、白马鸡、蓝马鸡、花脸鸭、鹮嘴鹬、高山兀鹫、赤腹鹰、雀鹰、苍鹰、白尾鹞、黑鸢、大鵟、普通鵟、喜山鵟、纵纹腹小鸮、三趾啄木鸟、黑啄木鸟、红隼、游隼、白眉山雀、中华雀鹛、大噪鹛和橙翅噪鹛。

色达县有中国特有鸟类 11 种，包括斑尾榛鸡、红喉雉鹑、白马鸡、蓝马鸡、黑头噪鸦、白眉山雀、地山雀、凤头雀莺、大噪鹛、山噪鹛和橙翅噪鹛。

根据《中国生物多样性红色名录——脊椎动物卷（2020）》，县域内受威胁〔包括极危（CR）、濒危（EN）、易危（VU）〕的鸟类有 11 种，其中濒危鸟类有 3 种，分别为中华秋沙鸭、草原雕和猎隼；易危鸟类有 8 种，分别为斑尾榛鸡、红喉雉鹑、黑颈鹤、黑鹳、秃鹫、金雕、大鵟和黑头噪鸦。此外，近危（NT）鸟类有 17 种，无危（LC）鸟类有 154 种，数据缺乏（DD）鸟类有 1 种。

6. 两栖类和爬行类

根据野外调查结果并结合历史资料，按照《四川省两栖爬行动物分布名录》（蔡波等，2018）中的分类系统，色达县已知有两栖类 2 目 5 科 6 属 7 种。根据《国家重点保护野生动物名录》（2021 年），色达县有国家二级保护野生动物两栖类 1 种，为西藏山溪鲵。根据《中国生物多样性红色名录——脊椎动物卷》，统计出色达县受威胁的两栖类物种有 1 种，为西藏山溪鲵，被列为易危（VU）。

根据野外调查结果并结合历史调查资料，按照《四川省两栖爬行动物分布名录》（蔡波等，2018）中的分类系统，色达县已知有爬行类 1 目 3 科 3 属 4 种，均为有鳞目物种。色达县分布的 4 种爬行类全部为中国特有种。根据《中国生物多样性红色名录——脊椎动物卷（2020）》，色达县无受威胁的爬行类物种。近危（NT）爬行类物种有高原蝮 1 种。

7. 昆虫

本次野外调查共采集昆虫标本 150 多号，经鉴定为 8 目 38 科 128 种。根据 2021 年发布的《国家重点保护野生动物名录》，色达县有国家二级保护野生动物昆虫 1 种，为君主绢蝶。

8. 大型真菌

根据野外实地调查和访问，色达县目前已知分布有大型真菌 149 种。野外调查共采集制作大型真菌标本 370 份，基于形态学和分子生物学方法，共鉴定出大型真菌 2 门 5 纲 14 目 38 科 84 属 146 种。基于走访，另发现冬虫夏草 *Ophiocordyceps sinensis*，黄绿卷毛菇 *Floccularia luteovirens* 和羊肚菌 *Morchella* sp. 在色达境内也有分布。

色达县共有中国特有大型真菌 24 种，占总物种的 16.1%。

本次调查发现疑似新种 3 个，分别隶属于卷毛菇属 *Floccularia*、地花菌属 *Albatrellus* 和粉褶蕈属 *Entoloma*，在形态特征与 ITS 序列上与已报道的近似种有较大差别。

根据《中国生物多样性红色名录——大型真菌卷》统计出色达县有易危（VU）物种 2 种，为金耳 *Naematelia aurantialba*、冬虫夏草 *Ophiocordyceps sinensis*；近危（NT）物种 2 种，为东方钉菇 *Gomphus orientalis*、离生枝瑚菌 *Ramaria distinctissima*；无危（LC）物种 67 种；数据缺乏（DD）物种 16 种；未被记录物种有 62 种。

9. 鱼类

通过现场调查、走访并结合《四川鱼类志》（丁瑞华，1994）以及色达县农业农村局保存的历史资料，色达县内共分布有鱼类 10 种，隶属于 2 目 3 科。

色达县有国家二级保护野生鱼类 3 种，分别为重口裂腹鱼、青石爬鳅和厚唇裸重唇鱼；长江上游特有鱼类 2 种，软刺裸裂尻和大渡软刺裸裂尻。

依据《中国物种红色名录》，青石爬鳅被评估为极危（CR），黄石爬鳅为濒危（EN）。

10. 浮游生物

本次调查共检出浮游植物 5 门 41 属 71 种，其中硅藻为主要类群，共 28 属 53 种；其次为绿藻 8 属 10 种、蓝藻 2 属 5 种；隐藻门、金藻种类较少，分别为 2 属 2 种和 1 属 1 种。两次调查均以硅藻为主要优势类群，优势属包括脆杆藻、等片藻、曲壳藻、桥弯藻、舟形藻等。总体说来，两次调查中浮游植物物种组成、现存量、多样性等特征与调查水域位于高海拔地区高山峡谷地带，温度低，水流速度快等环境特征相符合。

本次调查检出浮游动物 4 类 28 种（属/目），其中轮虫最多，为 16 种/属，其次依次为原生动物 8 种/属、枝角类 2 属、桡足类 2 目。两次调查均发现 4 条河流中达曲浮游动物略多，泥曲最少。由于浮游动物现存量较低，无法衡量优势种属，常见种属包括匣壳虫、须足轮虫、轮虫、猛水蚤、尖额溞等。浮游动物种类数与现存量均较少，与研究水域水流速度快、水温低、营养水平较低、浮游植物现存量不丰富有关。

11. 大型底栖无脊椎动物

鉴定共获得大型底栖动物共 12 种（属），隶属于 1 门 2 纲 5 目 11 科，其中水生昆虫有 11 种，占总数的 91.67%；软甲纲有 1 种。色达县重点水域色曲、杜柯河、泥曲和达曲大型底栖动物种类组成差异不大,均以喜清洁水体的水生昆虫类群为主,但样点之间存在明显的时空差异。在密度和生物量方面,两次调查结果差异不大,可能与采样时期在同一季节有关;但在生物量组成上差异明显,可能与采样期间持续降雨导致河流水位上涨有关;调查区域密度与生物量组成变化规律一致:达曲>泥曲>色曲>杜柯河。在生物多样性组成方面,以达曲生物多样性指数最高,杜柯河生物多样性指数最低。

总体而言,色达县内主要河流大型底栖动物生物多样性指数不高,物种组成和分布与所处高海拔、低水温等环境相吻合。

12. 周丛藻类

本次调查共检出周丛藻类 5 门 36 属,与浮游植物组成情况类似,硅藻为主要类群,共 19 属;其次为蓝藻 8 属、绿藻 7 属;隐藻与金藻种类较少,各检出 1 属。总体上,研究水域周丛藻类种类数不甚丰富。两次调查均发现 4 条河流中色曲现存最高,杜柯河最低;多样性差异不显著,三种指数均不高。从现存量来看,两次调查水域周丛藻类优势种属以硅藻为主,包括硅藻门脆杆藻、曲壳藻、桥弯藻、异极藻、等片藻、瑞氏藻等,7 月还有绿藻门丝藻、蓝藻门颤藻和鞘丝藻优势。总的来说,周丛藻类种类组成、现存量、优势属、多样性等特征与研究水域水流速度较快、混合均匀、泥沙含量较大、水温低等环境特征符合。

第 1 章　县域概况

1.1　自然地理概况

1.1.1　地理位置

色达，意为"金马"，相传在县城所在地"色塘"发现一马形黄金而得名，故名金马草原。色达县隶属于四川省甘孜藏族自治州。位于青藏高原东部，四川省甘孜藏族自治州西北部，北纬 31°38′～33°20′，东经 98°48′～101°00′。东邻阿坝州壤塘县，北与青海省的班玛、达日两县接壤，西部和南部分别与本州的甘孜、炉霍两县毗邻。辖 4 个片区（泥曲片区、色曲片区、色塘片区、色尔坝片区）。

1.1.2　地质地貌

色达县地处青藏高原南缘，巴颜喀拉山褶皱带，属川西地槽系。全县为三断层所切，呈西北或西向，属金汤弧西翼；色达断层沿歌乐沱—洛若—色达线斜穿泥曲上红科；康勒断层沿塔子—康勒线穿泥曲流域；鲜水河断层，仅在达曲右侧出现。三断层除色达—洛若—歌乐沱断层相对稳定外，其余两断层均处于活动状态。地震烈度为 6～8 度。地质属海相沉积岩，第四纪洪冲、冰川、泥石流堆积层，三叠系砂石、板岩和灰岩及少量印支花岗岩、松软破碎的沙石屑堆于高原面上，可取片、块、条石及砂、卵石料。

全县地势由西北向东南倾斜，西北高，东南低，平均海拔 4127m，最高海拔 4961m。全县大部为典型的丘状高原，海拔 3500m 以下的色尔坝区，河流深切，流水侵蚀严重，为高原山原地貌，山陡地薄，耕地零碎，含水保肥力差。海拔 4000m 以上为典型的丘原，相对高差 500～1000m，分水岭也有平坝保存；4000～4600m 属高山区，高寒沼泽土、高寒草丘沼泽草甸发育。4600m 至雪线以下为高山寒漠土。高寒草丘沼泽草甸分布最广，面积最大，土壤厚度一般在 30～70cm，棕褐或黑褐色，土壤中含砾石量很高。

1.1.3　气候条件

色达气候属大陆季风高原型，因受地形地势制约，气候垂直变化大。分四个气候带：高山草甸寒带、亚高山草甸寒带、森林草甸寒温带、山原凉温带，均受西风南支气流、印度洋西南季风和太平洋东南季风三大气团影响。长冬无夏，四季不明，无绝对无霜期。年平均气温−0.1℃，一月平均气温−11.3℃，七月平均气温 9.8℃，四季均可出现霜、雪。年均降水量 646mm，光照充足，年平均日照时值总数 2451h。年蒸发量 1266.4mm，为降水量的 2 倍。每年均有不同程度的霜冻、低温、寒潮和冰雹、洪涝等灾害，对牧草、农作物、人畜安全有一定影响。

1.1.4 县流域概况

色达县内有四大河流，河谷宽浅，多支汊和心滩。达曲、泥曲系雅砻江上游二级支流；色曲、杜曲系大渡河水系。泥曲发源于巴颜喀拉山南麓、源头在桑次贡玛等地，流长 230km；达曲流经县西南部，流长 90km；色曲源于县内拖汝沟等三源，由北向南在歌乐沱注入杜曲，流长 144km；杜柯河从县内东北部流过，流长 81km。多年平均径流总量 49.36 亿立方米。水能蕴藏量 63.48 万千瓦。

1. 达曲

达曲（图 1.1-1）是雅砻江水系鲜水河支流，属达通玛虫草山上最大的河流，源于巴颜喀拉山南麓、甘孜县与石渠县交界处戈页拉卡山；东南流与泥曲平行，经大塘坝牛场、大德、达通玛，于夺绒林入色达县然充乡。达曲河横穿牟尼芒起山和工卡拉山间的山原区，在然充寺南入甘孜县，于县城汇入鲜水河，全长 274km，流域面积 5230km²；河宽 20～60m，落差 1330m，水能蕴藏量 27.6 万千瓦，主要支流有白玛、阿沙、夺绒塘、柯仁弄等。

图 1.1-1 达曲上游然充乡河段生境

2. 泥曲

泥曲（图 1.1-2）是鲜水河上游主要支流，藏语意为"太阳河"。由西北向东南流经色达尼朵、克果、康勒、大则等乡镇，最后在大则乡卡西村出境，色达县境内长度 92km，流域面积 3882km²，河流平均比降 3.3‰。多年平均径流深 240mm，多年平均径流量 29.53m³/s，多年平均径流总量 9.3 亿立方米，水能蕴藏量 8.46 万千瓦。雨水是河流的主要补给，冰雪融水次之。泥曲的支流众多，呈羽毛状结构，流域面积在 100km² 以上的有 5 条。

图 1.1-2　泥曲生境

3. 色曲

色曲（图 1.1-3），藏语意为"金河"。色曲是色达县中部的一条常年性河流，属大渡河上游支流；发源于巴颜喀拉山南麓，源头在境内海拔 4860m 的恰依岗娘；上游的色吾沟、拖汝沟与拥拉沟在竹日康夺汇合后始称色曲河；河流由西北向东流经县城、色塘、色尔坝 2 区、8 乡，最后在阿坝州壤塘县境注入杜柯河，色达县境内全长 144km，流域面积 3234km²，落差 1000m，平均比降 6.92‰；多年平均径流深 325mm，多年平均径流量 33.32m³/s，多年平均径流总量 10.5 亿立方米，水能理论蕴藏量 18.4kW。

色曲主要依靠降水补给，冰雪融水次之。色曲流域内的河床切割较深，年输沙量 19 万吨，支流（流域面积 100km² 以上）有 5 条，其中两条较大支流分别是错依（位于年龙乡境内，色曲主要支流上，距县城 21km 的色拉沟内）和错合（位于洛若境内，色曲支流上，距县城 13.12km 的字清沟内）。

图 1.1-3　色曲生境（上游、中游和下游）

4. 杜柯河

杜柯河（图 1.1-4）是大渡河上游绰斯甲河上游左支流。杜柯河源于班玛县，源于巴颜喀拉山东段，流向南东，经壤塘城，全长 330km，杜柯河在色达境内长约 50km，最大流量 185m³/s；源头沼泽发育，中游河谷宽线，水势平缓，曲流发育。下游位山原区，比降增大。流经阿坝州壤塘之上杜柯等五乡，至金川汇入大渡河。河岸草滩沿至山脚，山岭之上林木森森。

图 1.1-4 杜柯河生境（年龙乡）

1.2 社会经济概况

1.2.1 行政区划与人口

截至 2021 年，色达县辖 5 个镇（色柯镇、翁达镇、洛若镇、泥朵镇、甲学镇），11 个乡（克果乡、然充乡、康勒乡、大章乡、大则乡、亚龙乡、塔子乡、年龙乡、霍西乡、旭日乡、杨各乡），

129 个行政村，5 个社区（光明、团结、吉祥、安康、阿交）。

截至 2021 年末，全县常住人口 6.44 万人。其中：城镇人口 1.63 万人；乡村人口 4.81 万人；城镇化率达到 25.31%。

1.2.2 经济概况

经四川省统计局统一核算，2022 年全县地区生产总值达到 172065 万元，比上年增长 1.7%。其中，第一产业增加值 58668 万元，增长 4.1%；第二产业增加值 11413 万元，下降 2.1%；第三产业增加值 101984 万元，增长 0.6%。三次产业占地区生产总值的比重由 2021 年的 33.45：6.62：59.93 调整为 2022 年的 34.10：6.63：59.27。

2022 年，全年农作物播种面积 14600 亩，其中，粮食作物播种面积为 13200 亩；经济作物播种面积 10400 亩。经济作物播种面积中，油菜籽播种面积 300 亩；中药材播种面积 9000 亩；蔬菜及食用菌播种面积 1100 亩。全年粮食产量 2500t，与去年持平；油菜籽产量 50t，增长 25%；蔬菜产量达 2200t，与去年持平。年末各类牲畜存栏 330618 头（只、匹），下降 25.2%（牲畜调查数据）。其中，牛存栏 208900 头，降低 25.2%；马存栏 40711 匹，降低 9.6%；羊存栏 81007 只，下降 31.2%；生猪存栏 290 头，下降 8.5%。全县各类牲畜出栏 74878 头（只），较去年增长 2.2%。其中，出栏肉用猪 197 头，出售和自宰肉用牛 69689 头，较去年增长 1.2%；出售和自宰肉用羊 4992 只，较去年增长 3.48%。

全县肉类总产量 9705t，增长 3.9%。其中，猪肉产量 13t；牛肉产量 8858t，增长 4%；羊肉产量 834t，增长 3.2%；牛奶产量 10936t，增长 0.61%。

2022 年，全年全部工业增加值达到 2067 万元，下降 3.1%。建筑业增加值 9346 万元，下降 1.8%。全县统计入库的资质以上总承包和专业承包建筑企业个数为 8 家。

2022 年共完成全社会固定资产投资 128783 万元，同比增长 6.8%。分产业看，第一产业完成固定资产投资 33818 万元，增长 37.9%；第二产业完成固定资产投资 13399 万元，增长 91.4%；第三产业完成固定资产投资 81566 万元，下降 8.5%。第二产业中，工业投资增长 126.3%。

全县统计入库社会消费品零售总额限额以上单位 6 家。其中，企业 5 家，个体户 1 家（批发零售业单位 2 家、住宿和餐饮业单位 4 家）。全年完成社会消费品零售总额 35260 万元，下降 0.8%。

地方财政一般公共预算收入 6099 万元，同比增长 3.92%。

1.2.3 教育事业

截至 2022 年末，全县各级各类学校共 76 所。其中：幼儿园 57 所，小学 17 所，中学 1 所，九年一贯制学校 1 所。全县各级各类学校在校学生共 14363 人。其中，在校幼儿园 2755 人，学前三年毛入学率 85%；小学在校学生 9132 人，小学阶段入学率达 100%；初中在校学生 2476 人，初中阶段毛入学率达 112%。全县共有教师 729 人，其中初中教师 157 人，小学教师 455 人，幼儿教师 117 人。

1.2.4 医疗卫生

截至 2022 年末，全县有医疗卫生机构 20 个。其中，综合医院 1 家，民族医院 1 家，中医医院 0 家，乡镇卫生院 16 个，疾病预防控制中心 1 个，妇幼保健机构 1 个，卫生监督机构 1 个，诊所 4 个，村卫生室 134 个。医疗卫生机构床位 268 张。其中，县级医院有床位 220 张，妇幼保健机构有床位 80 张（县医院实际开放 90 张，妇幼保健院实际开放 26 张，藏医院实际开放 26 张），卫生院有床位 210 张；全县开放床位 268 张。卫生技术人员 286 人，其中执业医师和执业助理医师 82 人，注册护士 93 人。妇幼保健机构中，执业医师和执业助理医师 9 人，注册护士 12 人。乡镇卫生院中，执业医师和执业助理医师 30 人，注册护士 24 人。

1.2.5　社会保障

2022 年全年全体居民人均可支配收入 20644 元，增长 11％。按常住地分，城镇居民人均可支配收入 46001 元，增长 4.6％。人均消费性支出 27221 元，增长 4.4％。农村居民人均可支配收入 15247 元，增长 6.5％。农村居民人均生活消费支出 11773 元，增长 5.4％。城镇恩格尔系数 40.6％，比上年下降 5％；农村恩格尔系数 47.2％，比上年下降 2％。

2022 年全县企业基本养老保险参保 1788 人，离退休 600 人。机关事业单位养老保险参保 2512 人，离退休 959 人。城乡居民养老保险参保 24137 人，其中领取待遇 4092 人。工伤保险参保 4012 人。

1.2.6　交通运输

2022 年末全县公路通车里程达到 315.694km。其中，国道 134.144km，省道 179.93km。公路总里程中，二级公路 52.259km，三级公路 263.435km。全年客运量 10703 人，同比 2021 年增长 22％；客运周转量 471369km。

1.3　生态文明建设概况

党的十八大以来，色达县牢固树立"绿水青山就是金山银山、冰天雪地也是金山银山"理念，始终牢记"保护好青藏高原生态就是对中华民族生存和发展的最大贡献"的重要使命，强力推进生态文明建设和生态环境保护，生态环境质量不断提升。

高标准编制《色达县创建国家生态文明建设示范县规划（2020—2030 年）》，规划项目 54 个。划定生态保护红线面积 2771.68km²，占县域总面积的 31.57％。2021 年成功创建四川省首批"省级生态县"，连续四年被中国共产党甘孜藏族自治州委员会、甘孜藏族自治州人民政府评为生态环境保护"党政同责"先进县。先后被列入国家生态综合补偿试点县、国家草原畜牧业转型升级试点县、四川省首批生态产品价值实现机制试点县、四川省首批林草碳汇项目开发试点县。

十年来，色达县生态文明建设和生态环境保护取得历史性成就，地表水环境质量连续五年达到Ⅱ类及以上标准，环境空气质连续两年优良天数率达 100％，生态环境保护"党政同责"考核连续四年被评为先进县。全县生态文明建设取得显著成效，生态环境质量得到明显提升。泥拉坝湿地被评为全省"十大最美草原"，果根塘湿地已成为候鸟的重要栖息地。

第2章　前期调查基础

2.1　县域自然保护地概况

色达县内的自然保护地有 5 处，分别为色达县年龙自然保护区、四川泥拉坝湿地自然保护区、色曲河州级珍稀鱼类自然保护区、四川色达果根塘省级湿地公园、四川省翁达森林公园。

（1）色达县年龙自然保护区。

四川色达县年龙野生动物自然保护区地处四川省甘孜藏族自治州北部色达县境内的东北部，巴颜喀拉山的南侧，属色达县年龙乡、色柯镇及洛若镇境内，地理位置介于东经 $10°20'50.41''$～$10°39'55.29''$，北纬 $32°22'49.17''$～$32°34'55.96''$，其东北与青海省相邻，东边与阿坝藏族羌族自治州的壤塘县相邻，西为本县年龙乡境域，南为本县色柯镇及洛若镇境域。保护区海拔 3650～4830m，相对高差 1180m，汇水属大渡河水系。保护区总面积 $40521.44hm^2$，其中核心保护区 $11351.53hm^2$，一般控制区 $29169.91hm^2$。

2000 年 11 月，经色达县人民政府批准成立"色达县级自然保护区"，根据《自然保护区类型与级别划分原则》（GB/T 14529—93），年龙保护区属于"野生生物类"类别中的"野生动物类型"自然保护区。

年龙保护区是以野生动物为主要保护对象的县级自然保护区，具体为：①保护珍稀动物资源，特别是白唇鹿、雪豹、白臀鹿、水鹿、犯、兰马鸡等大中型鸟兽资源及其生境；②保护和恢复大渡河上游支流杜柯河流域的森林植被。

（2）四川泥拉坝湿地自然保护区。

四川泥拉坝湿地自然保护区（以下简称"泥拉坝保护区"）地处四川省甘孜藏族自治州色达县境内。泥拉坝保护区由泥拉坝版块和康玛朗夺版块两处湿地组成，其中，泥拉坝版块位于泥朵镇内，地处东经 $99°22'17.518''$～$99°42'34.511''$，北纬 $32°33'50.830''$～$32°54'12.011''$，其东、北与青海省相邻，西与甘孜县接壤，南为本县本乡境域。平均海拔 4180m，汇水属雅砻江水系。康玛朗夺版块位于泥朵镇和大章乡交界的区域，地处东经 $99°48'51.873''$～$100°3'8.993''$，北纬 $32°41'45.507''$～$33°0'2.186''$，其东、北与青海省相邻，西为本县泥朵镇境域，南为本县大章乡境域。平均海拔 4130m，汇水属大渡河水系。泥拉坝保护区总面积 $60558.05hm^2$，其中核心保护区 $19643.57hm^2$，一般控制区 $40914.48hm^2$。

泥拉坝保护区于 2000 年 11 月 16 日经色达县人民政府批准同意成立县级自然保护区。

泥拉坝保护区的主要保护对象是雪豹等珍稀野生动植物及森林生态系统。

泥拉坝湿地是世界海拔最高的典型高原内陆湿地之一，毗邻四川长沙贡玛国际重要湿地，共同成为"中华水塔"的重要组成部分，承接了高原山区冰雪融水与地表径流，既能为长江流域的大渡河和雅砻江流域的中下游发挥水源补给和生态蓄水的水文生态功能，也能控制地表侵蚀，从而平衡下游水量，调蓄洪水的功能。泥拉坝湿地还支持着许多青藏高原特有种及濒危物种，对维护青藏高原野生动物资源安全、维护一个特定生物地理区生物多样性具有重要意义。2023 年 2 月 2 日，第 27 个世界湿地日，国家林业和草原局宣布，四川色达泥拉坝湿地被新指定为国际重要湿地，列入《国际重要湿地名录》。

（3）色曲州级珍稀鱼类自然保护区。

色曲州级珍稀鱼类自然保护区位于地处为色曲上游洞卡寺以下、霍西以上的色曲河段，全长 43km，区域面积 297.8hm²。地理坐标东经 100°17′16.38″~100°29′35.96″，北纬 32°17′50.26″~32°2′39.30″。

2001 年，色曲河段被色达县人民政府批准成为县级渔业自然保护区。2002 年 5 月，色达县水利局完成"洞卡寺至霍西电站鱼类保护区申报书"。2002 年 9 月，经甘孜藏族自治州人民政府批准，将"色曲县级鱼类自然保护区"升级为"色曲（洞卡寺至霍西电站，全长 43km）州级珍稀鱼类自然保护区"。

根据《自然保护区类型与级别划分原则》（GB/T 14529—93）的划分标准，结合保护区的主要保护对象和资源状况，色曲州级珍稀鱼类自然保护区属于水生野生生物系统类型。

（4）四川色达果根塘省级湿地公园。

四川色达果根塘省级湿地公园规划区地处四川省色达县境内，湿地公园内有永久性河流湿地、洪泛湿地、沼泽化草甸、灌丛沼泽湿地等多种湿地类型，是川西北高原重要的水源涵养区。湿地公园规划总面积 2157.36hm²，以色曲河及其主要支流为规划主体，整体随色曲河的流向呈"西北—东南"走向，东面以洛若镇洛若村洛若大桥为界（不含洛若大桥），西面以扎青沟沟口以南的山脊线为界，南面以洞青沟支沟纷弄沟尾处为界，北面以色柯镇洞卡寺大桥（不含洞卡寺大桥）为界。地理坐标东经 100°16′57.1″~100°26′09.8″，北纬 32°06′00.2″~32°17′52.2″。

四川色达果根塘省级湿地公园主要保护对象包括湿地水源和水质、野生动植物及其栖息地、自然景观和文化资源等。

（5）四川省翁达森林公园。

四川省翁达森林公园地处青藏高原东南缘，位于四川省西北部，甘孜藏族自治州东北部，色达县东南部，海拔 3430~4624m，规划总面积 3134.00hm²。地理坐标东经 100°37′34.680″~100°40′58.644″，北纬 31°49′1.654″~31°53′51.069″。东和南毗邻翁达镇明达村，西邻霍西乡，北与羊各乡接壤。翁达森林公园是在甘孜藏族自治州翁达经营林场施业区的基础上建立的森林公园。

2.2　县域生物多样性现状分析

截至 2023 年 1 月，色达县尚未开展过县域生物多样性调查工作，已有的生物多样性保护和调查工作主要集中在色达县的自然保护地内，通过对这些区域的调查和监测掌握色达县部分生物多样性情况。

色达县生物多样性保护工作取得了一定成绩，但还存在一些不足。一是县域内还存在生物多样性保护空缺区域，无法有效发挥其生物多样性保护功能；二是专项数据不够齐全，基于全县的兽类、鸟类、两栖类和爬行类、鱼类、昆虫等未开展系统调查，缺乏数据支撑；三是兽类、鸟类、两栖类和爬行类、昆虫等物种数据未进行系统调查和数据整合，尚未形成年度监测数据；四是生物多样性数据信息化程度不高，相关数据为单条单块，以报告为主，尚未建立统一的生物多样性信息数据库，不利于数据存储、生物多样性建设成效及全县生态环境保护成效的系统展示。

2.2.1　高等植物与植被

（1）已知的植物资源。

在过去的调查和数据汇总中，已发现色达县拥有许多珍贵的植物资源，包括药用植物、饲料植物、资源植物等。这些已知的植物资源为进一步调查提供了基础数据和参考。根据中国数字植物标本馆馆藏数据等的标本数据，在色达县记录的有效标本的高等植物中，被子植物363种，蕨类6种，裸子植物6种，苔藓植物166种。通过查阅相关文献和资料，了解当地植物研究现状有助于确定调查研究重点和方法，从而提供重要参考。

（2）植被状况。

项目组查阅了色达县自然保护地的相关规划，包括《四川色达县泥拉坝湿地自然保护区总体规划（2021—2030年）》《四川色达县年龙野生动物自然保护区总体规划（2021—2030年）》《四川省翁达森林公园总体规划（2021—2030年）》《四川色达果根塘省级湿地公园总体规划（2020—2025年）》，分析得出色达县植被类型主要包括高山草甸、针叶林、阔叶林和灌丛等。这些植被类型分布在不同的海拔和地形条件下，形成了丰富的植物多样性。了解色达县的植被类型和分布情况，有助于确定调查重点区域和物种。

（3）当地生态保护措施。

色达县近年来积极推进生态保护工作，包括自然保护地的调规工作、实施生态修复项目等。这些生态保护措施为植物多样性调查提供了有利条件，有助于了解当地植被的保护现状和效果。

（4）当地植被研究现状。

了解当地植被研究现状有助于确定调查研究重点和方法。通过查阅相关文献和资料，可以了解当地植被研究的成果、存在的问题以及未来研究方向，为调查提供参考。

2.2.2　陆生脊椎动物

基于色达县的哺乳类、鸟类、两栖类和爬行类未开展系统的调查，已有的调查主要集中在色达县年龙自然保护区、四川泥拉坝湿地自然保护区和四川色达果根塘省级湿地公园。

根据《色达县年龙自然保护区综合科学考察报告》，色达县年龙自然保护区有兽类6目17科35属47种、鸟类13目36科142种、两栖类2目3科4种、爬行类1目3科3种。根据《四川泥拉坝湿地自然保护区综合科学考察报告》，四川泥拉坝湿地自然保护区有兽类5目15科27属37种、鸟类12目24科76种、两栖类2目3科4属5种、爬行类1目3科3属3种。根据《四川色达果根塘省级湿地公园总体规划》，四川色达果根塘省级湿地公园有兽类5目9科21种、鸟类9目26科68种、两栖类1目3科6种、爬行类1目2科2种。

2.2.3　昆虫

昆虫类群是生物多样性的重要组成部分。生态位广，种群数量相对较多且与环境植被关系密切使得昆虫类群的多样性能在一定程度上代表当地生物多样性。目前，色达县域范围内关于昆虫资源调查方面的资料很少，以色达县、昆虫、蝶类等关键词在CNKI和Web of Science检索，几乎检索不到相关调查和研究。

2.2.4　大型真菌

关于色达县大型真菌的公开发表的研究较少，色达县具有州级、县级、省级保护区 5 个，包括色曲河州级珍稀鱼类自然保护区、四川泥拉坝湿地自然保护区、四川色达县年龙自然保护区、四川果根塘省级湿地公园和四川省翁达森林公园，分别以色达县以及保护区名称加大型真菌关键词在CNKI 上搜索，均未查到相关资料。

2.2.5　水生生物

（1）鱼类。

根据《色达县年龙自然保护区综合科学考察报告》和《四川泥拉坝湿地自然保护区综合科学考察报告》，在四川色达、青海班玛县交界处的杜柯河，即两个自然保护区所在地边界区域，共分布有鱼类 6 种，分别为青石爬鮡、川陕哲罗鲑、重口裂腹鱼、齐口裂腹鱼、大渡软刺裸裂尻鱼和玛柯河高原鳅。根据《四川色达果根塘省级湿地公园总体规划》，湿地公园内有鱼类 2 目 3 科 11 种，分别为东方高原鳅、斯氏高原鳅、大桥高原鳅、长丝裂腹鱼、四川裂腹鱼、重口裂腹鱼、齐口裂腹鱼、厚唇裸重唇鱼、大渡软刺裸裂尻、黄石爬鮡和青石爬鮡。

（2）浮游生物、底栖动物、周丛藻类。

目前，有关大渡河和雅砻江上游色达县境内浮游生物、底栖动物和周丛藻类的公开发表的研究很少，以底栖动物、藻类、浮游动物等关键词在 CNKI 和 Web of Science 检索，几乎检索不到相关调查和研究。

第3章 调查方案

3.1 抽样网格的设置

按照《县域生物多样性调查与评估技术规定》的要求，所有调查和评估工作都需要在调查网格的基础上开展，因此，需要按照相关规范对色达县的调查网格进行设置。

（1）空间坐标系。①大地基准：采用"2000 国家大地坐标系"。②高程基准：采用"国家高程基准"。③投影方式：全国采用 Albers 等面积割圆锥投影，其第 1、第 2 标准纬线和中央经线分别为北纬 27°、45°和东经 105°；区域采用高斯克吕格投影。

（2）创建网格。采用分辨率 10km×10km，全国划分，共获得 97109 个网格。色达县共涉及130 个网格。

（3）工作网格的识别。按照《县域生物多样性调查与评估技术规定》的要求，从全国陆域10km×10km 网格中选取与调查县域有共同区域的网格，若网格内县域面积≥25km²（即网格面积的 25%），则该网格视为工作网格。色达县共有工作网格 104 个。

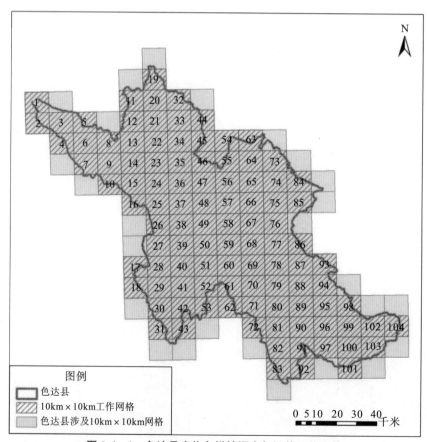

图 3.1—1 色达县生物多样性调查与评估工作网格

（4）重点工作网格识别。

在县域生物多样性调查与评估工作中，生物多样性保护优先区域和国家级自然保护区是调查工作的重点区域。若工作网格中重点区域面积≥50km²（即网格面积的 50%），则该网格视为重点网格。根据现有资料，色达县自然保护地和生物多样性优先区情况见表 3.1－1。按照《县域生物多样性调查与评估技术规定》要求，结合色达县内各类生物多样性保护敏感区分布情况，初步确定色达县重点工作网格 91 个。

表 3.1－1　色达县涉及生物多样性保护优先区和自然保护地的重点调查网格

类型	名称	涉及网格数量	重点调查网格
生物多样性保护优先区域	羌塘—三江源生物多样性保护优先区域	94	94
国家级自然保护区	无	0	0
其他自然保护地	色曲河珍稀鱼类州级自然保护区、年龙县级自然保护区、泥拉坝湿地自然保护区、色达果根塘省级湿地公园、翁达森林公园	34	0

3.2　高等植物

1. 样方法。

（1）乔木样方。选择一个具有代表性的森林区域，调查其中的乔木种类、数量、生长状况等。使用测绳或卷尺等工具，按照 20m×20m 的尺寸确定样方边界。对于样方内遇到的乔木，记录其种类，统计样方内的乔木数量。

（2）灌木样方。选择一个具有代表性的灌木区域，调查其中的灌木种类、数量、生长状况等。使用测绳或卷尺等工具，按照 5m×5m 的尺寸确定样方边界。对于样方内遇到的灌木，记录其种类，统计样方内的灌木数量。

（3）草地样方。选择一个具有代表性的森林区域，调查其中的草本种类、数量、生长状况等。使用 1m×1m 的样方杆确定样方边界。对于样方内遇到的草本，记录其种类，统计样方内的草本数量。

2. 样线法

（1）请专业人士用制图软件按合同要求制定出色达县内相关样线，并将绘制好的样线导入两步路 App 以便野外工作时完成调查。

（2）在制定好的色达县网格图内画出一条可以执行野外调查的样线，长度根据研究区域的大小和目标进行调整。样线的位置覆盖研究区域内乔木、灌木、草地等生态类型。

（3）沿着样线进行调查，记录出现的所有植物。对于每个物种，记录其在样线上的出现位置、经纬度、海拔，并采集好以做标本。数据整理成表格或图表形式，便于后续分析和比较。

（4）对已完成的样线进行复查，重复以上步骤，以监测生物多样性的变化情况。

3.3 植被

1. 样方法

（1）乔木样方。选择一个具有代表性的森林区域，调查其中的乔木种类、数量、生长状况等。使用测绳或卷尺等工具，按照 20m×20m 的尺寸确定样方边界。对于样方内遇到的乔木，记录其种类，统计样方内的乔木数量。

（2）灌木样方。选择一个具有代表性的灌木区域，调查其中的灌木种类、数量、生长状况等。使用测绳或卷尺等工具，按照 5m×5m 的尺寸确定样方边界。对于样方内遇到的灌木，记录其种类，统计样方内的灌木数量。

（3）草地样方。选择一个具有代表性的森林区域，调查其中的草本种类、数量、生长状况等。使用 1m×1m 的样方杆确定样方边界。对于样方内遇到的草本，记录其种类，统计样方内的草本数量。

2. 样线法。

（1）请专业人士用制图软件按合同要求制定出色达县域内相关样线，并将绘制好的样线导入两步路 App 以便野外工作时完成调查。

（2）在制定好的色达县网格图内画出一条可以执行野外调查的样线，长度根据研究区域的大小和目标进行调整。样线的位置覆盖研究区域内乔木、灌木、草地等生态类型。

（3）沿着样线进行调查，记录样线中植被的相关情况，并对植被分布和植被相关资源进行记录和分析。将记录的数据整理成植被资源分布图的形式，便于后续分析和比较。

（4）对已完成的样线进行复查，重复以上步骤，以监测生物多样性的变化情况。

样线法的实施过程中遵循相应的规范和标准，以保证数据的准确性和可靠性。

3.4 陆生哺乳类

根据陆生哺乳动物类群特点，选择多种方法协同进行。

1. 样线法

适用于大、中型哺乳动物调查。调查样线尽可能覆盖县域所有生境类型和更多网格。每个网格调查样线 1~2 条，每条样线长度 3~5km。

调查队员沿样线行进，记录动物实体、痕迹及其与样线中线的垂直距离。为避免重复计数或漏计，只记录新鲜的活动痕迹（24h 内）。记录实体时，只记录位于调查人员前方及两侧的个体，包括越过样线的个体。观察记录对象还包括样线预定宽度以外的实体或活动痕迹（粪便、卧迹、足迹链、尿迹等）。调查时以步行为主，调查一般安排在晴朗、无风或风力不大（一般在 3 级以下）的天气条件下进行，步行速度一般为 1~2km/h。

2. 样方法

小型哺乳动物的调查主要采用样方法。

随机抽取一定数量样方并统计其中调查对象的数量，抽取的样方涵盖样地内不同生境类型，样方之间间隔 1km 以上，并用 GPS 定位仪定位样方坐标。小型啮齿目动物采用铗日法调查样方内物种和个体数量，每种生境类型至少有 100 个铗日；小型食虫目动物采用围栏陷阱法调查样方内物种和个体数量,利用围栏将动物引入陷阱,增加动物掉落的概率。对调查到的动物进行拍照记录,便于物种鉴定。

铗日法:适用于小型啮齿目动物调查。在选定的样方中放置 50~100 个鼠铗,连续捕捉 2~3 日,然后进行整理统计,布铗形式保持一致(通常铗距 5m、行距 50m,线形或棋盘格式布设)。

围栏陷阱法:适用于小型食虫目动物调查。在选定的样方中根据地势制作"十"字形或"一"字形围栏,于围栏两侧埋设陷阱(陷阱通常选用直径 20~40cm、深 30~40cm 的塑料桶),陷阱口与地面平行。

3.红外相机自动拍摄法

利用红外相机,自动记录在其感应范围内活动的动物影像,适用于中、大型哺乳动物调查。相机应放置在动物的活动通道或活动痕迹密集处,定期下载数据,记录拍摄信息,建立信息库并归档保存。具体操作为在野外结合 GPS 位点及实际地图,找到每个网格的中心点,在其附近 15~25m选择实际相机布设位点(主要考虑靠近动物活动痕迹及兽径),确定和记录每个相机实际布设位点的经度、纬度、生境和海拔等基本信息。放置相机前对相机进行设置,相机拍摄时间间隔为 15s,灵敏度设为中,记录相机编号。设置好后,将红外触发相机捆绑在粗细合适的树木底部,距离地面高度 60~80cm,未使用诱饵。每台相机放置南孚 5 号一次性电池 8 节,SCAN 8G 储存卡 1 张。电池、卡约 180 天更换一次,如果发现丢失、不工作或存储卡已满的相机,要立即撤换。更换电池时,对相机视场内影响相机工作的嫩枝、小草、蕨类植物和蜘蛛网等一并进行清理。取回的相机卡要及时进行判读,对所有中、大型哺乳动物的照片进行详细鉴定和分类,并记录其拍摄时间、连拍张数等信息。

4.网捕法

适用于翼手目动物的调查。对于洞穴型翼手目,采用网捕法调查物种和个体数量;对于树栖型翼手目,将雾网或蝙蝠竖琴网安置在林道等飞行活动通道,捕获并记录物种和个体数量。

3.5　鸟类

1.样线法

根据《县域鸟类多样性调查与评估技术规范》的相关要求,县域每个工作网格(10km×10km)不少于 1 条样线。本次调查工作网格大小为 10km×10km,每个工作网格样线数量 1~2 条,样线长度一般为 1~3km。样线行走速度 1~2km/h,开阔生境样线行走速度约 2km/h,茂密生境样线行走速度约 1km/h。调查时间一般为日出或日落前、后 3h 左右。调查选择在天气良好的条件下进行,大风、中到大雨以及浓雾天气不宜进行调查。调查人员 2~3 人为一组,沿途注意观察前方、上和下、两侧空间中出现的鸟类,记录下目击或听到的种类、个体数(只数或群数)、生境类型、海拔和 GPS 位点,可能的情况下及时拍照和保留影像数据。用 GPS 全程记录行走的航迹,对于重要的种类发现地点进行适时定位,获取地理坐标。在非农区的野外调查过程中发现的自然灾害、人为活动等主要干扰因素,需做相应记录。

2.样点法

在崎岖山地或片段化生境,可用样点法代替样线法调查,样点间距离不小于 200m。调查一般为日出或日落前、后 3h 左右,具体按照鸟类活动高峰期确定,每个样点记录时间 5~10min;一般在每个样点停留 5min 后再开始计数;调查在天气良好的条件下进行,大风、中到大雨以及浓雾天气不宜进行调查。

3. 直接计数法

对于大范围区域，水鸟调查在能见范围内，充分利用显著自然界限，将调查区域分为若干个统计观察样区，分别观察记录。记录方法主要有计数法和集团计数估算法（前者适用于数量较少、活动缓慢的鸟群，后者适用于群体数量大或觅食活动时移动较快的群）；调查时间一般在黎明到日落均可，具体按照鸟类活动高峰期确定；调查选择在天气良好的条件下进行，大风、中到大雨以及浓雾天气不宜进行调查。

4. 红外相机自动拍摄法

鸟类红外相机自动拍摄法调查与陆生哺乳动物多样性调查同步进行。

3.6 两栖类和爬行类

两栖类和爬行类的调查主要采用样线法。样线主要布设在区域海拔较低的山间溪流、林间小路、水塘、林地等栖息生境或易发现的区域，样线长度 200~500m，样线宽度根据视野情况而定，一般为 2~10m。调查时，记录观察和采集到的物种、数量以及海拔、地理坐标、栖息地生境等信息，并拍摄照片，对于未能在野外调查时鉴定的物种，采集少量标本带回室内鉴定。在野外实地调查同时，对调查地点社区居民进行访问调查，通过非诱导式问题设置并辅助图片识别来调查特征较鲜明的部分两栖类、爬行类动物。

3.7 昆虫

本次野外调查对色达县的 12 个乡镇进行了昆虫多样性调查。

色达县海拔 3800m 以上区域主要植被类型为草原，调查方法是踏查法、网扫法和灯诱法；色达县海拔 3800m 以下区域分布有灌木和乔木，调查方法为样线法和灯诱法。每个乡镇选取一个合适的点位进行灯诱，主要调查以鳞翅目蛾类为主的昆虫。白天采用踏查法和样线法，主要调查以鳞翅目蝶类和直翅目为主的昆虫。

3.8 大型真菌

通过市场走访和文献调查，明确色达县植被类型的大致情况，初步了解大型真菌的可能分布情况，结合以往对大型真菌的资源调查经验确定调查时间、区域和路线。

考虑到色达县大型真菌子实体发生时间和规律，本次野外调查工作分别于 2023 年 8 月初和 8 月底分两次开展，共 12 天。调查范围包括翁达镇、甲学镇、霍西乡、洛若镇、年龙乡、塔子乡共 6 个区域。

调查采用随机踏查法，针对不同植被林型下大型真菌进行调查。翁达镇和年龙乡分别为省级和县级保护区，应作为重点调查区域。

1. 标本采集

在调查过程中，对肉眼可见、徒手可摘的大型真菌进行采集。在标本采集之前，先进行多角度的生态照片拍摄，照片中应涵盖全面物种生境及形态特征。采集标本时，尽可能采集该物种在不同生长阶段的子实体，并记录子实体的形态特征、海拔、生境等信息，将采集到的标本用锡箔纸包好，从而最大限度地保护其完整形态。对于不同生境、区域内的相同物种，要做好登记，不再采集。

2. 标本处理

对每份标本的采集地、生境、海拔及照片编号等信息进行整理，并于当日完成标本烘干工作，烘烤温度控制在 40℃～45℃，烘烤时间在 12h 以上，直至烘干为止，将烘干标本与记录纸保存于自封袋中，待回实验室后置于冰箱中，在−80℃下冷冻 15 天，最后保存于标本馆中。后续的疑难物种分子鉴定需进行活体制作，取新鲜标本较为干净部分，用卫生纸包裹后放置于装有硅胶干燥的自封袋中，使其在常温下迅速风干。对于一些具有重要经济价值的大型真菌要进行菌种分离，通过组织分离的方法，将子实体无菌部分接种于事先准备好的试管中，针对不同营养方式的大型真菌可准备不同类型的培养基。

3. 标本鉴定

结合大型真菌子实体宏观和微观特征进行形态学鉴定。宏观特征包括菌盖、菌柄大小、颜色，菌褶着生方式，是否有鳞片、菌环、菌托等，参照国内外新近出版的专著或发表的文章进行鉴定；微观特征包括担子、担孢子、子囊、子囊孢子形状、大小，是否有囊状体、锁状联合等。对于一些疑难鉴定的物种，需结合分子生物学方法，对标本进行 DNA 提取，对特定基因片段进行 PCR 扩增，将测序结果于 NCBI 数据库进行比对分析，并判断比对序列来源的可靠性。

3.9　鱼类

1. 鱼类区系组成

采取资料搜集、访问调查相结合的方法。其中，资料主要来源于《四川鱼类志》（1994）、色达县农牧农村和科技局（收集的资料），并结合现场调查数据进行分析、整理，编制出色达县鱼类种类组成名录。

2. 鱼类资源与多样性

鱼类资源量的调查采取历史资料收集、捕捞渔获物统计和访问调查相结合的方法进行。向当地渔业主管部门和垂钓爱好者调查了解渔业资源现状及鱼类资源管理中存在的问题。对渔获物资料进行整理分析，得出主要捕捞对象及其在渔获物中所占比例，不同捕捞渔具、渔获物的长度和重量组成，以判断鱼类资源状况；依据物种多样性指数评估调查区域鱼类生物多样性组成情况。

3. 鱼类早期资源调查方法

为了调查色达县重点水域鱼类产卵情况，使用圆锥网和手抄网收集鱼卵、鱼苗和稚鱼。圆锥网网口面积 0.196m²，用于采集漂流性鱼卵；手抄网网口面积 0.125m²，用于采集黏沉性卵和鱼苗。卵苗采样点设置在杜柯河年龙乡河段、洛若镇等样区，具体采集方法如下。

（1）漂流性卵采集。

①将圆锥网固定在河道旁的石头上，悬挂于水流量较大的流水区域。

②将圆锥网放入水面以下，保持网口上方与水平面相切，从而较好地采集漂流性鱼卵。

③网口调整好后开始计时并记录，每次收集时间为 20min，每个断面收集 3 次。

④一次采集持续到预定时间后，拉起采集网具，网口离开水面后，将网衣放入水中冲洗，反复 3 次。然后打开集苗桶后盖，将其中的鱼卵、仔鱼及滤入网内的悬浮物导入桶中，并清洗集苗桶

数次。

⑤分拣鱼卵和鱼苗，对采集的鱼卵、鱼苗进行计数，并带回室内进行鉴定。

（2）黏沉性卵采集。

①卵石采集法：翻动卵石，搅动水体，收集黏附于卵石上的鱼卵，并在下游以手抄网或圆锥网接收扰动后漂流下去的卵和苗。

②浮渣采集法：选择岸边漂浮的浮渣，找寻附着其上的鱼卵。

③漂流采集法：以手抄网固定在流速集中区域采集上游脱膜后随水漂流的鱼苗。

（3）卵苗保存与鉴定。

针对采集的卵苗，首先进行分拣和筛选，通过观察形态和器官发育状况进行初步鉴定，记录卵苗特征、发育时期及种类，然后保存。鱼卵、鱼苗和稚鱼鉴定参考《长江鱼类早期资源》（曹文宣等，2007）。

为保证种类鉴定的准确性，不能通过肉眼鉴定的鱼卵、鱼苗要先用无水乙醇固定，再带回实验室，使用线粒体 Col 基因序列进行种类比对鉴定。分子鉴定方法为：首先采用动物组织基因组 DNA 试剂盒提取鱼卵苗总 DNA，提取过程参考说明书；然后对总 DNA 进行 PCR 扩增，采用 Col 基因通用引物扩增，引物序列如下：

$$5'-TCAACCAACCACAAAGACATTGGCAC-3'$$
$$3'-TAGACTTCTGGGTGGCCAAAGAATCA-5'$$

将测序结果在 NCBI 网站数据库进行序列对比，以序列相似度最高作为鉴定标准，最后确定卵苗种类。

4. 鱼类重要生境地（"三场"）

走访沿河居民和当地渔政工作人员，了解不同季节鱼类主要集中地和鱼类种群组成。通过实地调查并结合历史资料分析鱼类"三场"分布情况。

3.10 浮游生物

3.10.1 浮游植物

1. 定性样品的采集

用 25 号浮游生物网在样点表层水中以拖网法采集，拖网时间 5min，现场加入鲁哥试剂固定保存。每个样点采集 1 个定性样品。

2. 定量样品的采集

取表层水样 1L，装入样品瓶中，鲁哥试剂现场固定后，带回实验室用浮游生物沉淀器沉淀 48h 进行重力浓缩，浓缩至 30～50mL。每个样点采集 2 个定量平行样品。

3. 浮游植物物种鉴定

在显微镜下采用 10×10 倍或 10×40 倍进行观察，对所采到的浮游藻类植物进行物种鉴定，一般可鉴定到种，少数特点显著的藻类可以鉴定到变种，也有极少数标本因植体不完善或无繁殖器官，只能鉴定到属。鉴定依据《中国淡水藻类——系统、分类及生态》（胡鸿钧、魏印心，2006）、《中国淡水藻类志》（中国科学院中国孢子植物志编辑委员会，1988—2018）、《中国西藏硅藻》（朱蕙忠、陈嘉佑，2000）。

4. 浮游植物定量分析

使用 OLYMPUS CX21 显微镜。采用视野计数法，即在 0.1mL 计数框中以 400 倍放大倍数对视野中出现的浮游植物进行计数。一般计数 100 视野，根据浮游植物密度适当调整视野数。生物量（湿重：mg/L）计算则采取细胞体积转换的方法。浮游植物密度的计算公式为：

$$N = \frac{C_s}{F_s \times F_n} \times \frac{V}{v} \times P_n$$

式中 C_s——计数框面积（mm²）；

F_s——每个视野的面积（mm²）；

F_n——每片计数过的视野数；

V——一升水样经沉淀浓缩后的体积（mL）；

v——计数框的体积（mL）；

P_n——每片通过计数实际数出的浮游植物的个体数。

3.10.2　浮游动物

1. 原生动物

（1）定性样品。用 25 号浮游生物网在样点表层水中以拖网法采集，拖网时间 5min，现场加入鲁哥试剂固定保存。每个样点采集 1 个定性样品。

（2）定量样品。取表层水样 1L，装入样品瓶中，鲁哥试剂现场固定后，带回实验室用浮游生物沉淀器沉淀 48h 进行重力浓缩，浓缩至 30～50mL。每个样点采集 2 个定量平行样品。

（3）定性、定量分析。原生动物定性调查样品，采用常规形态学方法进行物种鉴定，参考资料为《原生动物学》（沈蕴芬，1999）。定量样品观测时需用 0.1mL 浮游生物计数框进行全片计数观察，生物量（湿重：mg/L）计算则采取细胞体积转换的方法。原生动物密度的计算公式为：

$$N = \frac{V}{v} \times P_n$$

式中 V——一升水样经沉淀浓缩后的体积（mL）；

v——计数框的体积（mL），此处应为 0.1；

P_n——每片通过计数实际数出的原生动物的个体数。

2. 轮虫

（1）定性样品。用 25 号浮游生物网在样点表层水中以拖网法采集，拖网时间 5min，现场加入鲁哥试剂固定保存。每个样点采集 1 个定性样品。

（2）定量样品。取表层水样 1L，装入样品瓶中，鲁哥试剂现场固定后，带回实验室用浮游生物沉淀器沉淀 48h 进行重力浓缩，浓缩至 30～50mL。每个样点采集 2 个定量平行样品。

（3）定性、定量分析。原生动物定性调查样品，采用常规形态学方法进行物种鉴定，参考资料为《中国淡水轮虫志》（王家楫，1961）等。定量样品观测时需用 1mL 浮游生物计数框进行全片计数观察，生物量（湿重：mg/L）计算则采取细胞体积转换的方法。轮虫密度的计算公式为：

$$N = \frac{V}{v} \times P_n$$

式中 V——一升水样经沉淀浓缩后的体积（mL）；

v——计数框的体积（mL），此处应为 1；

P_n——每片通过计数实际数出的轮虫的个体数。

3. 浮游甲壳动物

（1）定性样品。用 13 号浮游生物网在样点表层水中以拖网法采集，拖网时间 5min，现场加入甲醛试剂固定保存。每个样点采集 1 个定性样品。

（2）定量样品。取表层水样 50L 过 25 号浮游生物网，将浮游生物网中浮游微生物全部转移至广口瓶中，加甲醛试剂固定。每个样点采集 2 个定量平行样品。用 5mL 浮游生物计数框进行全样计数观察。

（3）定性、定量分析。浮游甲壳动物定性调查样品，采用常规形态学方法进行物种鉴定，参考资料为《中国动物志·节肢动物门 甲壳纲 淡水枝角类》《中国动物志·节肢动物门 甲壳纲 淡水桡足类》。定量样品观测时需整瓶计数。计数方法如下：用 5mL 胶头滴管小心地吸取 5mL 定量样品注入 5mL 浮游生物计数框中，在显微镜下计数全片。浮游甲壳动物密度的计算公式为：

$$N = \frac{V_s \times n}{V \times V_a}$$

式中 N——每升水中浮游甲壳动物个体数（个/L）；

V——采样体积（L）；

V_s、V_a——沉淀体积（mL）、计数体积（mL）；

n——计数所获得的个体数。

以上计算结果为浮游甲壳动物的密度（个/L）。根据测得的个体体长，以及不同种类体长—体重回归方程式可计算个体生物量（湿重：mg/L）。

3.11 大型底栖无脊椎动物

野外样品的定量采集与分析：由于不同断面河床的底质有差异，底栖动物的定量采集采用两种方法，在泥沙底或沙泥底质的河床采用 1/16m² 改良式采泥器采集，以 40 目土壤筛水洗、挑选出大型底栖动物，小型种类连同泥沙一起装入标本瓶中；在石盘、卵石夹沙或硬底环境，用 D 型手抄网划定面积 40cm×40cm，采用流水冲击法或逐一搬石，将标本收集起来。所采标本均装入带有少量清水的编号瓶中，用 5%～6%甲醛液杀死固定。

在解剖镜下分出大类，统计数量。再用吸水纸吸干水分，逐一在 0.0001g 的电子天平上进行称重，换算为每个采样点 1m² 的重量，通过各点重量求其每一断面的平均生物量（湿重：g/m²）。

底栖动物定性采集：每一断面沿着河道上、下江段，选择不同的水环境，用手抄网捞取或翻捡石块或水中固体物（不少于 20 网次），将获得的样品装入盛有少量清洁水的编号瓶中，加 5%～6%的甲醛液杀死固定，带回室内进行鉴定、拍照。

3.12 周丛藻类

选取天然基质法，即从水体中的砾石、沙土、植物天然基质表面收集周丛藻类。在各断面随机选取石块等天然基质，每种基质上选取特定的表面积，用尼龙软毛刷将周丛藻类刷下，记录刷液总体积，将刷液充分混合摇匀后，转入标本瓶中，立即加鲁哥时试剂固定，带回实验室参照文献对藻类进行分类鉴定。内业分析与浮游植物相同。每个采样点采集 3 个平行样，采集到的样品合为 1 份，作为标本提交。

1. 物种鉴定

在显微镜下采用 10×10 倍或 10×40 倍进行观察，对所采到的周丛藻类植物进行物种鉴定，一般可鉴定到种，少数特点显著的藻类可以鉴定到变种，也有极少数标本因植体不完善或无繁殖器官，只能鉴定到属。鉴定时依据《中国淡水藻类——系统、分类及生态》（胡鸿钧、魏印心，2006）、《中国淡水藻类志》（中国科学院中国孢子植物志编辑委员会，1988—2018）、《中国西藏硅藻》（朱蕙忠、陈嘉佑，2000）。

2. 定量分析

使用 OLYMPUS CX21 显微镜。采用视野计数法，即在 0.1mL 计数框中以 400 倍放大倍数计数视野中出现的浮游植物。一般计数 100 视野，根据藻类密度适当调整视野数。生物量（湿重：mg/L）计算则采取细胞体积转换的方法。周丛藻类密度的计算公式为：

$$N = \frac{C_s}{F_s \times F_n} \times \frac{V}{v} \times P_n \div S$$

式中 C_s——计数框面积（mm^2）；

F_s——每个视野的面积（mm^2）；

F_n——每片计数过的视野数；

V——藻液的体积（mL）；

v——计数框的体积（mL）；

P_n——每片通过计数实际数出的周丛藻类的个体数；

S——采样面积（cm^2）。

第4章 调查结果与分析

4.1 高等植物

4.1.1 物种组成

根据野外调查结果并参考相关历史资料，色达县内共有陆生高等植物 120 科 387 属 1024 种。其中，苔藓植物 44 科 91 属 166 种，蕨类植物 7 科 8 属 9 种，裸子植物 3 科 6 属 22 种，被子植物 66 科 282 属 827 种。

4.1.1.1 苔藓植物

根据野外调查结果并参考相关历史资料，采用中国植物数字标本馆（CVH）的苔藓植物分类系统，色达县记录的苔藓植物有 44 科 91 属 166 种，分别占全国苔藓植物科数（121 科）的 36.37％，属数（576 属）的 15.80％，种数（3059 种）的 5.43％。已知的这 166 种苔藓中，苔类有 16 科 20 属 29 种，藓类有 28 科 71 属 137 种（表 4.1－1）。

表 4.1－1 色达县苔藓植物统计

苔藓植物	科数	比例（％）	属数	比例（％）	种数	比例（％）
苔类	16	36.36	20	21.98	29	17.47
藓类	28	63.64	71	78.02	137	82.53
合计	44	100.00	91	100.00	166	100.00

将苔藓植物中含 5 种以上的科定义为优势科，色达县苔藓植物的优势科有 7 科（表 4.1－2），共含 36 属 94 种，占区域苔藓植物总科数的 15.91％、总属数的 39.56％、总种数的 56.63％。其中又以丛藓科科和提灯藓科为主要优势科。

表 4.1－2 色达县苔藓植物优势科的属、种统计（＞5 种）

序号	科名	属数	占总属数比例（％）	种数	占总种数比例（％）
1	光萼苔属	1	1.09	9	5.36
2	紫萼藓科	4	4.40	9	5.36
3	真藓科	4	4.40	9	5.36
4	羽藓科	6	6.59	10	5.95
5	提灯藓科	5	9.80	14	8.33

序号	科名	属数	占总属数比例（%）	种数	占总种数比例（%）
6	丛藓科	13	14.29	35	20.83
7	灰藓科	3	3.30	8	4.76
合计		36	39.56	94	55.95

将苔藓植物属内所含种数有 3 种及以上的属从小到大进行依次排序，结果见表 4.1-3。由表可知，色达县内苔藓植物优势属主要有 15 属，含 67 种，占区域苔藓植物总种数的 39.88%，其中以扭口藓属、匐灯藓属和紫萼藓属为主要优势属。

表 4.1-3 色达县苔藓植物优势属的种数统计（≥3 种）

序号	属名	种数	占总种数比例（%）
1	叉叶藓属	3	1.81
2	赤藓属	3	1.81
3	大帽藓属	3	1.81
4	缩叶藓属	3	1.81
5	提灯藓属	3	1.81
6	小金发藓属	3	1.81
7	羽藓属	3	1.81
8	真藓属	4	2.41
9	泥炭藓属	4	2.41
10	疣灯藓属	4	2.41
11	对齿藓属	5	3.01
12	灰藓属	5	3.01
13	紫萼藓属	6	3.61
14	匐灯藓属	6	3.61
15	扭口藓属	12	7.23
合计		67	40.36

4.1.2.2 蕨类植物

根据野外调查结果并参考相关历史资料，采用秦仁昌蕨类植物分类系统（1978），色达县内蕨类植物现知有 7 科 8 属 9 种，占全国蕨类植物总科数的 11.11%、总属数的 3.51%、总种数的 0.35%，占四川和重庆蕨类植物总科数的 13.46%、总属数的 5.67%、总种数的 1.02%（表 4.1-4）。

表 4.1-4 色达县蕨类植物与四川和重庆、全国的比较

蕨类植物	色达县	四川和重庆	占四川和重庆比例（%）	全国	占全国比例（%）
科	7	52	13.46	63	11.11
属	8	141	5.67	228	3.51
种	9	880	1.02	2600	0.35

注：四川和重庆数据引自何海等（2005），全国数据引自臧得奎（1993）。

色达县蕨类植物仅含 1 属 1 种的科有 6 科，分别为木贼科、卷柏科、凤尾蕨科、岩蕨科、中国蕨科、水龙骨科。

通过上述比较分析可知，色达县蕨类植物优势科为鳞毛蕨科，优势属为鳞毛蕨属，其单种比例在蕨类植物中很高。

4.1.2.3　裸子植物

根据野外调查结果并参考历史资料，采用郑万钧裸子植物分类系统（1978），色达县已知有裸子植物 3 科 6 属 22 种，占四川和重庆裸子植物总科数的 37.5%、总属数的 21.42%、总种数的 21.78%；占全国裸子植物总科数的 27.27%、总属数的 14.63%、总种数的 9.32%（表 4.1-5）。

表 4.1-5　色达县裸子植物与四川和重庆、全国的比较

裸子植物	色达县	四川和重庆	占四川和重庆比例（%）	全国	占全国比例（%）
科	3	8	37.50	11	27.27
属	6	28	21.43	41	14.63
种	22	101	21.78	236	9.32

注：四川和重庆数据引自李仁伟等（2002），全国数据参考《中国植物志》。

色达县裸子植物以松科、柏科植物占绝对优势，5 属 19 种；其次为麻黄科，1 属 3 种。由此可知，松科和柏科是色达县裸子植物的主要组成物种。

裸子植物的科、属、种数虽远比被子植物少，但森林覆盖面积大。在高海拔气候温凉至寒冷的地区，几乎都是裸子植物形成的单纯林或组成的混交林。

4.1.2.4　被子植物

根据野外调查结果并参考历史资料，参考哈钦松被子植物实分类系统，色达县已知有被子植物 66 科 282 属 827 种，分别占全国已知被子植物总科数的 22.68%、总属数 9.57%、总种数的 3.39%；占四川和重庆已知被子植物总科数的 31.13%、总属数的 18.89%、总种数的 8.3%（表 4.1-6）。由此可见，色达县的被子植物物种科层面非常丰富，属种数目在四川和重庆被子植物中占有重要地位。

表 4.1-6　色达县被子植物与四川和重庆、全国的比较

被子植物	色达县	四川和重庆	占四川和重庆比例（%）	全国	占全国比例（%）
科	66	212	31.13	291	22.68
属	282	1493	18.89	2946	9.57
种	827	9953	8.31	24357	3.39

注：四川和重庆数据引自李仁伟等（2002），全国数据参考《中国植物志》。

按照每科所含物种数的绝对数量对色达县被子植物 61 科进行排序，结果见表 4.1-7。色达县被子植物大科为豆科、禾本科及菊科，符合该区域的植被类型组成，即北温带高海拔区域的典型代表类群。龙胆科、毛茛科、蔷薇科、莎草科也较多，含有 31～50 种。

表 4.1-7　色达县被子植物科排序表

种数（科数）	科名
1～15 种（44 科）	柽柳科、白花丹科、凤仙花科、夹竹桃科、堇菜科、檀香科、五福花科、眼子菜科、远志科、水麦冬科、天南星科、星叶草科、胡颓子科、金丝桃科、瑞香科、兰科、芍药科、柳叶菜科、牻牛儿苗科、木樨科、茜草科、茄科、鼠李科、水龙骨科、天门冬科、通泉草科、卫矛科、苋科、小檗科、玄参科、荨麻科、亚麻科、鸢尾科、紫葳科、百合科、大戟科、紫草科、茶藨子科、车前科、灯芯草科、景天科、桔梗科、石蒜科、杨柳科

种数（科数）	科名
16～30 种（10 科）	报春花科、唇形科、虎耳草科、蓼科、列当科、忍冬科、伞形科、十字花科、石竹科、罂粟科
31～50 种（4 科）	龙胆科、毛茛科、蔷薇科、莎草科
50 种以上（3 科）	豆科、禾本科、菊科

根据每属所含物种数的绝对数量，对色达县 282 属被子植物进行排序，结果见表 4.1-8。

被子植物中含 10 种及以上的属有 12 属，占总属数的 4.26%，分别为风毛菊属、蒿属、虎耳草属、黄芪属、龙胆属、马先蒿属、披碱草属、薹草属、委陵菜属、早熟禾属、紫堇属、紫菀属；含 5～9 种的属共计 32 属，占总属数的 11.35%；含 2～4 种的属共计 94 属，占总属数的 33.33%；仅含 1 种的属（即单种属）有 144 属，占总属数的 51.06%。

统计结果表明，色达县内种子植物的属以单种属和少种属居多。

表 4.1-8　色达县被子植物属统计

种类等级	属数	占总属数比例（%）	种数	占总种数比例（%）
10 种及以上	12	4.26	227	27.45
5～9 种	32	11.35	218	26.36
2～4 种	94	33.33	338	40.87
1 种	144	51.06	144	17.41
合计	282	100.00	827	100.00

4.1.2　重点保护物种

根据 2021 年发布的《国家重点保护野生植物名录》，经过调查评估，色达县暂未发现国家一级保护野生植物。

通过资料调查与野外调查评估，色达县国家二级保护野生植物有 16 种，分别为红花绿绒蒿、大花红景天、四裂红景天、桃儿七、独叶草、匙叶甘松、水母雪兔子、辐花、羽叶点地梅、甘肃贝母、梭砂贝母、西藏杓兰、紫点杓兰、西南手参、手参和三刺草。通过野外调查，参考中国数字植物标本馆数据资料、各保护区总规资料，进行综合研判，可知色达县保护物种均位于自然保护地内。

表 4.1-9　色达县国家重点保护野生植物名录

科名	属名	物种名	拉丁名	保护等级	翁达总规	泥拉坝总规	年龙总规	现场调查	CVH	是否位于自然保护地
罂粟科	绿绒蒿属	红花绿绒蒿	*Meconopsis punicea* Maxim.	二级	√	√	√	霍西乡	年龙乡	√
景天科	红景天属	大花红景天	*Rhodiola crenulata* (Hook. f. & Thomson) H. Ohba	二级			√	亚龙乡、年龙乡	年龙乡	√
景天科	红景天属	四裂红景天	*Rhodiola quadrifida* (Pall.) Schrenk, in Fisch. & C. A. Mey.	二级			√	色柯镇、年龙乡、亚龙乡		√

科名	属名	物种名	拉丁名	保护等级	翁达总规	泥拉坝总规	年龙总规	现场调查	CVH	是否位于自然保护地
小檗科	桃儿七属	桃儿七	*Sinopodophyllum hexandrum* （Royle） T. S. Ying	二级	√		√	年龙乡		√
星叶草科	独叶草属	独叶草	*Kingdonia uniflora* Balf. f. et W. W. Sm	二级	√					√
忍冬科	甘松属	匙叶甘松	*Nardostachys jatamansi* （D. Don） DC.	二级				霍西乡	年龙乡	√
菊科	风毛菊属	水母雪兔子	*Saussurea medusa* Maxim.	二级			√	年龙乡		√
龙胆科	辐花属	辐花	*Lomatogoniopsis alpina* T. N. Ho et S. W. Liu	二级		√				√
报春花科	羽叶点地梅属	羽叶点地梅	*Pomatosace filicula* Maxim.	二级		√	√	霍西乡		√
百合科	贝母属	甘肃贝母	*Fritillaria przewalskii* Maxim.	二级			√	色柯镇、年龙乡		√
百合科	贝母属	梭砂贝母	*Fritillaria delavayi* Franch.	二级					年龙乡	√
兰科	杓兰属	西藏杓兰	*Cypripedium tibeticum* King ex Rolfe	二级	√			翁达镇		√
兰科	杓兰属	紫点杓兰	*Cypripedium guttatum* Sw.	二级	√					√
兰科	手参属	西南手参	*Gymnadenia orchidis* Lindl.	二级				洛若镇		√
兰科	手参属	手参	*Gymnadenia conopsea* （L.） R. Br.	二级	√					√
禾本科	三芒草属	三刺草	*Aristida triseta* Keng	二级	√					√

1. 红花绿绒蒿 *Meconopsis punicea*

形态特征：多年生草本，高 30～75cm，基部盖以宿存的叶基，其上密被淡黄色或棕褐色具多短分枝的刚毛。须根纤维状。叶全部基生，莲座状，叶片倒披针形或狭倒卵形，长 3～18cm，宽 1～4cm，先端急尖，基部渐狭，下延入叶柄，边缘全缘，两面密被淡黄色或棕褐色具多短分枝的刚毛明显具数条纵脉；叶柄长 6～34cm，基部略扩大成鞘。花葶 1～6，从莲座叶丛中生出，通常具肋，被棕黄色具分枝且反折的刚毛。花单生于基生花葶上，下垂；花芽卵形；萼片卵形，长 1.5～4cm，外面密被淡黄色或棕褐色具分枝的刚毛；花瓣 4，有时 6，椭圆形，长 3～10cm，宽 1.5～5cm，先端急尖或圆，深红色；花丝条形，长 1～3cm，宽 2～2.5mm，扁平，粉红色，花药长圆形，长 3～4mm，黄色；子房宽长圆形或卵形，长 1～3cm，密被淡黄色具分枝的刚毛，花柱极短，柱头 4～6 圆裂。蒴果椭圆状长圆形，长 1.8～2.5cm，粗 1～1.3cm，无毛或密被淡黄色具分枝的刚毛，4～6 瓣自顶端微裂。种子密具乳突。花果期 6—9 月。

色达分布：翁达镇、泥朵镇、大章乡、年龙乡、霍西乡。

中国分布：产于四川西北部、西藏东北部、青海东南部和甘肃西南部。生于海拔 2800～4300m 的山坡草地。

2. 大花红景天 *Rhodiola crenulata*

形态特征：多年生草本。地上的根颈短，残存花枝茎少数，黑色，高 5～20cm。不育枝直立，高 5～17cm，先端密着叶，叶宽倒卵形，长 1～3cm。花茎多，直立或扇状排列，高 5～20cm，稻秆色至红色。叶有短的假柄，椭圆状长圆形至几乎为圆形，长 1.2～3cm，宽 1～2.2cm，先端钝或有短尖，全缘或波状或有圆齿。花序伞房状，有多花，长 2cm，宽 2～3cm，有苞片；花大形，有长梗，雌雄异株；雄花萼片 5，狭三角形至披针形，长 2～2.5mm，钝；花瓣 5，红色，倒披针形，长 6～7.5mm，宽 1～1.5mm，有长爪，先端钝；雄蕊 10，与花瓣同长，对瓣的着生基部上 2.5mm；鳞片 5，近正方形至长方形，长 1～1.2mm，宽 0.5～0.8mm，先端有微缺；心皮 5，披针形，长 3～3.5mm，不育；雌花蓇葖 5，直立，长 8～10mm，花枝短，干后红色；种子倒卵形，长 1.5～2mm，两端有翅。花期 6—7 月，果期 7—8 月。

色达分布：亚龙乡、年龙乡。

中国分布：产于西藏、云南西北部、四川西部。生于海拔 2800～5600m 的山坡草地、灌丛、石缝中。

3. 四裂红景天 *Rhodiola quadrifida*

形态特征：多年生草本。干根长达 18cm。根颈直径 1～3cm，分枝，黑褐色，先端被鳞片；老的枝茎宿存，常在 100 以上。花茎细，直径 0.5～1mm，高 3～10（15）cm，稻秆色，直立，叶密生。叶互生，无柄，线形，长 5～8（12）mm，宽 1mm，先端急尖，全缘。伞房花序花少数，宽 1.2～1.5cm，花梗与花同长或较短；萼片 4，线状披针形，长 3mm，宽 0.7mm，钝；花瓣 4，紫红色，长圆状倒卵形，长 4mm，宽 1mm，钝；雄蕊 8，与花瓣同长或稍长，花丝与花药黄色；鳞片 4，近长方形，长 1.5～1.8mm，宽 0.7mm。蓇葖 4，披针形，长 5mm，直立，有先端反折的短喙，成熟时暗红色；种子长圆形，褐色，有翅。花期 5—6 月，果期 7—8 月。

色达分布：色柯镇、年龙乡、亚龙乡。

中国分布：产于西藏、四川、新疆、青海、甘肃。

4. 桃儿七 *Sinopodophyllum hexandrum*

形态特征：多年生草本。植株高 20～50cm。根状茎粗短，节状，多须根；茎直立，单生，具纵棱，无毛，基部被褐色大鳞片。叶 2 枚，薄纸质，非盾状，基部心形，3～5 深裂几达中部，裂片不裂或有时 2～3 小裂，裂片先端急尖或渐尖，上面无毛，背面被柔毛，边缘具粗锯齿；叶柄长 10～25cm，具纵棱，无毛。花大，单生，先叶开放，两性，整齐，粉红色；萼片 6，早萎；花瓣 6，倒卵形或倒卵状长圆形，长 2.5～3.5cm，宽 1.5～1.8cm，先端略呈波状；雄蕊 6，长约 1.5cm，花丝较花药稍短，花药线形，纵裂，先端圆钝，药隔不延伸；雌蕊 1，长约 1.2cm，子房椭圆形，1 室，侧膜胎座，含多数胚珠，花柱短，柱头头状。浆果卵圆形，长 4～7cm，直径 2.5～4cm，熟时橘红色；种子卵状三角形，红褐色，无肉质假种皮。花期 5—6 月，果期 7—9 月。

色达分布：翁达镇、年龙乡。

中国分布：产于云南、四川、西藏、甘肃、青海和陕西。

5. 独叶草 *Kingdonia uniflora*

形态特征：多年生小草本。无毛，根状茎细长，自顶端芽中生出 1 叶和 1 条花葶；芽鳞约 3 个，膜质，卵形，长 4～7mm。叶基生，有长柄，叶片心状圆形，宽 3.5～7cm，五全裂，中、侧全裂片三浅裂，最下面的全裂片不等二深裂，顶部边缘有小牙齿，背面粉绿色，叶柄长 5～11cm。花葶高 7～12cm。花直径约 8mm；萼片（4）5～6（7），淡绿色，卵形，长 5～7.5mm，顶端渐尖；

退化雄蕊长 1.6~2.1mm；雄蕊长 2~3mm，花药长约 0.3mm；心皮长约 1.4mm，花柱与子房近等长。瘦果扁，狭倒披针形，长 1~1.3cm，宽约 2.2mm，宿存花柱长 3.5~4mm，向下反曲，种子狭椭圆球形，长约 3mm。5—6 月开花。

色达分布：翁达镇。

中国分布：产于云南西北部、四川西部、甘肃南部、陕西南部。生于海拔 2750~3900m 的山地冷杉林或杜鹃灌丛下。

6. 匙叶甘松 Nardostachys jatamansi

形态特征：多年生草本。高 5~50cm；根状茎木质，粗短，直立或斜升，下面有粗长主根，密被叶鞘纤维，有烈香。叶丛生，长匙形或线状倒披针形，长 3~25cm，宽 0.5~2.5cm，主脉平行三出，无毛或微被毛，全缘，顶端钝渐尖，基部渐窄而为叶柄，叶柄与叶片近等长；花茎旁出，茎生叶 1~2 对，下部的椭圆形至倒卵形，基部下延成叶柄，上部的倒披针形至披针形，有时具疏齿，无柄。花序为聚伞性头状，顶生，直径 1.5~2cm，花后主轴及侧轴常不明显伸长；花序基部有 4~6 片披针形总苞，每花基部有窄卵形至卵形苞片 1，与花近等长，小苞片 2，较小。花萼 5 齿裂，果时常增大。花冠紫红色，钟形，基部略偏突，长 4.5~9mm，裂片 5，宽卵形至长圆形，长 2~3.8mm，花冠筒外面多少被毛，里面有白毛；雄蕊 4，与花冠裂片近等长，花丝具毛；子房下位，花柱与雄蕊近等长，柱头头状。瘦果倒卵形，长约 4mm，被毛；宿萼不等五裂，裂片三角形至卵形，长 1.5~2.5mm，顶端渐尖，稀为突尖，具明显的网脉，被毛。花期 6—8 月。

色达分布：霍西乡、年龙乡。

中国分布：产于四川、云南、西藏。

7. 水母雪兔子 Saussurea medusa

形态特征：多年生多次结实草本。根状茎细长，有黑褐色残存的叶柄，有分枝，上部发出数个莲座状叶丛。茎直立，密被白色棉毛。叶密集，下部叶倒卵形，扇形、圆形或长圆形至菱形，连叶柄长达 10cm，宽 0.5~3cm，顶端钝或圆形，基部楔形，渐狭成长达 2.5cm 的紫色叶柄，上半部边缘有 8~12 个粗齿；上部叶渐小，向下反折，卵形或卵状披针形，顶端急尖或渐尖；最上部叶线形或线状披针形，向下反折，边缘有细齿；全部叶两面同色或几乎同色，灰绿色，被稠密或稀疏的白色长棉毛。头状花序多数，在茎端密集成半球形的总花序，无小花梗，苞叶线状披针形，两面被白色长棉毛。总苞狭圆柱状，直径 5~7mm；总苞片 3 层，外层长椭圆形，紫色，长 11mm，宽 2mm，顶端长渐尖，外面被白色或褐色棉毛，中层倒披针形，长 10mm，宽 4mm，顶端钝，内层披针形，长 11mm，宽 2mm，顶端钝。小花蓝紫色，长 10mm，细管部与檐部等长。瘦果纺锤形，浅褐色，长 8~9mm。冠毛白色，2 层，外层短，糙毛状，长 4mm，内层长，羽毛状，长 12mm。花果期 7—9 月。

色达分布：年龙乡。

中国分布：产于甘肃、青海、四川、云南、西藏。

8. 辐花 Lomatogoniopsis alpina

形态特征：一年生草本。高 3~10cm。主根细瘦。茎带紫色，常自基部多分枝，铺散，稀单一，不分枝，具条棱，棱上密生乳突。基生叶具短柄，叶片匙形，连柄长 5~10mm，宽 2~5mm；茎生叶无柄，卵形，长（3）6~11mm，宽（1）3~7mm，全部叶先端钝，基部略狭缩，边缘具乳伞。聚伞花序顶生和腋生，稀为单花；花梗紫色，具条棱，棱上有乳突，长 1~4cm；花萼长为花冠的一半，萼筒基短，长约 1mm，裂片卵形或卵状椭圆形，长 3.5~6.5mm，先端钝圆，边缘密生乳突，背部有 3 条脉，中脉具乳突；花冠蓝色，冠筒长 1~1.5mm，裂片二色，椭圆形或椭圆状披针形，长 5.5~9mm，宽 4~5mm，先端急尖，两面密被乳突，附属物狭椭圆形，长 4~6mm，浅蓝色，具深蓝色斑点，密被细乳突，无脉纹，全缘或先瑞 2 齿裂；雄蕊着生于冠筒上，花丝线形，长 3~5mm，花药蓝色，矩圆形，长 1~1.2mm；子房椭圆状披针形，长 5~7mm，无花柱，柱头下延至子房上部。蒴果无柄，卵状椭圆形，长 9~12mm；种子浅褐色，近球形，长 0.8~1mm，光滑。花果期 8—9 月。

色达分布：大章乡、泥朵镇。

中国分布：产于西藏东北部、青海南部。生于海拔 3950~4300m 的云杉林缘、阴坡草甸及灌丛草甸中。

9. 羽叶点地梅 *Pomatosace filicula*

形态特征：株高 3~9cm，具粗长的主根和少数须根。叶多数，叶片轮廓线状矩圆形，长 1.5~9cm，宽 6~15mm，两面沿中肋被白色疏长柔毛，羽状深裂至近羽状全裂，裂片线形或窄三角状线形，宽 1~2mm，先端钝或稍锐尖，全缘或具 1~2 牙齿；叶柄甚短或长达叶片的 1/2，被疏长柔毛，近基部扩展，略呈鞘状。花葶通常多枚自叶丛中抽出，高（1）3~9（16）cm，疏被长柔毛；伞形花序（3）6~12 花；苞片线形，长 2~6mm，疏被柔毛；花梗长 1~12mm，无毛；花萼杯状或陀螺状，长 2.5~3mm，果时增大，长达 4~4.5mm，外面无毛，分裂略超过全长的 1/3，裂片三角形，锐尖，内面被微柔毛；花冠白色，冠筒长约 1.8mm，冠檐直径约 2mm，裂片矩圆状椭圆形，宽约 0.8mm，先端钝圆。蒴果近球形，直径约 4mm，周裂成上、下两半，通常具种子 6~12 粒。

色达分布：泥朵镇、年龙乡、大章乡、霍西乡。

中国分布：产于青海、四川和西藏。

10. 甘肃贝母 *Fritillaria przewalskii*

形态特征：植株长 20~40cm。鳞茎由 2 枚鳞片组成，直径 6~13mm。叶通常最下面的 2 枚对生，上面的 2~3 枚散生，条形，长 3~7cm，宽 3~4mm，先端通常不卷曲。花通常单朵，少有 2 朵的，浅黄色，有黑紫色斑点；叶状苞片 1 枚，先端稍卷曲或不卷曲；花被片长 2~3cm，内三片宽 6~7mm，蜜腺窝不太明显；雄蕊长约为花被片的一半；花药近基着，花丝具小乳突；柱头裂片通常很短，长不及 1mm，极个别的长达 2mm（宝兴标本）。蒴果长约 1.3cm，宽 1~1.2cm，棱上的翅很狭，宽约 1mm。花期 6—7 月，果期 8 月。

色达分布：色柯镇、年龙乡。

中国分布：产于甘肃南部、青海东部和南部、四川西部。生于海拔 2800~4400m 的灌丛中或草地上。

11. 梭砂贝母 *Fritillaria delavayi*

形态特征：植株长 17~35cm，鳞茎由 2（~3）枚鳞片组成，直径 1~2cm。叶 3~5 枚（包括叶状苞片），较紧密地生于植株中部或上部，全部散生或最上面 2 枚对生，狭卵形至卵状椭圆形，长 2~7cm，宽 1~3cm，先端不卷曲。花单朵，浅黄色，具红褐色斑点或小方格；花被片长 3.2~4.5cm，宽 1.2~1.5cm，内三片比外三片稍长而宽；雄蕊长约为花被片的一半；花药近基着，花丝不具小乳突；柱头裂片很短，长不及 1mm。蒴果长 3cm，宽约 2cm，棱上翅很狭，宽约 1mm，宿存花被常多少包住蒴果。花期 6—7 月，果期 8—9 月。

色达分布：年龙乡。

中国分布：产于云南西北部、四川西部、青海南部和西藏。

12. 西藏杓兰 *Cypripedium tibeticum*

形态特征：植株高 15~35cm，具粗壮、较短的根状茎。茎直立，无毛或上部近节处被短柔毛，基部具数枚鞘，鞘上方通常具 3 枚叶，罕有 2 或 4 枚。叶片椭圆形、卵状椭圆形或宽椭圆形，长 8~16cm，宽 3~9cm，先端急尖、渐尖或钝，无毛或疏被微柔毛，边缘具细缘毛。花序顶生，具 1

花；花苞片叶状，椭圆形至卵状披针形，长 6～11cm，宽 2～5cm，先端急尖或渐尖；花梗和子房长 2～3cm，无毛或上部偶见短柔毛；花大，俯垂，紫色、紫红色或暗栗色，通常有淡绿黄色的斑纹，花瓣上的纹理尤其清晰，唇瓣的囊口周围有白色或浅色的圈；中萼片椭圆形或卵状椭圆形，长 3～6cm，宽 2.5～4cm，先端渐尖、急尖或具短尖头，背面无毛或偶见疏微柔毛，边缘多少具细缘毛；合萼片与中萼片相似，但略短而狭，先端 2 浅裂；花瓣披针形或长圆状披针形，长 3.5～6.5cm，宽 1.5～2.5cm，先端渐尖或急尖，内表面基部密生短柔毛，边缘疏生细缘毛；唇瓣深囊状，近球形至椭圆形，长 3.5～6cm，宽相近或略窄，外表面常皱缩，后期尤其明显，囊底有长毛；退化雄蕊卵状长圆形，长 1.5～2cm，宽 8～12mm，背面多少有龙骨状突起，基部近无柄。花期 5—8 月。

色达分布：翁达镇。

中国分布：产于甘肃南部、四川西部、贵州西部、云南西部、西藏东部至南部。

13. 紫点杓兰 *Cypripedium guttatum*

形态特征：植株高 15～25cm，具细长而横走的根状茎。茎直立，被短柔毛和腺毛，基部具数枚鞘，顶端具叶。叶 2 枚，极罕 3 枚，常对生或近对生，偶见互生，后者相距 1～2cm，常位于植株中部或中部以上；叶片椭圆形、卵形或卵状披针形，长 5～12cm，宽 2.5～4.5（6）cm，先端急尖或渐尖，背面脉上疏被短柔毛或近无毛，干后常变黑色或浅黑色。花序顶生，具 1 花；花序柄密被短柔毛和腺毛；花苞片叶状，卵状披针形，通常长 1.5～3cm，先端急尖或渐尖，边缘具细缘毛；花梗和子房长 1～1.5cm，被腺毛；花白色，具淡紫红色或淡褐红色斑；中萼片卵状椭圆形或宽卵状椭圆形，长 1.5～2.2cm，宽 1.2～1.6cm，先端急尖或短渐尖，背面基部常疏被微柔毛；合萼片狭椭圆形，长 1.2～1.8cm，宽 5～6mm，先端 2 浅裂；花瓣常近匙形或提琴形，长 1.3～1.8cm，宽 5～7mm，先端常略扩大并近浑圆，内表面基部具毛；唇瓣深囊状，钵形或深碗状，多少近球形，长与宽各约 1.5cm，具宽阔的囊口，囊口前方几乎不具内折的边缘，囊底有毛；退化雄蕊卵状椭圆形，长 4～5mm，宽 2.5～3mm，先端微凹或近截形，上面有细小的纵脊突，背面有较宽的龙骨状突起。蒴果近狭椭圆形，下垂，长约 2.5cm，宽 8～10mm，被微柔毛。花期 5—7 月，果期 8—9 月。

色达分布：翁达镇。

中国分布：产于黑龙江、吉林、辽宁、内蒙古、河北、山西、山东、陕西、宁夏、四川、云南西北部和西藏。

14. 西南手参 *Gymnadenia orchidis*

形态特征：植株高 17～35cm。块茎卵状椭圆形，长 1～3cm，肉质，下部掌状分裂，裂片细长。茎直立，较粗壮，圆柱形，基部具 2～3 枚筒状鞘，其上具 3～5 枚叶，上部具 1 枚至数枚苞片状小叶。叶片椭圆形或椭圆状长圆形，长 4～16cm，宽（2.5）3～4.5cm，先端钝或急尖，基部收狭成抱茎的鞘。总状花序具多数密生的花，圆柱形，长 4～14cm；花苞片披针形，直立伸展，先端渐尖，不成尾状，最下部的明显长于花；子房纺锤形，顶部稍弧曲，连花梗长 7～8mm；花紫红色或粉红色，极罕为带白色；中萼片直立，卵形，长 3～5mm，宽 2～3.5mm，先端钝，具 3 脉；侧萼片反折，斜卵形，较中萼片稍长和宽，边缘向外卷，先端钝，具 3 脉，前面一脉常具支脉；花瓣直立，斜宽卵状三角形，与中萼片等长且较宽，较侧萼片稍狭，边缘具波状齿，先端钝，具 3 脉，前面一脉常具支脉；唇瓣向前伸展，宽倒卵形，长 3～5mm，前部 3 裂，中裂片较侧裂片稍大或等大，三角形，先端钝或稍尖；距细而长，狭圆筒形，下垂，长 7～10mm，稍向前弯，向末端略增粗或稍渐狭，通常长于子房或等长；花粉团卵球形，具细长的柄和粘盘，粘盘披针形。花期 7—9 月。

色达分布：洛若镇。

中国分布：产于陕西南部、甘肃东南部、青海南部、湖北西部、四川西部、云南西北部、西藏东部至南部。

15.　手参 *Gymnadenia conopsea*

形态特征：植株高 20～60cm。块茎椭圆形，长 1～3.5cm，肉质，下部掌状分裂，裂片细长。茎直立，圆柱形，基部具 2～3 枚筒状鞘，其上具 4～5 枚叶，上部具 1 枚至数枚苞片状小叶。叶片线状披针形、狭长圆形或带形，长 5.5～15cm，宽 1～2 (2.5) cm，先端渐尖或稍钝，基部收狭成抱茎的鞘。总状花序具多数密生的花，圆柱形，长 5.5～15cm；花苞片披针形，直立伸展，先端长渐尖成尾状，长于或等长于花；子房纺锤形，顶部稍弧曲，连花梗长约 8mm；花粉红色，罕为粉白色；中萼片宽椭圆形或宽卵状椭圆形，长 3.5～5mm，宽 3～4mm，先端急尖，略呈兜状，具 3 脉；侧萼片斜卵形，反折，边缘向外卷，较中萼片稍长或几乎等长，先端急尖，具 3 脉，前面一脉常具支脉；花瓣直立，斜卵状三角形，与中萼片等长，与侧萼片近等宽，边缘具细锯齿，先端急尖，具 3 脉，前面一脉常具支脉，与中萼片相靠；唇瓣向前伸展，宽倒卵形，长 4～5mm，前部 3 裂，中裂片较侧裂片大，三角形，先端钝或急尖；距细而长，狭圆筒形，下垂，长约 1cm，稍向前弯，向末端略增粗或略渐狭，长于子房；花粉团卵球形，具细长的柄和粘盘，粘盘线状披针形。花期 6—8 月。

色达分布：翁达镇。

中国分布：产于黑龙江、吉林、辽宁、内蒙古、河北、山西、陕西、甘肃东南部、四川西部至北部、云南西北部、西藏东南部。

16.　三刺草 *Aristida triseta*

形态特征：多年生。须根较粗而坚韧。秆直立，丛生，基部宿存枯萎的叶鞘，高 10～40cm，平滑无毛，具 1～2 节。叶鞘短于节间，光滑，松弛；叶舌短小，具长约 0.2mm 的纤毛；叶片常卷折而弯曲，长 3.5～15cm，宽 1～2mm。圆锥花序狭窄，线形，长 3.5～9cm，分枝短而硬，贴向主轴；小穗柄长 1～5mm，顶生者长可达 1cm，小穗长 7～10mm，紫色或古铜色；颖片窄披针形，顶端渐尖或有时延伸成短尖头，具 1 脉，脉上粗糙，而颖几乎等长或第二颖较长；外稃长 6.5～8mm，具 3 脉，背部具紫褐色斑点，上部微粗糙，基盘短小而钝，长 0.5～0.8mm，具短毛，芒粗糙，主芒长 4～8mm，侧芒长 1.5～3mm；内稃长约 2.5mm，薄膜质；鳞被 2，长约 2mm；花药黄色或紫色，长 3～4mm。颖果长约 5mm。花果期 7—9 月。

色达分布：翁达镇。

中国分布：产于甘肃、青海、四川等。

4.1.3　中国特有物种

经调查评估，色达县内共有特有种植物 50 科 134 属 290 种。具体代表物种情况如下。

1.　紫果冷杉 *Abies recurvata*

形态特征：乔木。高达 40m。树干枝下高较短，树皮粗糙，裂成木规则片状开裂，暗灰色或红褐色；枝条开展，较密；幼树树冠尖塔形，老则平顶状；冬芽卵圆形，有树脂；一年生枝黄色、淡黄色或黄灰色，光滑无毛；二、三年生枝灰色或黄灰色。叶在枝条下面向两侧转，上方伸展或是两列；枝条上面的叶直或内曲，常向后反曲，条形，上部稍宽，基部窄，长 1～2.5cm（多为 1.2～1.6cm），宽 2.5～3.5mm，先端尖或钝，上面光绿色，微被白粉，常有 2～8 条不连续的气孔线，下面灰绿色，有 2 条微具白粉的气孔带，横切面有 2 个边生树脂道，上面皮下层细胞二层，内层不连续排列，两端至下面两侧边缘一层，下面中部二层，均连续排列。球果椭圆状卵形或圆柱状卵形，长 4~8cm，径 3~4cm，近无梗，成熟前紫色，成熟时紫褐色；中部种鳞肾形、扇状横椭圆形或菱状横椭圆形，长 1.2~1.4cm，宽 1.2~2.5cm，上部宽圆、较薄，边缘微向内曲，中部楔状，稀微缩而两侧突出，下部耳形（明显或不明显），基部渐窄成短柄状；苞鳞不露出，长达种鳞的 1/2~3/4，上部宽圆，边缘有细缺齿，先端有急尖的短尖头，尖头明显或不明显，苞鳞背部无纵脊或有不明显的纵脊，中部收缩；种子倒卵状斜方形，长约 8mm，种翅淡黑褐色或黑色，较种子短，先端平截，宽 6~9mm，连同种子长 1.1~1.3cm。

色达分布：翁达镇（林木种质资源报告）。

中国分布：产于甘肃南部白龙江流域、四川北部及西北部海拔 2300~3600m 地带。

2. 褐紫乌头 *Aconitum brunneum*

形态特征：块根椭圆球形或近圆柱形，长 1.5~3.5cm。茎高 85~110cm，无毛或几乎无毛，在近花序处被反曲的短柔毛，近等距地生叶，不分枝或在花序之下有 1 短分枝。叶片肾形或五角形，长 3.8~6cm，宽 6.5~11cm，3 深裂至本身长度的 4/5~6/7 处，中央深裂片倒卵形、倒梯形或菱形，三浅裂，侧深裂片扇形，不等 2 裂近中部，两面无毛；下部叶柄长 20~25cm，具鞘，中部以上的叶柄渐变短，几乎无鞘。总状花序长 20~50cm，具 15~30 朵花；轴和花梗密被反曲的短柔毛；最下部的苞片 3 裂，其他苞片线形；花梗长 0.5~2.5（5.8）cm；小苞片生花梗下部至上部，狭线形，长 1.6~4mm；萼片褐紫色或灰紫色，外面疏被短柔毛，上萼片船形，向上斜展，自基部至喙长约 1cm，下缘稍凹，与斜的外缘形成喙；花瓣长约 1cm，疏被短柔毛或几乎无毛，瓣片顶端圆，无距，唇长约 2.5mm；雄蕊无毛，花丝全缘；心皮 3，疏被短柔毛或无毛。蓇葖长 1.2~2cm，无毛；种子长约 2.6mm，倒卵形，具 3 条纵棱，沿棱生狭翅，表面生有横皱。花期 8—9 月。

色达分布：霍西乡。

中国分布：分布于四川西北部、甘肃西南部、青海东南部。生于海拔 3000~4250m 的山坡阳处或冷杉中。模式标本采自四川道孚。

3. 红花绿绒蒿 *Meconopsis punicea*

形态特征：多年生草本，高 30~75cm，基部盖以宿存的叶基，其上密被淡黄色或棕褐色具多短分枝的刚毛。须根纤维状。叶全部基生，莲座状，叶片倒披针形或狭倒卵形，长 3~18cm，宽 1~4cm，先端急尖，基部渐狭，下延入叶柄，边缘全缘，两面密被淡黄色或棕褐色具多短分枝的刚毛，明显具数条纵脉；叶柄长 6~34cm，基部略扩大成鞘。花葶 1~6，从莲座叶丛中生出，通常具肋，被棕黄色具分枝且反折的刚毛。花单生于基生花葶上，下垂；花芽卵形；萼片卵形，长 1.5~4cm，外面密被淡黄色或棕褐色具分枝的刚毛；花瓣 4，有时 6，椭圆形，长 3~10cm，宽 1.5~5cm，先端急尖或圆，深红色。花丝条形，长 1~3cm，宽 2~2.5mm，扁平，粉红色；花药长圆形，长 3~4mm，黄色；子房宽长圆形或卵形，长 1~3cm，密被淡黄色具分枝的刚毛；花柱极短，柱头 4~6 圆裂。蒴果椭圆状长圆形，长 1.8~2.5cm，粗 1~1.3cm，无毛或密被淡黄色具分枝的刚毛，4~6 瓣自顶端微裂。种子密具乳突。花果期 6—9 月。

色达分布：翁达镇、泥朵镇、大章乡、年龙乡、霍西乡。

中国分布：产于四川西北部、西藏东北部、青海东南部和甘肃西南部。生于海拔 2800~4300m 的山坡草地。

4. 毛花龙胆 *Gentiana pubiflora*

形态特征：一年生草本。高 3~5cm。茎紫红色，密被小硬毛，在下部有 2~5 个分枝，枝叉开，斜升。基生叶大，在花期枯萎，宿存，卵圆形，长 7~12mm，宽 5.5~9mm，先端钝圆，具短小尖头，边缘密生长睫毛，上面光滑，下面幼时具小硬毛，以后毛脱落，叶脉 1~3 条，细，在下面明显，叶柄宽，长仅 0.5～0.7mm；茎生叶小，疏离，短于节间，或呈覆瓦状密集排列，宽卵形或卵圆形，长 5～8mm，宽 4～6mm，先端钝圆，具尾尖，边缘密生长睫毛，有时膜质，狭窄，上面光滑，下面具小硬毛，以后毛脱落，中脉叶质，绿色，在下面稍突起，叶柄边缘密生短睫毛，背面密被硬毛，连合成长 0.5～0.7mm 的筒。花数朵，单生于小枝顶端；花梗紫红色，密被小硬毛，长 2～4mm，藏于最上部一对叶中；花萼倒锥状筒形，长 10～12mm，外面具小硬毛，以后毛脱落，裂片卵状披针形，长 3～3.5mm，先端急尖，具小尖头或尾尖，边缘密生长睫毛，以后毛脱落，有时膜质，中脉革质，绿色，在背面稍突起，并向萼筒下延，弯缺狭窄，截形；花冠黄绿色，有时内面淡蓝色，漏斗形，长 18～21mm，外面具小柔毛，以后毛脱落，裂片卵圆形，长 4.5～5.5mm，先端钝圆，具长尾尖，褶宽卵形，长 1.2～1.5mm，先端钝，边缘有少数细齿或全缘；雄蕊着生于冠筒中部，不整齐；花丝丝状，长 3.5～6.5mm；花药矩圆形，长 1～1.2mm；子房椭圆形，长 3～4mm，两端渐狭，柄长 1.5～2mm；花柱线形，连柱头长 1～1.5mm，柱头 2 裂，裂片线状矩圆形。蒴果内藏，矩圆状匙形，长 7～8mm，先端圆形，具宽翅，两侧边缘具狭翅，基部渐狭，柄长约 4mm。种子褐色，三棱状椭圆形，长 1～1.2mm，表面具细网纹。花果期 4—5 月。

色达分布：霍西乡。

中国分布：产于云南西北部。

5. 金川粉报春 *Primula fangii*

形态特征：多年生草本。根状茎短，具多数粗长侧根。叶丛基部无鳞片；叶片椭圆形至椭圆状倒披针形，连柄长 2.5～7cm，宽 5～23mm，果期长可达 14cm，先端钝圆，基部渐狭窄，边缘近全缘或具不明显的小圆齿，上面深绿色，常密布褐色小腺点，下面密被白粉（干时略呈乳黄色），中肋宽扁，侧脉（8～12 对）及部分网脉在下面明显；叶柄分化不明显或长达叶片的 1/2。花葶高（8）10～25cm；伞形花序（3）5～25 花；苞片披针形，长 4～8mm，先端渐尖，基部不膨大，背面被小腺体，腹面有时具白粉；花梗长 1.2～3cm，果期长可达 7cm，初被白粉，伸长后变为无粉，仅具小腺体；花萼钟状，长 5～6mm，外面多少被白粉，内面密被乳黄色粉，分裂深达全长的 1/3 或近达中部，裂片卵形至狭三角形，先端锐尖；花冠玫瑰红色至淡紫红色，冠筒口周围黄色，冠檐直径 1.5～2cm，裂片倒卵形，先端 2 深裂。长花柱花：冠筒长 8～9mm，雄蕊着生处距冠筒基部约 3mm，花柱长约 5mm，柱头接近筒口；短花柱花：冠筒较狭窄，长约 10mm，雄蕊着生于冠筒中上部，花药顶端距筒口 1.5～2mm，花柱长约 1.5mm。蒴果筒状，长 10～11mm，约长于花萼 1 倍，顶端 5 浅裂。花期 5—7 月，果期 7—8 月。

色达分布：翁达镇。

中国分布：产于四川西部。

6. 紫罗兰报春 *Primula purdomii*

形态特征：多年生草本。具粗短的根状茎和肉质长根。叶丛基部由鳞片和叶柄包叠成假茎状，外围有枯叶柄，常分解成纤维状；鳞片披针形，长 3～5cm，干时膜质，褐色。叶片披针形、矩圆状披针形或倒披针形，长 3～12cm，宽 1～2.5cm，先端锐尖或钝，基部渐狭窄，边缘近全缘或具不明显的小钝齿，通常极窄外卷，干时厚纸质，无粉或微被白粉，中肋宽扁，侧脉纤细，不明显；叶柄具阔翅，通常稍短于叶片并为鳞片所覆盖。花葶高 8～20cm，近顶端被白粉（压干后可变为乳黄色）；伞形花序 1 轮，具 8～12（18）花；苞片线状披针形至钻形，长 5～13mm；花梗长 5～15mm，被白色或乳黄色粉，果时长 2～5cm；花萼狭钟状，长 6～10mm，分裂达中部，裂片矩圆状披针形，先端稍钝，外面被小腺毛，内面通常被粉；花冠蓝紫色至近白色，冠檐直径 1.6～2cm，裂片矩圆形或狭矩圆形，长 9～10mm，宽 4～6mm，全缘。长花柱花：冠筒长 11～13mm，雄蕊着生处距冠筒基部 3～4mm，花柱长约 6mm，稍高出花萼；短花柱花：冠筒长 12～15mm，雄蕊着生于冠筒中部,花药顶端稍高出花萼,花柱长约 2.5mm,高达花萼中部。蒴果筒状,约长于花萼 1 倍。花期 6—7 月,果期 8 月。

色达分布:霍西乡。

中国分布:产于青海、甘肃南部、四川西北部。

7. 高葶点地梅 *Androsace elatior*

形态特征:多年生草本。根状茎短,具多数细长的支根。叶丛外围有残存的枯叶柄;叶片肾圆形或近圆形,直径 1.5~2.5cm,先端近圆形,基部心形弯缺深达叶片的 1/4~1/3,边缘 5 深裂,裂片 3 浅裂,小裂片全缘或有齿,腹面被贴伏的短硬毛,深绿色,背面毛被较稀疏,淡绿色;叶柄细而稍坚硬,长(2)3~5cm,密被短硬毛。花葶 1~4 枚自叶丛中抽出,高 13~20cm,高出叶丛 2~3 倍,被短硬毛;伞形花序 10~25 花,苞片线形至长圆形,长 2~2.5mm,先端渐尖,花梗细而坚硬,长 1~1.5cm,被贴伏的硬毛;花萼杯状或阔钟状,长约 2.5mm,分裂达中部,裂片三角形或卵状三角形,先端锐尖,外面被短柔毛;花冠白色或粉红色,直径约 4mm,裂片倒卵状长圆形,近全缘。蒴果圆形,约与宿存花萼等长。花期 7 月,果期 8 月。

色达分布:双河口。

中国分布:产于四川西北部、青海东南部、西藏东北部。

8. 扇唇舌喙兰 *Hemipilia flabellata*

形态特征:直立草本。高 20~28cm。块茎狭椭圆状,长 1.5~3.5cm。茎在基部具 1 枚膜质鞘,鞘上方具 1 枚叶,向上具 1~4 枚鞘状退化叶。叶片心形、卵状心形或宽卵形,大小变化甚大,长 2~10cm,先端急尖或具短尖,基部心形或近圆形,抱茎,上面绿色并具紫色斑点,背面紫色,无毛;鳞片状小叶卵状披针形或披针形,先端长渐尖。总状花序长 5~9cm,通常具 3~15 朵花;花苞片披针形,下面的 1 枚长 11mm,向上渐小;花梗和子房线形,长 1.5~1.8cm,无毛;花颜色变化较大,从紫红色到近纯白色;中萼片长圆形或狭卵形,长 8~9mm,宽 3.5~4mm,先端钝或急尖,具 3~5 脉;侧萼片斜卵形或镰状长圆形,长 9~10mm,宽约 5mm,先端钝,具 3 脉;花瓣宽卵形,长约 7mm,宽约 5mm,先端近急尖,具 5 脉;唇瓣基部具明显的爪;爪长圆形或楔形,长达 2mm;爪以上扩大成扇形或近圆形,有时五菱形,长 9~10mm,宽 8~9mm,边缘具不整齐细齿,先端平截或圆钝,有时微缺;近距口处具 2 枚胼胝体,距圆锥状圆柱形,向末端渐狭,直或稍弯曲,末端钝或 2 裂,长 15~20mm,粗 3~4mm;蕊喙舌状,肥厚,长约 2mm,先端浑圆,上面具细小乳突。蒴果圆柱形,长 3~4cm。花期 6—8 月。

色达分布:霍西乡。

中国分布:产于四川西南部、贵州西北部、云南中部和西北部。

9. 羽叶点地梅 *Pomatosace filicula*

形态特征:株高 3~9cm,具粗长的主根和少数须根。叶多数,叶片轮廓线状矩圆形,长 1.5~9cm,宽 6~15mm,两面沿中肋被白色疏长柔毛,羽状深裂至近羽状全裂,裂片线形或窄三角状线形,宽 1~2mm,先端钝或稍锐尖,全缘或具 1~2 牙齿;叶柄甚短或长达叶片的 1/2,被疏长柔毛,近基部扩展,略呈鞘状。花葶通常多枚自叶丛中抽出,高(1)3~9(16)cm,疏被长柔毛;伞形花序(3)6~12 花;苞片线形,长 2~6mm,疏被柔毛;花梗长 1~12mm,无毛;花萼杯状或陀螺状,长 2.5~3mm,果时增大,长达 4~4.5mm,外面无毛,分裂略超过全长的 1/3,裂片三角形,锐尖,内面被微柔毛;花冠白色,冠筒长约 1.8mm,冠檐直径约 2mm,裂片矩圆状椭圆形,宽约 0.8mm,先端钝圆。蒴果近球形,直径约 4mm,周裂成上下两半,通常具种子 6~12 粒。

色达分布:泥朵镇、年龙乡、大章乡、霍西乡。

中国分布:产于青海、四川和西藏。

10.　赛茛菪 *Anisodus carniolicoides*

形态特征：根状茎黄色，有时浅紫色，直立。叶柄 1.2～3（5）cm；叶片椭圆形到卵形，长 6～18（21）cm 或 3～7.5（12）cm，纸质，基部楔形或稍下延，边缘全缘，具深波状。花梗坚固，1.5～4cm；花萼钟状，1.5～2.5cm，浅裂的短。花冠浅黄绿色，裂片紫色，具条纹背面，短尖；花药 6～7mm；花盘浅黄色。果梗长约 4cm，果期花萼长 3cm，革质。果近球形。花期 5—7 月，果期 9—10 月。

色达分布：河西寺。

中国分布：产于青海、四川、云南西北部。

11.　斗叶马先蒿 *Pedicularis cyathophylla*

形态特征：多年生草本。高 15～55cm，主根圆锥形，甚长，在主根上方近地表处生有成丛须根。茎直立，不分枝，被毛。叶 3～4 枚轮生，基部结合，成斗状体，高有时可达 5cm，叶片长椭圆形，长达 14cm，宽达 4cm，羽状全裂，裂片边缘有锯齿，齿端常成刺毛状，背面叶脉上被稀纤毛。花序穗状，苞片基部合生，先端叶状具羽状浅裂，被毛，尤以背部中脉为显著；萼长 15mm，被长毛，前方强开裂，先端具 2 齿，齿长圆状披针形，长 2～3mm，有缺刻状重锯齿；花冠紫红色，长 5～6cm，花管细，长 35～50（60）mm，宽 2～2.5mm，脉不扭转，近端处以直角向前转折，下唇宽过于长，稍包裹盔部，盔的直立部分因管向前转折而成横置，在直立部分与稍膨大的含有雄蕊部分之间有皱褶一条，而后者（含有雄蕊部分）更俯向前下方，然后又突然向后下方急折为长喙，喙长 7mm，先端向下方转折，终于一个指向前下方的尖端；雄蕊花丝两对均被毛；柱头完全隐于盔中。花期 7—8 月。

色达分布：霍西乡。

中国分布：我国特有种，产于四川西南部及云南西北部。生于海拔 4700m 的高山草地上。

12.　四川波罗花 *Incarvillea beresovskii*

形态特征：多年生草本。高达 1m。具茎；一回羽状复叶，侧生小叶 3～6 对，长椭圆形，长 6～7cm，基部偏斜，顶端 1～2 对小叶基部下延，近无柄，顶生小叶椭圆形，长 2～7cm，全缘或具粗锯齿。总状花序顶生，具 10～30 朵花，疏散，长达 53cm；花梗长 0.5～1cm；苞片长 0.5～1.5cm，披针形；小苞片 2，线形，淡黄绿色，长 1.5～3cm；萼齿宽三角形，先端锐尖，长约 4mm；花冠玫瑰色或红色，花冠筒长 3.5～5cm，基部渐收缩，顶端微弯，裂片卵形，长约 2cm，开展。蒴果四棱形，长 8～10cm，径 1～1.3cm，顶端尖，2 瓣裂，果瓣革质。种子淡褐色，贝壳状，薄壳质，长 4.5mm，宽 3mm，具宽 1mm 周翅，两面被鳞片及微柔毛。

色达分布：翁达镇。

中国分布：产于四川西北部、西藏。

13.　甘肃贝母 *Fritillaria przewalskii*

形态特征：植株长 20～40cm。鳞茎由 2 枚鳞片组成，直径 6～13mm。叶通常最下面的 2 枚对生，上面的 2～3 枚散生，条形，长 3～7cm，宽 3～4mm，先端通常不卷曲。花通常单朵，少有 2 朵的，浅黄色，有黑紫色斑点；叶状苞片 1 枚，先端稍卷曲或不卷曲；花被片长 2～3cm，内三片宽 6～7mm，蜜腺窝不很明显；雄蕊长约为花被片的一半；花药近基着，花丝具小乳突；柱头裂片通常很短，长不及 1mm，极个别的长达 2mm（宝兴标本）。蒴果长约 1.3cm，宽 1～1.2cm，棱上的翅很狭，宽约 1mm。花期 6—7 月，果期 8 月。

色达分布：色柯镇、年龙乡。

中国分布：产于甘肃南部（洮河流域）、青海东部和南部（湟中、民和、囊谦、治多）和四川西部（甘孜、宝兴、天全）。生于海拔 2800～4400m 的灌丛中或草地上。

4.1.4 中国生物多样性红色名录物种

根据《中国生物多样性红色名录——高等植物卷》，统计出色达县有 17 种受威胁〔包括极危（CR）、濒危（EN）和易危（VU）〕物种，其中被列为濒危的有 5 种，分别为大花红景天、辐花、手参、紫点杓兰、赛莨菪；易危的有 13 种，分别为褐紫乌头、鳞皮冷杉、康定杨、甘肃贝母、独叶草、西南手参、四川菠萝花、红花绿绒蒿、水母雪兔子、川滇槲蕨、梭砂贝母、紫果冷杉；近危（NT）的有 23 种，分别为直立点地梅、新山生柳、微柔毛花椒、金沙绢毛菊、西藏沙棘、多刺绿绒蒿、羽叶点地梅、金川粉报春、紫罗兰报春、四裂红景天、桃儿七、扇唇舌喙兰、匙叶甘松、斗叶马先蒿、高葶点地梅、角盘兰、毛花龙胆、青海锦鸡儿、中华羊茅、异色红景天、华西小红门兰、三刺草、西藏鳞果草；无危（LC）的有 562 种；数据缺乏（DD）和未评价（NE）的有 270 种。

表 4.1－10　色达县高等植物红色物种数及比例

受威胁等级	物种数	物种比例（%）
CR	0	0.00
EN	5	0.57
VU	13	1.60
NT	23	2.74
LC	562	64.23
DD	28	3.20
NE	242	27.66

1. 川滇槲蕨 *Drynaria delavayi*

形态特征：附生岩石或树上。根状茎直径 1~2cm，密被鳞片；鳞片斜升，以基部着生，或近盾状着生，基部耳形，长 4~10mm，宽 0.5~1mm，边缘有重齿。基生不育叶卵圆形至椭圆形，长 6~13（17）cm，宽 4~10cm，羽状深裂达叶片宽度的 2/3 或更深，裂片 5~7 对，基部耳形。正常能育叶的叶柄长 3~9cm，稍具狭翅；叶片长 25~45cm，宽 12~18cm，裂片 7~13（17）对，中部裂片长（5）7.5~12（14）cm，宽 1.5~2（3.5）cm，裂片边缘有浅缺刻，无睫毛，或被有疏毛；叶干后黄绿色，纸质，两面光滑或疏被短毛；叶脉明显隆起，中肋及小脉上、下两面疏具短毛。孢子囊群在裂片中肋两侧各排成整齐的 1 行，靠近中肋，生于 4 条或更多条小脉交汇处；孢子囊上常有腺毛。孢子外壁光滑或有时有折皱，具短刺状突起，周壁有疣状纹饰。

色达分布：霍西乡。

中国分布：产于陕西、甘肃南部、青海、四川、云南西北部、西藏东部。生于海拔 1000~1900（2800~3800~4200）m 的石上或草坡。

2. 紫果冷杉 *Abies recurvata*

形态特征：乔木。高达 40m。树干枝下高较短，树皮粗糙，裂成木规则片状开裂，暗灰色或红褐色；枝条开展，较密；幼树树冠尖塔形，老则平顶状；冬芽卵圆形，有树脂；一年生枝黄色、淡黄色或黄灰色，光滑无毛；二、三年生枝灰色或黄灰色。叶在枝条下面向两侧转，上方伸展或是两列；枝条上面的叶直或内曲，常向后反曲，条形，上部稍宽，基部窄，长 1~2.5cm（多为 1.2~1.6cm），宽 2.5~3.5mm，先端尖或钝，上面光绿色，微被白粉，常有 2~8 条不连续的气孔线，下面灰绿色，有 2 条微具白粉的气孔带，横切面有 2 个边生树脂道，上面皮下层细胞二层，内层不连续排列，两端至下面两侧边缘一层，下面中部二层，均连续排列。球果椭圆状卵形或圆柱状卵形，长 4~8cm，径 3~4cm，近无梗，成熟前紫色，成熟时紫褐色；中部种鳞肾形、扇状横椭圆形或菱状横椭圆形，长 1.2~1.4cm，宽 1.2~2.5cm，上部宽圆、较薄，边缘微向内曲，中部楔状，稀微缩而两侧突出，下部耳形（明显或不明显），基部渐窄成短柄状；苞鳞不露出，长达种鳞的 1/2~3/4，上部宽圆，边缘有细缺齿，先端有急尖的短尖头，尖头明显或不明显，苞鳞背部无纵脊或有不明显的纵脊，中部收缩；种子倒卵状斜方形，长约 8mm，种翅淡黑褐色或黑色，较种子短，先端平截，宽 6~9mm，连同种子长 1.1~1.3cm。

色达分布：甲学镇。

中国分布：产于甘肃南部白龙江流域、四川北部及西北部海拔 2300~3600m 地带。

3. 褐紫乌头 *Aconitum brunneum*

形态特征：块根椭圆球形或近圆柱形，长 1.5~3.5cm。茎高 85~110cm，无毛或几乎无毛，在近花序处被反曲的短柔毛，近等距地生叶，不分枝或在花序之下有 1 短分枝。叶片肾形或五角形，长 3.8~6cm，宽 6.5~11cm，3 深裂至本身长度的 4/5~6/7 处，中央深裂片倒卵形、倒梯形或菱形，三浅裂，侧深裂片扇形，不等 2 裂近中部，两面无毛；下部叶柄长 20~25cm，具鞘，中部以上的叶柄渐变短，几乎无鞘。总状花序长 20~50cm，具 15~30 朵花，轴和花梗密被反曲的短柔毛；最下部的苞片 3 裂，其他苞片线形；花梗长 0.5~2.5（5.8）cm；小苞片生花梗下部至上部，狭线形，长 1.6~4mm；萼片褐紫色或灰紫色，外面疏被短柔毛，上萼片船形，向上斜展，自基部至喙长约 1cm，下缘稍凹，与斜的外缘形成喙；花瓣长约 1cm，疏被短柔毛或几乎无毛，瓣片顶端圆，无距，唇长约 2.5mm；雄蕊无毛，花丝全缘；心皮 3，疏被短柔毛或无毛。蓇葖长 1.2~2cm，无毛；种子长约 2.6mm，倒卵形，具 3 条纵棱，沿棱生狭翅，表面生有横皱。花期 8—9 月。

色达分布：霍西乡。

中国分布：分布于四川西北部、甘肃西南部、青海东南部。生于海拔 3000~4250m 的山坡阳处或冷杉中。模式标本采自四川道孚。

4. 多刺绿绒蒿 *Meconopsis horridula*

形态特征：一年生草本。全体被黄褐色或淡黄色坚硬而平展的刺，刺长 0.5~1cm。主根肥厚而延长，圆柱形，长达 20cm 或更多，上部粗 1~1.5cm，果时达 2cm。叶全部基生，叶片披针形，长 5~12cm，宽约 1cm，先端钝或急尖，基部渐狭而入叶柄，边缘全缘或波状，两面被黄褐色或淡黄色平展的刺；叶柄长 0.5~3cm。花葶 5~12 或更多，长 10~20cm，坚硬，绿色或蓝灰色，密被黄褐色平展的刺，有时花葶基部合生。花单生于花葶上，半下垂，直径 2.5~4cm；花芽近球形，直径约 1cm 或更大；萼片外面被刺；花瓣 5~8，有时 4，宽倒卵形，长 1.2~2cm，宽约 1cm，蓝紫色；花丝丝状，长约 1cm，色比花瓣深，花药长圆形，稍旋扭；子房圆锥状，被黄褐色平伸或斜展的刺，花柱长 6~7mm，柱头圆锥状。蒴果倒卵形或椭圆状长圆形，稀宽卵形，长 1.2~2.5cm，被锈色或黄褐色平展或反曲的刺，刺基部增粗，通常 3~5 瓣自顶端开裂至全长的 1/3~1/4。种子肾形，种皮具窗格状网纹。花果期 6—9 月。

色达分布：霍西乡。

中国分布：产于甘肃西部、青海东部至南部、四川西部、西藏（广泛分布）。生于海拔 3600~5100m 的草坡。

5. 红花绿绒蒿 *Meconopsis punicea*

形态特征：多年生草本，高 30~75cm，基部盖以宿存的叶基，其上密被具多短分技的淡黄色或棕褐色刚毛。须根纤维状。叶全部基生，莲座状，叶片倒披针形或狭倒卵形，长 3~18cm，宽

1~4cm，先端急尖，基部渐狭，下延入叶柄，边缘全缘，两面密被具多短分枝的淡黄色或棕褐色刚毛，明显具数条纵脉；叶柄长 6~34cm，基部略扩大成鞘。花葶 1~6，从莲座叶丛中生出，通常具肋，被具分枝且反折的棕黄色刚毛。花单生于基生花葶上，下垂；花芽卵形；萼片卵形，长 1.5~4cm，外面密被淡黄色或棕褐色、具分枝的刚毛；花瓣 4，有时 6，椭圆形，长 3~10cm，宽 1.5~5cm，先端急尖或圆，深红色。花丝条形，长 1~3cm，宽 2~2.5mm，扁平，粉红色；花药长圆形，长 3~4mm，黄色；子房宽长圆形或卵形，长 1~3cm，密被具分枝的淡黄色刚毛；花柱极短，柱头 4~6 圆裂。蒴果椭圆状长圆形，长 1.8~2.5cm，粗 1~1.3cm，无毛或密被具分枝的淡黄色刚毛，4~6 瓣自顶端微裂。种子密具乳突。花果期 6—9 月。

色达分布：翁达镇、泥朵镇、大章乡、年龙乡、霍西乡。

中国分布：产于四川西北部、西藏东北部、青海东南部、甘肃西南部。生于海拔 2800~4300m 的山坡草地。

6. 西藏鳞果草 *Achyrospermum wallichianum*

形态特征：草本。不分枝，高达 80cm。茎下部木质，常倚地，生出细长的不定根，近圆柱形，棕褐色，变无毛，上部钝四棱形，密被黄褐色倒向微柔毛。茎叶宽卵圆形，长 10~15cm，宽 5~10cm，先端渐尖，基部宽楔形且骤然渐狭下延，膜质，上面绿色，下面淡绿色，两面沿中脉及侧脉被微柔毛，余部疏生白色糙伏毛，但老叶仅上面疏生白色糙伏毛，侧脉 4~6 对，斜升，两面明显，细脉两面可见，边缘在基部以上有圆齿状牙齿；叶柄纤细，扁平，长约为叶片长的一半，密被黄褐色微柔毛。轮伞花序 6 花，在茎顶密集成近长圆柱状长（2）5~10（15）cm 的穗状花序，总梗长约 1cm，与序轴密被微柔毛；苞片明显，扁圆形或近圆形，长约 6mm，宽约 7mm，先端骤然渐尖，边缘具小缘毛，膜质；花梗长约 2mm，密被微柔毛。花萼管状钟形，长约 6mm，外疏被微柔毛，内面无毛，15 脉，膜质，近二唇形，上唇 3 齿，下唇 2 齿，齿近等大，宽卵圆状三角形，先端锐尖。花冠白色或白色带浅红色，长约 1.3cm，外面疏被微柔毛，内面在冠筒离基部 4mm 处有横向间断短柔毛毛环，冠筒纤细，近等粗，至喉部微扩大，冠檐二唇形，上唇短小，直伸，下唇大，开展，3 裂，裂片近圆形，中裂片较大。雄蕊 4，前对较长，靠着上唇上升，微伸出，花丝丝状，短小，花药 2 室，室极叉开，汇合为一室。花盘杯状。花柱纤细，不超出雄蕊，先端几乎相等，2 浅裂。子房顶端被突起的毛。花期 8—9 月。

色达分布：翁达镇。

中国分布：产于西藏东南部（墨脱）。

7. 大花红景天 *Rhodiola crenulata*

形态特征：多年生草本。地上的根颈短，残存花枝茎少数，黑色，高 5~20cm。不育枝直立，高 5~17cm，先端密着叶，叶宽倒卵形，长 1~3cm。花茎多，直立或扇状排列，高 5~20cm，稻秆色至红色。叶有短的假柄，椭圆状长圆形至几乎为圆形，长 1.2~3cm，宽 1~2.2cm，先端钝或有短尖，全缘或波状或有圆齿。花序伞房状，有多花，长 2cm，宽 2~3cm，有苞片；花大形，有长梗，雌雄异株；雄花萼片 5，狭三角形至披针形，长 2~2.5mm，钝；花瓣 5，红色，倒披针形，长 6~7.5mm，宽 1~1.5mm，有长爪，先端钝；雄蕊 10，与花瓣同长，对瓣的着生基部上 2.5mm；鳞片 5，近正方形至长方形，长 1~1.2mm，宽 0.5~0.8mm，先端有微缺；心皮 5，披针形，长 3~3.5mm，不育；雌花蓇葖 5，直立，长 8~10mm，花枝短，干后红色；种子倒卵形，长 1.5~2mm，两端有翅。花期 6—7 月，果期 7—8 月。

色达分布：亚龙乡、年龙乡。

中国分布：产于西藏、云南西北部、四川西部。生于海拔 2800~5600m 的山坡草地、灌丛和石缝中。

8. 四裂红景天 *Rhodiola quadrifida*

形态特征：多年生草本。主根长达 18cm。根颈直径 1~3cm，分枝，黑褐色，先端被鳞片；老的枝茎宿存，常在 100 以上。花茎细，直径 0.5~1mm，高 3~10 (15) cm，稻秆色，直立，叶密生。叶互生，无柄，线形，长 5~8 (12) mm，宽 1mm，先端急尖，全缘。伞房花序花少数，宽 1.2~1.5cm，花梗与花同长或较短；萼片 4，线状披针形，长 3mm，宽 0.7mm，钝；花瓣 4，紫红色，长圆状倒卵形，长 4mm，宽 1mm，钝；雄蕊 8，与花瓣同长或稍长，花丝与花药黄色；鳞片 4，近长方形，长 1.5~1.8mm，宽 0.7mm。蓇葖 4，披针形，长 5mm，直立，有先端反折的短喙，成熟时暗红色；种子长圆形，褐色，有翅。花期 5—6 月，果期 7—8 月。

色达分布：色柯镇、年龙乡、亚龙乡。

中国分布：产于西藏、四川、新疆、青海、甘肃。

9. 异色红景天 *Rhodiola discolor*

形态特征：多年生草本。根颈近横走，直径 3~5mm，先端被长三角形鳞片。花茎单生或少数，直立，不分枝，高 12~40cm。叶互生，长圆状披针形，卵状披针形或线状披针形至卵形，长 9~25mm，宽 3~5 (7) mm，先端急尖或渐尖，基部耳形或圆形，有短柄，边缘有不明显的牙齿或近全缘，上面绿色，下面带苍白色，边常反卷；叶柄长 1mm。伞房状花序，长 3~5cm，宽 5~10cm；苞片与叶相似而小。雌雄异株，少有两性的；花梗短；萼片 4 或 5，长三角形，长 1~2.5mm，宽 0.5~1mm；花瓣 4 或 5，紫红色，长圆状倒卵形至长圆形，长 2~4mm，宽 1~1.3mm；雌花中雄蕊缺；雄花中雄蕊 8 或 10，对瓣的长 1.5mm，对萼的长 2mm；鳞片 4 或 5，长圆状方形，长、宽各 0.5mm，先端有微缺；心皮 4 或 5，长 2mm，直立。蓇葖直立，长 3~4mm。花期 6—7 月，果期 7—8 月。

色达分布：年龙乡、亚龙乡。

中国分布：产于西藏东南部、云南西北部、四川西部。

10. 桃儿七 *Sinopodophyllum hexandrum*

形态特征：多年生草本。植株高 20~50cm。根状茎粗短，节状，多须根；茎直立，单生，具纵棱，无毛，基部被褐色大鳞片。叶 2 枚，薄纸质，非盾状，基部心形，3~5 深裂几乎达中部，裂片不裂或有时 2~3 小裂，裂片先端急尖或渐尖，上面无毛，背面被柔毛，边缘具粗锯齿；叶柄长 10~25cm，具纵棱，无毛。花大，单生，先叶开放，两性，整齐，粉红色；萼片 6，早萎；花瓣 6，倒卵形或倒卵状长圆形，长 2.5~3.5cm，宽 1.5~1.8cm，先端略呈波状；雄蕊 6，长约 1.5cm，花丝较花药稍短，花药线形，纵裂，先端圆钝，药隔不延伸；雌蕊 1，长约 1.2cm，子房椭圆形，1 室，侧膜胎座，含多数胚珠，花柱短，柱头头状。浆果卵圆形，长 4~7cm，直径 2.5~4cm，成熟时橘红色。种子卵状三角形，红褐色，无肉质假种皮。花期 5—6 月，果期 7—9 月。

色达分布：翁达镇、年龙乡。

中国分布：产于云南、四川、西藏、甘肃、青海和陕西。

11. 西藏沙棘 *Hippophae tibetana*

形态特征：落叶小灌木。株高达 0.6 (~1) m。枝常无刺，枝顶刺状。3 叶轮生或 2 叶对生，线形或长圆状线形，长 1~2.5cm，宽 2~3.5mm，两端钝，全缘，不反卷，上面幼时散生白色鳞片，老后鳞片脱落，暗绿色，下面密被灰白色和褐色鳞片。雌雄异株，雄花黄绿色，花萼 2 裂，雄蕊 4，2 枚与花萼裂片对生，2 枚与花萼裂片互生；雌花淡绿色，花萼囊状，顶端 2 齿裂。果宽椭圆形或近球形，长 0.8~1.2cm，径 0.6~1cm，多汁，成熟时黄褐色，顶端具 6 条放射状黑色条纹；果柄纤细，褐色，长 1~2mm。花期 5—6 月，果期 9 月。

色达分布：色柯镇、年龙乡。

中国分布：产于甘肃、青海、四川、西藏。

12. 匙叶甘松 *Nardostachys jatamansi*

形态特征：多年生草本。高 5～50cm。根状茎木质、粗短，直立或斜升，下面有粗长主根，密被叶鞘纤维，有烈香。叶丛生，长匙形或线状倒披针形，长 3～25cm，宽 0.5～2.5cm，主脉平行三出，无毛或微被毛，全缘，顶端钝渐尖，基部渐窄而为叶柄，叶柄与叶片几乎等长。花茎旁出，茎生叶 1～2 对，下部的椭圆形至倒卵形，基部下延成叶柄，上部的倒披针形至披针形，有时具疏齿，无柄。花序为聚伞性头状，顶生，直径 1.5～2cm，花后主轴及侧轴常不明显伸长；花序基部有 4～6 片披针形总苞，每朵花基部有窄卵形至卵形苞片 1，与花几乎等长，小苞片 2，较小。花萼5 齿裂，果期常增大。花冠紫红色，钟形，基部略偏突，长 4.5～9mm，裂片 5，宽卵形至长圆形，长 2～3.8mm，花冠筒外面稍被毛，里面有白毛；雄蕊 4，与花冠裂片几乎等长，花丝具毛；子房下位，花柱与雄蕊几乎等长，柱头头状。瘦果倒卵形，长约 4mm，被毛；宿萼不等 5 裂，裂片三角形至卵形，长 1.5～2.5mm，顶端渐尖，稀为突尖，具明显的网脉，被毛。花期 6—8 月。

色达分布：霍西乡、年龙乡。

中国分布：产于四川、云南、西藏。

13. 皱叶绢毛苣 *Soroseris hookeriana*

形态特征：多年生草本。根长，垂直直伸，倒圆锥状。茎极短或几乎无茎，高 1～8cm。叶稠密，集中排列在团伞花序下部，线形或长椭圆形，长 1～2cm，宽 1～4mm，皱波状羽状浅裂或深裂，叶柄宽扁，长达 1cm，叶柄与叶片被稀疏或稠密的长硬毛，极少无毛。头状花序多数在茎端排成团伞状花序，团伞状花序直径 2～9cm，花序梗长 5mm。总苞狭圆柱状，直径 2mm；总苞片 2 层，外层 2 枚，线形，紧靠内层，长 6～12mm，被稀疏的长或短硬毛；内层总苞片 4 枚，几乎等长，长椭圆形，长约 7mm，宽约 1.5mm，顶端钝或圆形，外面有稀疏长柔毛或无毛。舌状小花黄色，4 朵。瘦果长倒圆锥状，微压扁，下部收窄，顶端截形，长 2.5mm，有 17 条粗细不等的纵肋。冠毛鼠灰色或浅黄色，长约 8mm，细锯齿状。

色达分布：年龙乡。

中国分布：产于甘肃、陕西、西藏。

14. 水母雪兔子 *Saussurea medusa*

形态特征：多年生多次结实草本。根状茎细长，有黑褐色残存的叶柄，有分枝，上部发出数个莲座状叶丛。茎直立，密被白色棉毛。叶密集，下部叶倒卵形、扇形、圆形或长圆形至菱形，连叶柄长达 10cm，宽 0.5～3cm，顶端钝或圆形，基部楔形渐狭成长达 2.5cm 而基部为紫色的叶柄，上半部边缘有 8～12 个粗齿；上部叶渐小，向下反折，卵形或卵状披针形，顶端急尖或渐尖；最上部叶线形或线状披针形，向下反折，边缘有细齿；全部叶两面同色或几乎同色，灰绿色，被稠密或稀疏的白色长棉毛。头状花序多数，在茎端密集成半球形的总花序，无小花梗，苞叶线状披针形，两面被白色长棉毛。总苞狭圆柱状，直径 5～7mm；总苞片 3 层，外层长椭圆形，紫色，长 11mm，宽 2mm，顶端长渐尖，外面被白色或褐色棉毛，中层倒披针形，长 10mm，宽 4mm，顶端钝，内层披针形，长 11mm，宽 2mm，顶端钝。小花蓝紫色，长 10mm，细管部与檐部等长。瘦果纺锤形，浅褐色，长 8～9mm。冠毛白色，2 层，外层短，糙毛状，长 4mm；内层长，羽毛状，长 12mm。花果期 7—9 月。

色达分布：年龙乡。

中国分布：产于甘肃、青海、四川、云南、西藏。

15. 毛花龙胆 *Gentiana pubiflora*

形态特征：一年生草本。高 3～5cm。茎紫红色，密被小硬毛，在下部有 2～5 个分枝，枝叉开，斜升。基生叶大，在花期枯萎，宿存，卵圆形，长 7~12mm，宽 5.5~9mm，先端钝圆，具短小尖头，边缘密生长睫毛，上面光滑，下面幼时具小硬毛，以后毛脱落，叶脉 1~3 条，细，在下面明显，叶柄宽，长仅 0.5~0.7mm；茎生叶小，疏离，短于节间，或呈覆瓦状密集排列，宽卵形或卵圆形，长 5~8mm，宽 4~6mm，先端钝圆，具尾尖，边缘密生长睫毛，有时膜质，狭窄，上面光滑，下面具小硬毛，以后毛脱落，中脉叶质，绿色，在下面稍突起，叶柄边缘密生短睫毛，背面密被硬毛，连合成长 0.5~0.7mm 的筒。花数朵，单生于小枝顶端；花梗紫红色，密被小硬毛，长 2~4mm，藏于最上部一对叶中；花萼倒锥状筒形，长 10~12mm，外面具小硬毛，以后毛脱落，裂片卵状披针形，长 3~3.5mm，先端急尖，具小尖头或尾尖，边缘密生长睫毛，以后毛脱落，有时膜质，中脉革质，绿色，在背面稍突起，并向萼筒下延，弯缺狭窄，截形；花冠黄绿色，有时内面淡蓝色，漏斗形，长 18~21mm，外面具小柔毛，以后毛脱落，裂片卵圆形，长 4.5~5.5mm，先端钝圆，具长尾尖，褶宽卵形，长 1.2~1.5mm，先端钝，边缘有少数细齿或全缘；雄蕊着生于冠筒中部，不整齐；花丝丝状，长 3.5~6.5mm；花药矩圆形，长 1~1.2mm；子房椭圆形，长 3~4mm，两端渐狭，柄长 1.5~2mm；花柱线形，连柱头长 1~1.5mm，柱头 2 裂，裂片线状矩圆形。蒴果内藏，矩圆状匙形，长 7~8mm，先端圆形，具宽翅，两侧边缘具狭翅，基部渐狭，柄长约 4mm。种子褐色，三棱状椭圆形，长 1~1.2mm，表面具细网纹。花果期 4—5 月。

色达分布：霍西乡。

中国分布：产于云南西北部。

16. 金川粉报春 *Primula fangii*

形态特征：多年生草本。根状茎短，具多数粗长侧根。叶丛基部无鳞片；叶片椭圆形至椭圆状倒披针形，连柄长 2.5~7cm，宽 5~23mm，果期长可达 14cm，先端钝圆，基部渐狭窄，边缘几乎全缘或具不明显的小圆齿，上面深绿色，常密布褐色小腺点，下面密被白粉（干时略呈乳黄色），中肋宽扁，侧脉（8~12 对）及部分网脉在下面明显；叶柄分化不明显或长达叶片的 1/2。花葶高（8）10~25cm；伞形花序（3）5~25 花；苞片披针形，长 4~8mm，先端渐尖，基部不膨大，背面被小腺体，腹面有时具白粉；花梗长 1.2~3cm，果期长可达 7cm，初被白粉，伸长后变为无粉，仅具小腺体；花萼钟状，长 5~6mm，外面稍被白粉，内面密被乳黄色粉，分裂深达全长的 1/3 或几乎达中部，裂片卵形至狭三角形，先端锐尖；花冠玫瑰红色至淡紫红色，冠筒口周围黄色，冠檐直径 1.5~2cm，裂片倒卵形，先端深 2 裂。长花柱花：冠筒长 8~9mm，雄蕊着生处距冠筒基部约 3mm，花柱长约 5mm，柱头接近筒口；短花柱花：冠筒较狭窄，长约 10mm，雄蕊着生于冠筒中上部，花药顶端距筒口 1.5~2mm，花柱长约 1.5mm。蒴果筒状，长 10~11mm，约长于花萼 1 倍，顶端 5 浅裂。花期 5—7 月，果期 7—8 月。

色达分布：翁达镇。

中国分布：产于四川西部。

17. 紫罗兰报春 *Primula purdomii*

形态特征：多年生草本。具粗短的根状茎和肉质长根。叶丛基部由鳞片和叶柄包叠成假茎状，外围有枯叶柄，常分解成纤维状；鳞片披针形，长 3~5cm，干时膜质，褐色。叶片披针形、矩圆状披针形或倒披针形，长 3~12cm，宽 1~2.5cm，先端锐尖或钝，基部渐狭窄，边缘近全缘或具不明显的小钝齿，通常极窄外卷，干时厚纸质，无粉或微被白粉，中肋宽扁，侧脉纤细，不明显；叶柄具阔翅，通常稍短于叶片并为鳞片所覆盖。花葶高 8~20cm，近顶端被白粉（压干后可变为乳黄色）；伞形花序 1 轮，具 8~12（18）花；苞片线状披针形至钻形，长 5~13mm；花梗长 5~15mm，被白色或乳黄色粉，果时长 2~5cm；花萼狭钟状，长 6~10mm，分裂达中部，裂片矩圆状披针形，先端稍钝，外面被小腺毛，内面通常被粉；花冠蓝紫色至近白色，冠檐直径 1.6~2cm，裂片矩圆形或狭矩圆形，长 9~10mm，宽 4~6mm，全缘。长花柱花：冠筒长 11~13mm，雄蕊着生处距冠筒基部 3~4mm，花柱长约 6mm，稍高出花萼；短花柱花：冠筒长 12~15mm，雄蕊着生于冠筒中部，花药顶端稍高出花萼，花柱长约 2.5mm，高达花萼中部。蒴果筒状，约长于花萼1 倍。花期 6—7 月，果期 8 月。

色达分布：霍西乡。

中国分布：产于青海、甘肃南部、四川西北部。

18. 高葶点地梅 *Androsace elatior*

形态特征：多年生草本。根状茎短，具多数细长的支根。叶丛外围有残存的枯叶柄；叶片肾圆形或近圆形，直径 1.5~2.5cm，先端近圆形，基部心形弯缺深达叶片的 1/4~1/3，边缘 5 深裂，裂片 3 浅裂，小裂片全缘或有齿，腹面被贴伏的短硬毛，深绿色，背面毛被较稀疏，淡绿色；叶柄细而稍坚硬，长（2）3~5cm，密被短硬毛。花葶 1~4 枚自叶丛中抽出，高 13~20cm，高出叶丛2~3 倍，被短硬毛；伞形花序 10~25 花，苞片线形至长圆形，长 2~2.5mm，先端渐尖，花梗细而坚硬，长 1~1.5cm，被贴伏的硬毛；花萼杯状或阔钟状，长约 2.5mm，分裂达中部，裂片三角形或卵状三角形，先端锐尖，外面被短柔毛；花冠白色或粉红色，直径约 4mm，裂片倒卵状长圆形，近全缘。蒴果圆形，约与宿存花萼等长。花期 7 月，果期 8 月。

色达分布：双河口。

中国分布：分布于四川西北部、青海东南部、西藏东北部。

19. 直立点地梅 *Androsace erecta*

形态特征：一年生或二年生草本。主根细长，具少数支根。茎通常单生，直立，高（2）10~35cm，被稀疏或密集的多细胞柔毛。叶在茎基部稍簇生，通常早枯；茎叶互生，椭圆形至卵状椭圆形，长 4~15mm，宽 1.2~6mm，先端锐尖或稍钝，具软骨质骤尖头，基部短渐狭，边缘增厚，软骨质，两面均被柔毛；叶柄极短，长约 1mm 或几乎无，被长柔毛。花多朵组成伞形花序生于无叶的枝端，偶有单生于茎上部叶腋的；苞片卵形至卵状披针形，长约 3.5mm，叶状，具软骨质边缘和骤尖头，被稀疏的短柄腺体；花梗长 1~3cm，疏被短柄腺体；花萼钟状，长 3~3.5mm，分裂达中部，裂片狭三角形，先端具小尖头，外面被稀疏的短柄腺体，具不明显的 2 纵沟；花冠白色或粉红色，直径 2.5~4mm，裂片小，长圆形，宽 0.8~1.2mm，微伸出花萼。蒴果长圆形，稍长于花萼。花期 4—6 月，果期 7—8 月。

色达分布：翁达镇。

中国分布：产于青海、甘肃、四川、云南、西藏。

20. 羽叶点地梅 *Pomatosace filicula*

形态特征：株高 3~9cm，具粗长的主根和少数须根。叶多数，叶片轮廓线状矩圆形，长 1.5~9cm，宽 6~15mm，两面沿中肋被白色疏长柔毛，羽状深裂至近羽状全裂，裂片线形或窄三角状线形，宽 1~2mm，先端钝或稍锐尖，全缘或具 1~2 牙齿；叶柄甚短或长达叶片的 1/2，被疏长柔毛，近基部扩展，略呈鞘状。花葶通常多枚自叶丛中抽出，高（1）3~9（16）cm，疏被长柔毛；伞形花序（3）6~12 花；苞片线形，长 2~6mm，疏被柔毛；花梗长 1~12mm，无毛；花萼杯状或陀螺状，长 2.5~3mm，果时增大，长达 4~4.5mm，外面无毛，分裂略超过全长的 1/3，裂片三角形，锐尖，内面被微柔毛；花冠白色，冠筒长约 1.8mm，冠檐直径约 2mm，裂片矩圆状椭圆形，宽约 0.8mm，先端钝圆。蒴果近球形，直径约 4mm，周裂成上下两半，通常具种子 6~12 粒。

色达分布：泥朵镇、年龙乡、大章乡、霍西乡。

中国分布：产于青海、四川和西藏。

21. 赛莨菪 *Anisodus carniolicoides*

形态特征：根状茎黄，有时的茎浅紫色，直立。叶柄 1.2～3（5）cm；叶片椭圆形到卵形，长 6～18（21）cm 或 3～7.5（12）cm，纸质，基部楔形或稍下延，边缘全缘，具深波状。花梗坚固，1.5～4cm；花萼钟状，2～3，1.5～2.5cm，浅裂的短。花冠浅黄绿色，裂片紫色，具条纹背面，短尖；花药 6～7mm；花盘浅黄色。果梗长约 4 cm，果期花萼长 3cm，革质。果近球形。花期 5—7 月，果期 9—10 月。

色达分布：河西寺。

中国分布：产于青海、四川、云南西北部。

22. 斗叶马先蒿 *Pedicularis cyathophylla*

形态特征：多年生草本。高 15～55cm，主根圆锥形，甚长，在主根上方近地表处生有成丛须根。茎直立，不分枝，被毛。叶 3～4 枚轮生，基部结合，成斗状体，高有时可达 5cm，叶片长椭圆形，长达 14cm，宽达 4cm，羽状全裂，裂片边缘有锯齿，齿端常成刺毛状，背面叶脉上被稀纤毛。花序穗状，苞片基部合生，先端叶状具羽状浅裂，被毛，尤以背部中脉为显著；萼长 15mm，被长毛，前方强开裂，先端具 2 齿，齿长圆状披针形，长 2～3mm，有缺刻状重锯齿；花冠紫红色，长 5～6cm，花管细，长 35～50（60）mm，宽 2～2.5mm，脉不扭转，近端处以直角向前转折，下唇宽过于长，稍包裹盔部，盔的直立部分因管的向前转折而成横置，在直立部分与稍膨大的含有雄蕊部分之间有皱褶一条，而后者（含有雄蕊部分）更俯向前下方，然后又突然向后下方急折为长喙，喙长 7mm，先端向下方转折，终于一个指向前下方的尖端；雄蕊花丝两对均被毛；柱头完全隐于盔中。花期 7～8 月。

色达分布：霍西乡。

中国分布：我国特有种。产于四川西南部及云南西北部。生于海拔 4700m 的高山草地上。

23. 四川波罗花 *Incarvillea beresovskii*

形态特征：多年生草本。高达 1m。具茎；一回羽状复叶，侧生小叶 3～6 对，长椭圆形，长 6～7cm，基部偏斜，顶端 1～2 对小叶基部下延，近无柄，顶生小叶椭圆形，长 2～7cm，全缘或具粗锯齿。总状花序顶生，具 10～30 花，疏散，长达 53cm；花梗长 0.5～1cm；苞片长 0.5～1.5cm，披针形；小苞片 2，线形，淡黄绿色，长 1.5～3cm；萼齿宽三角形，先端锐尖，长约 4mm；花冠玫瑰色或红色，花冠筒长 3.5～5cm，基部渐收缩，顶端微弯，裂片卵形，长约 2cm，开展。蒴果四棱形，长 8～10cm，径 1～1.3cm，顶端尖，2 瓣裂，果瓣革质。种子淡褐色，贝壳状，薄壳质，长 4.5mm，宽 3mm，具宽 1mm 周翅，两面被鳞片及微柔毛。

色达分布：翁达镇。

中国分布：产于四川西北部、西藏。

24. 甘肃贝母 *Fritillaria przewalskii*

形态特征：植株长 20～40cm。鳞茎由 2 枚鳞片组成，直径 6～13mm。叶通常最下面的 2 枚对生，上面的 2～3 枚散生，条形，长 3～7cm，宽 3～4mm，先端通常不卷曲。花通常单朵，少有 2 朵的，浅黄色，有黑紫色斑点；叶状苞片 1 枚，先端稍卷曲或不卷曲；花被片长 2～3cm，内三片宽 6～7mm，蜜腺窝不很明显；雄蕊长约为花被片的一半；花药近基着，花丝具小乳突；柱头裂片通常很短，长不及 1mm，极个别的长达 2mm（宝兴标本）。蒴果长约 1.3cm，宽 1～1.2cm，棱上的翅很狭，宽约 1mm。花期 6—7 月，果期 8 月。

色达分布：色柯镇、年龙乡。

中国分布：产于甘肃南部、青海东部和南部、四川西部。生于海拔 2800～4400m 的灌丛中或草地上。

25. 梭砂贝母 *Fritillaria delavayi*

形态特征：植株长 17~35cm。鳞茎由 2（~3）枚鳞片组成，直径 1~2cm。叶 3~5 枚（包括叶状苞片），较紧密地生于植株中部或上部，全部散生或最上面 2 枚对生，狭卵形至卵状椭圆形，长 2~7cm，宽 1~3cm，先端不卷曲。花单朵，浅黄色，具红褐色斑点或小方格；花被片长 3.2~4.5cm，宽 1.2~1.5cm，内三片比外三片稍长而宽；雄蕊长约为花被片的一半；花药近基着，花丝不具小乳突；柱头裂片很短，长不及 1mm。蒴果长 3cm，宽约 2cm，棱上翅很狭，宽约 1mm，宿存花被常稍包住蒴果。花期 6—7 月，果期 8—9 月。

色达分布：年龙乡。

中国分布：产于云南西北部、四川西部、青海南部和西藏。生于高海拔流石滩。

26. 角盘兰 *Herminium monorchis*

形态特征：植株高 5.5~35cm。块茎球形，直径 6~10mm，肉质。茎直立，无毛，基部具 2 枚筒状鞘，下部具 2~3 枚叶，在叶上具 1~2 枚苞片状小叶。叶片狭椭圆状披针形或狭椭圆形，直立伸展，长 2.8~10cm，宽 8~25mm，先端急尖，基部渐狭并略抱茎。总状花序具多数花，圆柱状，长达 15cm；花苞片线状披针形，长 2.5mm，宽约 1mm，先端长渐尖，尾状，直立伸展；子房圆柱状纺锤形，扭转，顶部明显钩曲，无毛，连花梗长 4~5mm；花小，黄绿色，垂头，萼片几乎等长，具 1 脉；中萼片椭圆形或长圆状披针形，长 2.2mm，宽 1.2mm，先端钝；侧萼片长圆状披针形，宽约 1mm，较中萼片稍狭，先端稍尖；花瓣近菱形，上部肉质增厚，较萼片稍长，向先端渐狭，或在中部稍 3 裂，中裂片线形，先端钝，具 1 脉；唇瓣与花瓣等长，肉质增厚，基部凹陷呈浅囊状，近中部 3 裂，中裂片线形，长 1.5mm，侧裂片三角形，较中裂片短很多；蕊柱粗短，长不及 1mm；药室并行；花粉团近圆球形，具极短的花粉团柄和粘盘，粘盘较大，卷成角状；蕊喙矮而阔；柱头 2 个，隆起，叉开，位于蕊喙之下；退化雄蕊 2 个，近三角形，先端钝，显著。花期 6—7（8）月。

色达分布：翁达镇。

中国分布：产于黑龙江、吉林、辽宁、内蒙古、河北、山西、陕西、宁夏、甘肃、青海、山东、安徽、河南、四川西部、云南西北部、西藏东部至南部。

27. 扇唇舌喙兰 *Hemipilia flabellata*

形态特征：直立草本。高 20~28cm。块茎狭椭圆状，长 1.5~3.5cm。茎在基部具 1 枚膜质鞘，鞘上方具 1 枚叶，向上具 1~4 枚鞘状退化叶。叶片心形、卵状心形或宽卵形，大小变化很大，长 2~10cm，先端急尖或具短尖，基部心形或近圆形，抱茎，上面绿色并具紫色斑点，背面紫色，无毛；鳞片状小叶卵状披针形或披针形，先端长渐尖。总状花序长 5~9cm，通常具 3~15 朵花；花苞片披针形，下面的 1 枚长 11mm，向上渐小；花梗和子房线形，长 1.5~1.8cm，无毛；花颜色变化较大，从紫红色到近纯白色；中萼片长圆形或狭卵形，长 8~9mm，宽 3.5~4mm，先端钝或急尖，具 3~5 脉；侧萼片斜卵形或镰状长圆形，长 9~10mm，宽约 5mm，先端钝，具 3 脉；花瓣宽卵形，长约 7mm，宽约 5mm，先端近急尖，具 5 脉；唇瓣基部具明显的爪；爪长圆形或楔形，长达 2mm；爪以上扩大成扇形或近圆形，有时五菱形，长 9~10mm，宽 8~9mm，边缘具不整齐细齿，先端平截或圆钝，有时微缺；近距口处具 2 枚胼胝体；距圆锥状圆柱形，向末端渐狭，直或稍弯曲，末端钝或 2 裂，长 15~20mm，粗 3~4mm；蕊喙舌状，肥厚，长约 2mm，先端浑圆，上面具细小乳突。蒴果圆柱形，长 3~4cm。花期 6—8 月。

色达分布：霍西乡。

中国分布：产于四川西南部、贵州西北部、云南中部和西北部。

28. 西南手参 *Gymnadenia orchidis*

形态特征：植株高 17～35cm。块茎卵状椭圆形，长 1～3cm，肉质，下部掌状分裂，裂片细长。茎直立，较粗壮，圆柱形，基部具 2～3 枚筒状鞘，其上具 3～5 枚叶，上部具 1 枚至数枚苞片状小叶。叶片椭圆形或椭圆状长圆形，长 4～16cm，宽（2.5）3～4.5cm，先端钝或急尖，基部收狭成抱茎的鞘。总状花序具多数密生的花，圆柱形，长 4～14cm；花苞片披针形，直立伸展，先端渐尖，不成尾状，最下部的明显长于花；子房纺锤形，顶部稍弧曲，连花梗长 7～8mm；花紫红色或粉红色，极罕为带白色；中萼片直立，卵形，长 3～5mm，宽 2～3.5mm，先端钝，具 3 脉；侧萼片反折，斜卵形，较中萼片稍长、稍宽，边缘向外卷，先端钝，具 3 脉，前面一条脉常具支脉；花瓣直立，斜宽卵状三角形，与中萼片等长且较宽，较侧萼片稍狭，边缘具波状齿，先端钝，具 3 脉，前面一条脉常具支脉；唇瓣向前伸展，宽倒卵形，长 3～5mm，前部 3 裂，中裂片较侧裂片稍大或等大，三角形，先端钝或稍尖；距细而长，狭圆筒形，下垂，长 7～10mm，稍向前弯，向末端略增粗或稍渐狭，通常长于子房或等长；花粉团卵球形，具细长的柄和粘盘，粘盘披针形。花期 7—9 月。

色达分布：洛若镇。

中国分布：产于陕西南部、甘肃东南部、青海南部、湖北西部、四川西部、云南西北部、西藏东部至南部。

29. 青海锦鸡儿 *Caragana chinghaiensis*

形态特征：灌木。高 0.5～1m，多针刺。小枝粗壮，黄褐色，有明显条棱，无毛；老枝绿褐色或深褐色，有光泽，皮剥落。假掌状复叶有 4 枚小叶；托叶披针形，长 2～3mm，先端具刺尖，脱落或宿存；叶柄长 5～7mm，水平开展或向外弯，硬化宿存；小叶狭倒披针形，长 6～10mm，宽 2～3mm，先端锐尖或短渐尖，基部楔形，无毛。花梗单生，长 4～5mm，稍被短柔毛，关节在基部。花萼钟状，基部为囊状凸起，长约 6mm，宽约 4mm。花冠黄色，长 16～20mm，旗瓣宽倒卵形，先端凹入，瓣柄很短；翼瓣长圆形，瓣柄略短于瓣片的 1/2，耳与瓣柄几乎等长，线形；龙骨瓣的瓣柄稍长于瓣片的 1/2，耳不明显。子房无毛。荚果圆筒状，长 3～4cm，粗 3～4mm。花期 5 月，果期 9 月。

色达分布：色达县（CVH 资料）。

中国分布：产于甘肃、青海。

4.1.5　外来入侵物种

本次野外调查仅在翁达镇、霍西乡发现少量外来入侵物种，形成较小的居群，如豆科的白花草木樨（原产于西亚至南欧，入侵种）、苜蓿（原产于西亚，入侵种）、草木樨（原产于中亚、西亚至南欧，入侵种），苋科的杂配藜（原产于欧洲和西亚，入侵种），栽培引种后逸生。

表 4.1-11　色达县外来入侵植物

序号	种名	中文名	拉丁名	原产地
1	豆科	白花草木樨	*Melilotus albus*	西亚至南欧
2	豆科	苜蓿	*Medicago sativa*	西亚
3	豆科	草木樨	*Melilotus officinalis*	中亚、西亚至南欧
4	苋科	杂配藜	*Chenopodium hybridum*	欧洲及西亚

4.2 植被

4.2.1 植被分类的原则

4.2.1.1 植物种类组成

一定的种类组成是一个群落最主要的特征。采用优势种作为划分类型的依据，即把植物群落中各个层或层片中数量最多、盖度最大、在群落中作用最明显的几种作为优势种。其中，主要层片（建群层片）的优势种作为建群种。优势种（尤其是建群种）是群落的重要建造者，它创造了特定的群落环境并决定了其他成分的存在，一旦优势种遭到破坏，其创造的群落环境也随之改变，适应特定群落环境的那些生态幅度窄的种也将消失。可见，优势种（尤其是建群种）与群落是共存的，优势种的改变常常导致群落由一个类型演替为另一个类型。

4.2.1.2 外貌和结构特征

群落的结构和外貌主要决定于优势种的生活型，不同的外貌和结构形成不同的植被类型，如森林、草原、灌木等。群落的外貌具有季相变化，从而形成常绿或落叶、阔叶或针叶等森林类型。

4.2.1.3 生态地理特征

任何植被类型都与一定的环境特征联系在一起，它们除具有特定的种类成分与外貌和结构外，还具有特定的生态幅度和分布范围。

4.2.1.4 动态特征

植被分类系统使用优势种原则，并着重群落现状。但在具体划分类型时，要考察群落的次生性质及演替的动态特征。

4.2.2 植被分类

参照《四川植被》，色达县区域属于川西北高原灌丛、草甸地带，雅砻江上游植被地区，石渠、色达植被小区。

经过野外调查与资料搜集分析，课题组分析出在色达县内有针叶林、阔叶林、灌丛、草甸、流石滩植被五个类型。灌丛还包括常绿革叶灌丛、落叶阔叶灌丛两种植被型。5 个植被带内共 14 个群系组。每一个群系、群丛都是一大类生境，这些生境内部对不同植物来说都具有不同的小生境，从而构成色达县的植被多样性。丰富的生境多样性孕育了丰富的植物群落多样性，维持着丰富的生态系统。

根据《四川植被》的分类标准，色达县的自然植被共划分为 5 个植被型、14 个群系组和 47 个群系。

表 4.2－1　色达县植被类型

序号	植被型组	植被型	植被亚型	群系组	群系
1	阔叶林	落叶阔叶林	亚高山落叶阔叶林	桦林、桤木林	白桦林
2	针叶林	寒温性针叶林	寒温性常绿针叶林	云杉、冷杉林	鳞皮冷杉林
3					川西云杉林
4				圆柏林	密枝圆柏林
5					大果圆柏林
6	灌丛	常绿革叶灌丛	常绿革叶灌丛	常绿革叶灌丛	雪层杜鹃灌丛
7					粉白杜鹃灌丛
8					毛蕊杜鹃灌丛
11		落叶阔叶灌丛	高寒落叶阔叶灌丛	高寒落叶阔叶灌丛	银露梅灌丛
12					浮毛银露梅灌丛
13					金露梅灌丛
14					中国沙棘灌丛
15				河谷落叶阔叶灌丛	沙棘灌丛
16					西藏沙棘灌丛
17				旱生落叶灌丛	川西锦鸡儿灌丛
18			温性落叶阔叶灌丛	山地中生落叶阔叶灌丛	高山绣线菊灌丛
20					迟花柳灌丛
21					窄叶鲜卑花灌丛
22					康定柳灌丛
23					岩生忍冬灌丛
24					川西小檗灌丛
25	草甸	草甸	高寒草甸	嵩草高寒草甸	四川嵩草草甸
26					高山嵩草、圆穗蓼、委陵菜草甸
27			高山草甸	根茎禾草类草甸	早熟禾草甸
28					垂穗鹅观草草甸
29				杂草类草甸	蓼、花锚草甸
30					鹅绒委陵菜草甸
32					匙叶翼首花草甸
33					紫羊茅、狼毒草甸
34					飞廉草甸
35					尼泊尔酸模、早熟禾草甸
36					紫菀、香青、圆穗蓼草甸
37					珠芽蓼、圆穗蓼草甸
38					狼毒草甸
39					香青、银莲花草甸

序号	植被型组	植被型	植被亚型	群系组	群系
40	草甸	草甸	高山草甸	杂草类草甸	火绒草、委陵菜草甸
41					垂头菊、风毛菊草甸
42					马尿泡草甸
43			低位沼泽草甸	苔草沼泽化草甸	四川嵩草、苔草草甸
44					驴蹄草、嵩草草丛
46				扁穗草沼泽化草甸	华扁穗草草甸
47	流石滩植被	高山流石滩植被	高山流石滩植被	风毛菊、红景天、绵参植被	雪莲花、绵参、红景天植被

1. 白桦林

白桦林是桦林中的一个重要类型，也是亚高山地区分布较普遍的一种次生林。在高山峡谷冷杉、云杉林区，白桦林较糙皮桦林少，且在海拔分布上常出现在糙皮桦林之下。但在山原块状云、冷杉林区，糙皮桦绝迹，白桦常成纯林，年龄多在 30 年以下。在近成熟林中混生着冷杉、云杉、山杨、川滇高山栎。其中，冷杉、云杉为原有群落的残留种。白桦一般树高 8～12m，胸径 7～16cm，立木生长良好，郁闭度常为 0.5～0.7。幼龄林外貌杂乱，层次不明，群落较糙皮桦林干燥，湿度中等，枝干附生植物很少。群落更新能力中等，更新树种以冷杉、云杉为主，生长良好，进程顺利，今后可望代替白桦林而成为冷杉、云杉占优势的群落。在霍西乡的中东部、甲学镇中东部，翁达镇中部分布。

2. 鳞皮冷杉林

鳞皮冷杉林是四川西部高山林区分布广、面积大的森林类型之一。在色达县分布于海拔3200～4000（4200）m、坡度 20°～60°的阴坡、半阴坡沟谷和谷坡处。局部地区在海拔 2800m 或4400m 也有块状和散生的疏林。海拔 3600～4000（4100）m 沿河及支流两岸（如雅砻江及支流水河等流域切割较深的河谷）常于阴坡形成大面积纯林，或与川西云杉混交。在甲学镇广布，翁达镇西部和中东部、旭日镇中南部、杨各乡南部也有分布。

3. 川西云杉林

川西云杉林是四川西部森林植被的主要类型之一。西达藏东南，东不越过盆地西缘山地。主要分布于海拔 3600～4000m 的阴坡或半阴坡。因为这些地域湿度大，土壤较深厚肥沃，是川西云杉最适生的环境，故有大面积纯林。海拔 4000m 以上的丘状山坡和支沟中，川西云杉多呈疏林或块状，由于高寒气候的影响，树木生长缓慢，分枝低矮。土壤多为板岩、绢云母岩、石灰岩、绿泥石片岩等的坡积物发育而成的山地棕褐土，山地棕壤。pH 为 4.6～5.6。群落外貌深绿，林冠整齐。乔木层郁闭度 0.6～0.8。川西云杉高 20～30m，最高 40m，胸径 30～60cm，最大 100cm。据 30 余个样地统计，伴生树不到 20 种。乔木层一般具复层性，不同的地段分别渗入鳞皮冷杉、黄果冷杉、紫果云杉等。在大则乡的东南方小部分存在，在霍西乡、甲学镇、洛若镇北部和南部、年龙乡东部和东北部、然充乡中部和东部、色柯镇东北部、塔子乡西南部和南部、翁达镇、杨各乡，以及旭日镇西部、中部、北部、南部广泛分布。

4. 密枝圆柏林

翁达镇吉日沟的两侧有大片的密枝圆柏，在山体中下部呈斑块状分布，胸径 15～35cm，树高12～31m。林内郁闭度 0.5～0.7，其他还有大果圆柏等，对坡多为云杉林或冷杉林。上限多高山灌丛或高山草甸。群落外貌深绿色，林冠参差不齐。灌木层总盖度 25%~45%，主要有茶藨子、峨眉蔷薇、伏毛银露梅、刚毛忍冬，偶见冷云杉幼苗分布。草本层植物较丰富，总盖度 40%~75%，主要的优势种是柔毛委陵菜、火绒草、早熟禾、香青、银莲花、珠芽蓼、报春、甘青老鹳草等。在霍西乡东南方、翁达镇均有分布。

5. 大果圆柏林

大果圆柏林主要分布在海拔 3700~4200m 处，分布区南部可达到海拔 4400m。土壤为板岩、花岗岩等发育的山地棕褐土或山地棕壤、山地灰棕壤。林地干燥，枯枝落叶层极少。地表碳酸盐反应微弱，向下越强，甚至有碳酸盐淀积层。一般 pH 为 7~8。群落外貌暗绿色，林木稀疏，冠幅大，分枝多，枝条扭曲下垂至地面，树冠呈塔形。郁闭度 0.4~0.5。乔木层种类单纯，结构简单，多为大果圆柏单一树种，树高 12~18m，胸径 20~50cm，个别达 100cm。林下灌木稀疏。盖度 30% 以下，常见的有高山绣线菊、峨眉蔷薇、刚毛忍冬等。草本层植物因郁闭度小，林内光线充足，小环境多样，不同生态条件下生长的种类在林下都有出现，盖度 50%~90%，主要有四川嵩草、高山嵩草等禾本科植物。在霍西乡东南方、甲学镇、洛若镇、年龙乡东部和东北部、然充乡中部和南部、塔子乡西南部、翁达镇广泛分布，旭日镇西北部和北部也有分布。

6. 粉白杜鹃灌丛

粉白杜鹃灌丛主要分布于海拔 3800~4600m 处。在下限森林中，粉白杜鹃常为针叶林的下木，海拔可低至 3600m 左右。生长地段多为阴坡、半阴坡或宽谷阶地的湿润处。群落外貌棕褐色，丛冠整齐，结构简单。高 40~60cm，邻近森林处，丛高可达 1m 左右，而在海拔 4500m 以上的山坡顶部或山口当风处，灌丛低至 15~25cm，呈匍匐状。杜鹃灌丛多为单优势种群落，生长密集，盖度 50% 以上，一些地段达 90%，在半阳坡与高山草甸相邻处灌丛生长稀疏，盖度常在 40% 以下。除杜鹃外，常见的灌木有细枝绣线菊、高山绣线菊。在大则乡、大章乡、霍西乡、甲学镇、康勒乡、克果乡、泥朵镇、年龙乡、色柯镇、塔子乡西南部和南部、翁达镇、旭日镇西部和中部等广泛分布。

7. 毛蕊杜鹃灌丛

毛蕊杜鹃灌丛分布于海拔 3800~4300m 处。在海拔 3700m 以下，毛蕊杜鹃为亚高山针叶林的灌木，生长的下限海拔可低至 3200m。与森林邻近的一些地段，常形成高约 10m 的矮林。在海拔 3600~3700m 的狭窄地带内，多与紫丁杜鹃共同形成多优势种群落，仅在海拔 3800m 以上才呈单优势种群落。群落外貌深绿色，丛冠比较整齐。灌丛生长密集，结构简单，盖度达 70% 以上，高 1~2m。陇毛蕊杜鹃在灌丛中占绝对优势，仅在个别地段有陕甘花楸、金露梅等伴生。草本植物种类少，生长稀疏，盖度常在 20% 以下，主要种类有早熟禾珠芽蓼等。在大则乡、大章乡、霍西乡、甲学镇广泛分布。

8. 银露梅灌丛

银露梅灌丛，高可达 2m。伴生灌木一般有高山绣线菊、杜鹃属植物等。由于灌丛覆盖度较大，草本植物生长稀疏，盖度多在 30% 以下，主要优势种为圆穗蓼、康定委陵菜等，盖度 5%~10%。常见的草本植物还有羊茅、淡黄香青、钉柱委陵菜、蓝玉簪龙胆等。在色达县高海拔地区广泛分布。

9. 浮毛银露梅灌丛

浮毛银露梅灌丛与银露梅灌丛大致相同，伴生灌木一般有银露梅、高山绣线菊、杜鹃属植物等。草本层植物常见的有鹅绒委陵菜、圆穗蓼、羊茅、垂穗鹅观草、毛茛状金莲花、花葶驴蹄草等。缓坡地段主要优势种为四川嵩草、甘肃嵩草等。在色达县高海拔地区广泛分布。

10. 金露梅灌丛

金露梅灌丛主要见于海拔3800~4600m处，多生于宽谷下部及水沟两边。群落外貌绿色或深绿色，矮小，呈团状，丛高常在60cm以下，金露梅、高山绣线菊、细枝绣线菊常在灌木层同时出现。金露梅的优势度稍大，盖度可达20%左右，高30~40cm；两种绣线菊盖度相差不大。常见的灌木还有窄叶鲜卑花、伏毛银露梅、柳等。在色达县高海拔地区广泛分布。

11. 中国沙棘灌丛

中国沙棘灌丛主要分布于甘孜、阿坝海拔3200~4000m的高原和部分高山峡谷地区，最低可下延至海拔2800m。生于河滩及沿河岸的阶地上，土壤由砾石、砂粒等河滩堆积物所组成，湿度较大，一些地段的地表层较干燥。在峡谷地带常有川西云杉、丽江云杉、云杉、岷江冷杉、黄果冷杉等针叶树种散生其中。林下灌木稀疏，盖度多在20%以下，环境阴湿地段有悬钩子、蔷薇、枸子等，宽谷地段主要有水柏枝、金露梅、绣线菊、忍冬等。

12. 沙棘灌丛

群落外貌灰绿色，林冠整齐，沙棘灌丛一般有灌木和草本层。草本植物极稀少，仅在阴湿的峡谷地段盖度可达20%左右。能形成盖度的种类有椭圆叶花锚、早熟禾、香薷等。常见的种类有高山露珠草、偏翅唐松草、黄花鼠尾草、花葶驴蹄草等。在霍西乡中部和北部、洛若镇南部有分布。

13. 西藏沙棘灌丛

西藏沙棘灌丛分布于甘孜南部及阿坝北部各县，主要分布于海拔3800~4500m的高原宽谷的河岸及河滩。沙棘生长的河滩荒地，对于其他植物的生长较为困难，这对高原地区河滩荒地的植树造林及保持水土有重要意义。

14. 川西锦鸡儿灌丛

川西锦鸡儿灌丛多为松林、圆柏林砍伐后形成的灌丛。常与二色锦鸡儿同时出现，灌木生长稀疏，盖度常低于50%，高在1m以下。川西锦鸡儿和二色锦鸡儿在灌丛中占绝对优势。除上述锦鸡儿外，常见的灌木有小果蔷薇、蕊帽忍冬等。由于上层灌木生长稀疏，草本植物盖度较大，多为70%~80%，主要优势种有须芒草、短柄草、华雀麦等，盖度均在20%以上，此外常见的还有羊茅、毛香火绒草、狼毒等。在甲学镇南部、洛若镇广泛分布。

15. 高山绣线菊灌丛

高山绣线菊灌丛主要见于甘孜、阿坝、西昌、绵阳的高山、高原地区，分布极为普遍，但零星小块。多生于海拔3800~4600m的宽谷下部及水沟两边。群落外貌呈绿色或深绿色，矮小且成团状，丛高常在60cm以下，绣线菊的枝条常高出伴生的其他灌木丛冠之上，盖度多在40%以下。高山绣线菊、金露梅、细枝绣线菊为灌木层的优势种。常见的灌木还有窄叶鲜卑花、伏毛银露梅、柳、二色锦鸡儿等。

16. 迟花柳灌丛

迟花柳灌丛主要分布于甘孜、阿坝北部的高原及部分高山地区。分布海拔幅度较大，海拔3600~5000m的阴坡、半阴坡及河岸、阶地均可见到。群落外貌夏季呈绿色，丛冠参差不齐。灌丛总盖度一般较大，达到50%左右，最大为70%。迟花柳为建群种，其盖度与植株高度，随生境不同而有差异。海拔4500m以上地区，因高寒多风，迟花柳常匍匐地面生长，株高均在0.5m以下，但盖度较大，常达到40%以上。伴生灌木也随环境而异，海拔较低的地段及河岸，沙棘、峨眉蔷薇、窄叶鲜卑花、西藏忍冬、金露梅等常在灌木层中占一定盖度。在色达县高海拔地区广泛分布。

17. 窄叶鲜卑花灌丛

窄叶鲜卑花主要分布在山体中部及上部，群落外貌呈棕绿色，总盖度60%~85%，平均高度

0.75m。灌木层伴生种较少，偶见有堆花小檗等小檗属分布其中。草本层总盖度 25%~55%，主要有垂穗鹅观草、草玉梅、川甘蒲公英、川甘翠雀花、圆穗蓼、川西风毛菊、椭圆叶花锚、银叶委陵菜、香芸火绒草、凹唇马先蒿、高山嵩草等。在大则乡、大章乡西北部、霍西乡中部、甲学镇、康勒乡南部、克果乡中部、洛若镇南部、泥朵镇中部、年龙乡东部和东北部、然充乡、色柯镇东北部、塔子乡中部和北部、翁达镇西北部和中部、旭日镇东部和中部、亚龙乡中部和南部、杨各乡分布。

18. 高山柳灌丛

以高山柳为建群种的灌丛主要分布于冷杉、云杉上缘的柳灌丛内，并常有川西云杉幼苗零星分布其间，海拔 3900~4300m，常见优势种有环腺柳、裂柱柳、长腺柳等。群落外貌呈翠绿色，灌层参差不齐，总盖度 65%~85%。伴生灌木主要有拟五蕊柳、腹毛柳、矮柳、迟花柳、长叶柳、金露梅、高山绣线菊、越橘叶忍冬等。草本层总盖度 60%~90%，主要有早熟禾、珠芽蓼、圆穗蓼、钩腺大戟、紫花韭、丝叶藁本、垂穗鹅观草、四川嵩草、银叶委陵菜和凹唇马先蒿等。在大则乡中西北部、大章乡、霍西乡、甲学镇、康勒乡、克果乡中部和北部、洛若镇中部和南部、泥朵镇西部、然充乡中部、色柯镇西部、塔子乡中部和北部、翁达镇中部和东部、旭日镇西部、亚龙乡中部和南部、杨各乡西南部和北部分布。

19. 岩生忍冬灌丛

岩生忍冬灌丛广泛广布于色达县各乡镇。主要伴生物种金露梅、杜鹃属植物等。还常伴生有匍匐栒子、窄叶鲜卑花、高山绣线菊等灌木，岩生忍冬总盖度 20%~55%。草本层主要有黄帚橐吾、银叶委陵菜、瞿麦、草玉梅、委陵菜、马先蒿和草地早熟禾等，分布都比较少，总盖度不到 40%。在大则乡中部、霍西乡中部、甲学镇中部、康勒乡中部、克果乡中部、洛若镇、泥朵镇中部、年龙乡、然充乡、色柯镇、塔子乡、翁达镇、旭日镇西部、亚龙乡中部和北部、杨各乡西南部分布。

20. 川西小檗灌丛

川西小檗灌丛主要伴生鲜黄小檗、大黄檗等，其他灌木包括高山绣线菊、窄叶鲜卑花、银露梅、岩生忍冬和刚毛忍冬等，整个灌木层总盖度 60%~90%。草本层总盖度 25%~50%，主要有垂穗鹅观草、甘西鼠尾草、匙叶翼首花、紫羊茅、箭叶橐吾、莛状藁本、乳白香青、草玉梅、椭圆叶花锚、川甘翠雀花、紫花韭、委陵菜、马先蒿、昂头风毛菊等。在然充乡北部分布较多。

21. 四川嵩草草甸

群落中四川嵩草优势较为明显，常与川西小黄菊、马先蒿、橐吾、鹅观草、珠芽蓼、狼毒火绒草、点地梅、银莲花、白花刺参、花锚、老鹤草、香青等优势种构成不同群落类型。在色达县高海拔地区广泛分布。

22. 高山嵩草、圆穗草、委陵菜草甸

群落中高山嵩草、圆穗草、银叶委陵菜优势较为明显，常与川西小黄菊、马先蒿、橐吾、鹅观草、珠芽蓼、狼毒、风毛菊、羊茅、火绒草、点地梅、银莲花、白花刺参、花锚、老鹤草、香青等优势种构成不同的群落类型。在色达县高海拔地区广泛分布。

23. 早熟禾草甸

群落总盖度 60% 左右。群落中草地早熟禾优势较为明显，常与圆穗蓼、淡黄香青、珠芽蓼、火绒草、西南委陵菜、缘毛紫菀、椭圆叶花锚、风毛菊等优势种构成不同的群落类型。

24. 垂穗鹅观草草甸

群落总盖度 70% 左右。群落中垂穗鹅观草优势较为明显，常与草玉梅、川甘蒲公英、川甘翠雀花、圆穗蓼、川西风毛菊、椭圆叶花锚、银叶委陵菜、香芸火绒草、凹唇马先蒿、高山嵩草等优势种构成不同的群落类型。

25. 珠芽蓼、花锚草地

群落中珠芽蓼、花锚优势较为明显，常与圆穗蓼、钩腺大戟、紫花韭、丝叶藁本、垂穗鹅观草、四川嵩草、银叶委陵菜和凹唇马先蒿等优势种构成不同的群落类型。

26. 鹅绒委陵菜草丛

群落中鹅绒委陵菜植物优势较为明显，常见的有矮火绒草、银叶火绒草、香芸火绒草、西南委陵菜、银叶委陵菜、钉柱委陵菜等，常与珠芽蓼、圆穗蓼、狼毒、橐吾、画眉草、委陵菜、风毛菊、火绒草、羊茅、嵩草、薹草等优势种构成不同的群落类型。

27. 银叶委陵菜草丛

群落中银叶委陵菜植物优势较为明显，常与垂穗鹅观草、草玉梅、川甘蒲公英、川甘翠雀花、圆穗蓼、川西风毛菊、椭圆叶花锚、香芸火绒草、凹唇马先蒿、高山嵩草等优势种构成不同的群落类型。

28. 匙叶翼首花草丛

群落中匙叶翼首花植物优势较为明显，常与垂穗鹅观草、鼠尾草、紫羊茅、橐吾、藁本、乳白香青、草玉梅、花锚、翠雀花、委陵菜、马先蒿、风毛菊等优势种构成不同的群落类型。

29. 紫羊茅、狼毒草甸

群落中狼毒优势较为明显，常与橐吾、马先蒿、川续断、香青、獐牙菜、萎陵菜、珠芽蓼、紫菀、圆穗蓼、羊茅、翠雀、高山嵩草等优势种构成不同的群落类型。

30. 飞廉草甸

群落总盖度60%左右。群落中飞廉优势较为明显，常与圆穗蓼、淡黄香青、珠芽蓼、火绒草、西南委陵菜、缘毛紫菀、椭圆叶花锚、风毛菊等优势种构成不同的群落类型。

31. 尼泊尔酸模、草地早熟禾草甸

群落中尼泊尔酸模、草地早熟禾优势较为明显，常与圆穗蓼、淡黄香青、珠芽蓼、火绒草、西南委陵菜、缘毛紫菀、川续断、香青、椭圆叶花锚、风毛菊等优势种构成不同的群落类型。

32. 紫菀、香青、圆穗蓼草丛

群落中紫菀、香青、圆穗蓼优势较为明显，常与淡黄香青、长叶火绒草、委陵菜、风毛菊、唐松草、毛茛、金莲花、银莲花、橐吾、蒲公英、紫菀、狼毒等优势种构成不同的群落类型。

33. 珠芽蓼、圆穗蓼草甸

群落中珠芽蓼、圆穗蓼优势较为明显，常与垂穗披碱草、草地早熟禾、细叶早熟禾、三刺草、委陵菜、狼毒、银莲花、火绒草、老鹳草、花锚、蓝钟花等优势种构成不同的群落类型。

34. 狼毒草甸

群落中狼毒优势较为明显，常与橐吾、马先蒿、川续断、香青、獐牙菜、萎陵菜、珠芽蓼、报春、独活、紫菀、圆穗蓼、羊茅、翠雀、高山嵩草等优势种构成不同的群落类型。

35. 香青、银莲花草甸

群落中香青属植物优势较为明显，常见的有旋叶香青、淡黄香青、乳白香青和珠光香青等。银莲花属植物优势也较为明显，常见的有川西银莲花等。常与委陵菜、花锚、紫菀、珠芽蓼、匙叶翼首花、圆穗蓼、羊茅、高山嵩草等优势种构成不同的群落类型。

36. 火绒草、委陵菜草甸

群落中火绒草属与委陵菜属植物优势较为明显，常见的有火绒草、委陵菜等，常与珠芽蓼、圆穗蓼、狼毒、橐吾、风毛菊、火绒草、羊茅、嵩草、薹草等优势种构成不同的群落类型。

37．垂头菊、风毛菊草甸

群落中垂头菊属和风毛菊植物优势较为明显，常见的垂头菊属植物有狭舌垂头菊、条叶垂头菊、矮垂头菊等，常见的风毛菊属植物有巴塘风毛菊、小花风毛菊等，常与珠芽蓼、川续断、委陵菜、狼毒、羊茅、嵩草、薹草、火绒草等优势种构成不同的群落类型。

38．马尿泡、鹅观草草丛

群落中马尿泡、鹅观草优势较为明显，常与垂穗鹅观草、草玉梅、川甘蒲公英、川甘翠雀花、圆穗蓼、风毛菊、花锚、委陵菜、火绒草、马先蒿、嵩草等优势种构成不同的群落类型。

39．四川嵩草、薹草草甸

群落中四川嵩草、薹草优势较为明显，常与川西小黄菊、马先蒿、橐吾、鹅观草、珠芽蓼、委陵菜、狼毒、风毛菊、羊茅、火绒草、点地梅、圆穗蓼、银莲花、刺参、花锚、老鹳草、香青等优势种构成不同的群落类型。在泥朵镇湿地常见。

40．驴蹄草、嵩草草丛

群落中驴蹄草、嵩草优势较为明显，常与剪股颖、早熟禾、嵩草、四川嵩草、珠芽蓼、圆穗蓼、香青、银莲花、火绒草、委陵菜、垂头菊、风毛菊等优势种构成不同的群落类型。在泥朵镇湿地常见。

41．华扁穗草草甸

群落中华扁穗草优势较为明显，常与委陵菜、草玉梅、肉果草、毛茛、细叶亚菊等优势种构成不同的群落类型。在泥朵镇湿地常见。

42．雪莲花、绵参、红景天植被

组成本类型的植物以主根型最盛，不少植物地下部分远远超过其地上部分，甚至可达 10 倍余。另外，丛生、垫状、鳞茎等类型均有一定数量。植株高 3～10cm，最高者不超过 30cm。在流石滩内部常见的有雪莲、绵参、贝母属、垫状点地梅、绿绒蒿属、红景天属、高山流石滩中的植被是长期适应高山流石滩的自然环境而形成的，流石滩中石块移动和堆积经常发生，这种移动和堆积不可能摧毁其上所生长的植物，因而高山流石滩的植物具有一定的特殊性和稳定性。色达最高海拔区域有该群系的存在。

4.3　陆生哺乳类

4.3.1　物种组成

根据野外实地调查数据，并结合红外相机监测数据、历史调查资料和相关文献资料，按照《四川兽类志》（刘少英等，2023）的分类体系，色达县范围内已知哺乳类有 6 目 18 科 56 种。

在目级水平上，物种数最多的是啮齿目，有 18 种，占全部物种数的 32.14%；其次为食肉目，有 16 种，占 28.57%；鲸偶蹄目，有 11 种，占 19.64%。在科级水平上，物种数最多的是鼠科，有 8 种，占全部物种的 14.29%，其次为鼩鼱科、鼬科、鹿科、猫科，均为 5 种，分别占比 8.93%。

表 4.3-1　色达县哺乳类目、科、种数及其百分比

目	科数	种数	占总种数百分比（%）
劳亚食虫目	1	5	8.93
灵长目	1	1	1.79
食肉目	4	16	28.57
鲸偶蹄目	4	11	19.64
啮齿目	6	18	32.14
兔形目	2	5	8.93
总计	18	56	100.00

4.3.2　区系分析

参照《中国动物地理》（张荣祖，2011），区域内 56 种哺乳类中，属于东洋界的物种共 21 种，占总种数的 37.50%；属于古北界的物种共 34 种，占总种数的 60.71%；属于广布种的种类共 1 种，占总种数的 1.79%。县域内哺乳动物区系组成特点是东洋界和古北界哺乳类相互渗透，但以古北界为主。这一特征也符合张荣祖（2011）在中国动物地理区划中的划分。

县域哺乳动物分布型统计结果见表 4.3-2，分布型主要以高地型（P）、古北型（U）、东洋型（W）和喜马拉雅—横断山区型（H）为主，这些类型的动物占据了该区域哺乳动物总数的 70% 以上。这种分布模式的形成与色达县独特的地理位置、气候条件、山系和河谷地貌密切相关。

表 4.3-2　色达县哺乳动物区系及分布型组成

区系	物种数	比例（%）	分布型	物种数	比例（%）
东洋界	21	37.50	H	7	12.50
			S	4	7.14
			W	10	17.86
古北界	34	60.71	C	5	8.93
			E	2	3.57
			D	3	5.36
			X	1	1.79
			B	1	1.79
			P	12	21.43
			U	10	17.86
广布种	1	1.79	O	1	1.79

注："H"表示喜马拉雅—横断山区型；"B"表示华北型；"W"表示东洋型；"S"表示南中国型；"P"或"I"表示高地型；"D"表示中亚型；"E"表示季风型；"C"表示全北型；"U"表示古北型；"X"表示东北—华北型；"O"表示不易归类的分布。

4.3.3　重点保护物种

根据 2021 年发布的《国家重点保护野生动物名录》，统计出区域内有国家重点保护哺乳类 22

种（表 4.3-3）。其中，国家一级保护野生动物哺乳类有 5 种，分别为荒漠猫 *Felis bieti*、雪豹 *Panthera uncia*、马麝 *Moschus chrysogaster*、白唇鹿 *Przewalskium albirostris* 和西藏马鹿 *Cervus wallichii*；国家二级保护野生动物哺乳类有 17 种，包括猕猴 *Macaca mulatta*、黑熊 *Ursus thibetanus*、棕熊 *Ursus arctos*、黄喉貂 *Martes flavigula*、狼 *Canis lupus*、赤狐 *Vulpes vulpes*、藏狐 *Vulpes ferrilata*、欧亚水獭 *Lutra lutra*、豹猫 *Prionailurus bengalensis*、兔狲 *Otocolobus manul*、猞猁 *Lynx lynx*、毛冠鹿 *Elaphodus cephalophus*、水鹿 *Rusa unicolor*、藏原羚 *Procapra picticaudata*、岩羊 *Pseudois nayaur*、中华鬣羚 *Capricornis milneedwardsii* 和中华斑羚 *Naemorhedus griseus*。

表 4.3-3　色达县国家重点保护动物哺乳类

目名	科名	种名	拉丁名	保护级别
食肉目	猫科	荒漠猫	*Felis bieti*	Ⅰ
食肉目	猫科	雪豹	*Panthera uncia*	Ⅰ
鲸偶蹄目	麝科	马麝	*Moschus chrysogaster*	Ⅰ
鲸偶蹄目	鹿科	白唇鹿	*Przewalskium albirostris*	Ⅰ
鲸偶蹄目	鹿科	西藏马鹿	*Cervus wallichii*	Ⅰ
灵长目	猴科	猕猴	*Macaca mulatta*	Ⅱ
食肉目	熊科	黑熊	*Ursus thibetanus*	Ⅱ
食肉目	熊科	棕熊	*Ursus arctos*	Ⅱ
食肉目	鼬科	黄喉貂	*Martes flavigula*	Ⅱ
食肉目	犬科	狼	*Canis lupus*	Ⅱ
食肉目	犬科	赤狐	*Vulpes vulpes*	Ⅱ
食肉目	犬科	藏狐	*Vulpes ferrilata*	Ⅱ
食肉目	鼬科	欧亚水獭	*Lutra lutra*	Ⅱ
食肉目	猫科	豹猫	*Prionailurus bengalensis*	Ⅱ
食肉目	猫科	兔狲	*Otocolobus manul*	Ⅱ
食肉目	猫科	猞猁	*Lynx lynx*	Ⅱ
鲸偶蹄目	鹿科	毛冠鹿	*Elaphodus cephalophus*	Ⅱ
鲸偶蹄目	鹿科	水鹿	*Rusa unicolor*	Ⅱ
鲸偶蹄目	牛科	藏原羚	*Procapra picticaudata*	Ⅱ
鲸偶蹄目	牛科	岩羊	*Pseudois nayaur*	Ⅱ
鲸偶蹄目	牛科	中华鬣羚	*Capricornis milneedwardsii*	Ⅱ
鲸偶蹄目	牛科	中华斑羚	*Naemorhedus griseus*	Ⅱ

1. 荒漠猫 *Felis bieti*

国家一级保护野生动物。

别名草猫、漠猫、草猞猁。体长 60～80cm，尾长 23～35cm，体重 6kg 左右。头部灰白，体背棕灰色或暗沙黄色，胸、腹及四肢内侧淡沙黄色。尾似背色，具暗棕色纹，尖端黑色。发情期 1—2 月，5 月产仔，每胎产 2～4 仔。我国特有，分布在新疆、青海、甘肃、内蒙古、陕西、四川海拔 2800～4100m 的高山草甸、高山灌丛、山地针叶林缘、草原草甸、荒漠半荒漠和黄土丘陵干草原。

主要以鼠、鼠兔、鸟为食。

本次野外调查布设在年龙乡和或西乡瓦尔村的红外相机拍摄到其实体。

2. 雪豹 *Panthera uncia*

国家一级保护野生动物。

别名草豹、艾叶豹、荷叶豹。体长 100～130cm，尾长近 100cm，体重约 50kg。全身灰白色，具不规则的黑环或黑斑，尾粗而长，具蓬松浓密的毛。繁殖期 2—3 月，孕期 93～110 天，每胎 2～4 仔，2～3 岁性成熟，寿命约 20 年。分布在四川、西藏、青海、新疆等地，栖居于海拔 2700～6000m 的高原裸岩、高山草甸及高山灌丛地带。以山羊、岩羊、斑羚、鹿等为食，兼食黄鼠、野兔等小型动物。

3. 马麝 *Moschus chrysogaster*

国家一级重点保护野生动物。

别名高山麝、香獐、马獐、草坪獐。体长 80～90cm，体重 10～15kg。通体沙黄褐色，成兽背部有棕黄色斑块。尾短而粗，突出于毛丛。11 月到翌年 1 月发情交配，5—7 月产仔，每胎 1～2 仔，哺乳期 2～3 个月。分布在青海、西藏、云南、四川、甘肃等地，栖息在海拔 3300～4500m 林线上缘的稀疏灌丛中。主要以灌木、青草和地衣为食。

样线调查多次发现其活动痕迹，红外相机多次拍摄到其影像，在色达县分布广泛，有一定的种群数量。

4. 白唇鹿 *Przewalskium albirostris*

国家一级保护野生动物。

别名岩鹿、白鼻鹿、黄鹿。体长 100～210cm，肩高 120～130cm，尾长 10～15cm，体重 130～200kg。通体黄褐色，臀斑淡棕色。唇的周围和下颌白色。成年雄鹿角有 4～6 个分叉，雌性无角。发情交配多在 9—11 月，孕期 8 个月左右，每胎 1 仔。我国特有，分布在青海、甘肃、四川西部和西藏东部，栖息在海拔 3500～5000m 的高寒灌丛或草原上。主要以禾本科、蓼科、景天科植物为食，也吃多种树叶。

资料记录在色达县然充乡有分布。

5. 西藏马鹿 *Cervus wallichii*

国家一级保护野生动物。

别名八叉鹿、黄臀鹿、白臀鹿。体长 155～225cm，体重 150～250kg。冬季毛灰棕色，夏季毛红褐色，体背色深下体浅淡。雄性具角。秋季发情，翌年 5—6 月产仔，每胎 1 仔。分布在东北、宁夏、新疆、甘肃、青海、四川、西藏，栖息在针阔混交林、阔叶林、高山灌丛草甸和干旱灌丛中。以木本植物的枝叶、草本植物、蕨类和苔藓为食。

样线调查在霍西乡多次发现其活动痕迹，布设在年龙乡的红外相机拍摄到其实体。

6. 猕猴 *Macaca mulatta*

国家二级保护野生动物。

别名黄猴、恒河猴、广西猴。体型中等，体长 43～55cm，体重 6～12kg，尾长 15～24cm。头棕色，背上部棕灰色或棕黄色，下部橙黄或橙红色，腹面淡灰黄色。4～5 岁性成熟，每年产 1 胎，每胎 1 仔。分布在西南、华南、华中、华东、华北及西北的部分地区，多栖息在石山峭壁、溪旁沟谷和江河岸边的密林中或疏林岩山上。主要以植物的花、果、枝、叶及树皮为食，也吃鸟卵和小型无脊椎动物。是生物学、心理学、医学等多种学科研究工作中比较理想的试验动物。

样线调查多次发现其实体，红外相机多次拍摄到其影像，有一定的种群数量。

7. 黑熊 *Ursus thibetanus*

国家二级重点保护野生动物。

别名亚洲黑熊、狗熊。体长 1.5~1.7m，尾长 10cm 左右，体重约 150kg。体毛漆黑，腹部具白色或黄白色月牙形斑纹，吻鼻部棕褐色。6—8 月发情交配，孕期 6.5~7 个月，12 月到翌年 1、2 月产仔，每胎 2 仔，偶有 1 或 3 仔。分布在四川、甘肃、广西、湖南、湖北、江西、福建、安徽、广东、浙江等地，多栖息在阔叶林和针阔混交林中。杂食性，以植物性食物为主，也吃鱼、蛙、鸟卵和小型兽类。

8. 棕熊 *Ursus arctos*

国家二级保护野生动物。

别名青藏棕熊、藏马熊、雪熊。体长约 2m，体重可达 200kg 以上。通体棕褐色，四肢近黑色。嘴缘至头顶棕黄色，两耳黑色。幼兽颈部具一白色领斑。每年 6—8 月发情，孕期 7~8 个月，每胎产 1~2 仔。我国特产的棕熊亚种，分布在新疆、青海、西藏、甘肃、四川和云南，栖息在海拔 2000~4500m 的高山阔叶林、针阔混交林、针叶林、高山灌丛草原、高山荒漠草原等多种生境。杂食性，以植物的嫩枝、芽、果实、青草等为食，也吃鼠兔、鸟、昆虫等。

9. 黄喉貂 *Martes flavigula*

国家二级保护野生动物。

别名青鼬、密狗、黄腰狸等。体长 50cm 以上，尾长 36cm 左右，体重 1.3~3kg。身体细长，四肢短小。体躯毛色由前向后，由黄褐色向黑褐色加深。秋季发情，4—5 月产仔，每胎多为 2 仔。分布在黑龙江、吉林、辽宁、甘肃、陕西、山西、河南、西藏、四川、云南、贵州、湖南等地，栖息在大面积的山林中。以昆虫、鱼类和小型鸟兽为食。

本次野外调查布设在霍西乡和甲学镇的红外相机多次拍摄到其实体。

10. 狼 *Canis lupus*

国家二级保护野生动物。

别名灰狼、黄狼。体长约 1m。四肢强健。吻部尖长，耳直立。尾短，尾毛蓬松，端毛黑色。体背和四肢外侧灰白色或浅黄灰色，其间杂有少许黑色；腹面及四肢内侧为淡黄灰色或白色，头部浅灰色。繁殖期冬末春初，妊娠期 60~65 天，每胎产 3~8 仔。除台湾、海南外，各地区均有分布，栖息在山地森林、草原。主要以中、小型兽类为食。

样线调查多次发现其实体，红外相机多次拍摄到其影像，有一定的种群数量。

11. 赤狐 *Vulpes vulpes*

国家二级保护野生动物。

别名红狐、毛狗、狐狸。体长 62~90cm，体重 4.2~6.5kg。吻尖而长，耳高而直。通体棕黄色或棕红色，喉白色，胸、腋、腹、肛周灰白色。尾下灰褐色，毛尖白色。1—2 月发情，孕期 49~56 天，每年繁殖 1 胎，每胎 3~13 仔。分布在黑龙江、吉林、辽宁、河北、河南、陕西、山西、甘肃、四川、西藏、湖南、湖北等地，多栖息在森林、草原、丘陵和平原。主要以小型动物为食，也吃浆果、玉米、草等。

样线调查多次发现其活动痕迹，红外相机多次拍摄到其影像，在色达县分布广泛，有一定的种群数量。

12. 藏狐 *Vulpes ferrilata*

国家二级保护野生动物。

别名草狐、草地狐、西沙狐。体长 55~65cm，尾长 26cm 左右，体重约 4kg。吻长，耳短小，尾短粗。体背中央棕黄色，胸、腹白色或灰白色，尾尖污白色。1—2月发情，孕期60～70天，每胎2～6仔。我国特有，分布在内蒙古、四川、西藏、青海、云南，栖息在灌丛草原、高原草原和高寒草甸草原地带。主要以啮齿类为食。

样线调查在泥朵镇格则村、亚龙乡色多玛二村和洛若镇发现其实体，布设在甲学镇的红外相机多次拍摄到其影像。

13. 欧亚水獭 *Lutra lutra*

国家二级保护野生动物。

别名獭、獭猫、鱼猫、水狗。体型中等，体长50～80cm，体重3.5～8.5kg。头宽扁，眼耳小，尾基部粗，尖端细。四肢短，趾间有蹼，半水栖。体背咖啡褐色，胸腹白色。繁殖期不定，孕期2个月，每胎产1～5仔，多2仔。国内广泛分布，栖息在江河、溪流、湖泊中。主要以鱼为食，也吃蟹、蛙、蛇、鸟和小型哺乳类。

14. 豹猫 *Prionailurus bengalensis*

国家二级保护野生动物。

别名山狸、野猫、狸子、狸猫、麻狸、铜钱猫、石虎。体长40～60cm，尾长22～40cm，体重2～3kg。头圆而小，体背棕黄色或淡棕黄色，具暗棕褐色点斑；胸腹部和四肢内侧白色。尾背有褐色半环，端部黑色或暗棕色。春季发情交配，怀孕期约2个月，5—6月产仔，每胎2～4仔。四川仅有川西亚种，还分布在云南、西藏、甘肃，生活在海拔3500m以下的山地林区、郊野灌丛和林缘村寨附近。以鸟、鼠等小型动物为食。

本次野外调查布设在甲学镇、年龙乡和亚龙乡的红外相机多次拍摄到其实体。

15. 兔狲 *Otocolobus manul*

国家二级保护野生动物。

别名羊猞狸、乌伦、玛瑙勒。体长50～65cm，尾长20～25cm，体重2kg。通体淡黄白色，腰、臀部具6～7条暗色横纹。耳短，尖端圆钝；下颏白色；尾端圆钝。发情交配期多在3～5月，孕期66～67天，每胎产3～4仔。分布在西藏、新疆、青海、甘肃、内蒙古、河北、四川西部，生活在灌丛草原、荒漠草原、荒漠和戈壁森林的岩石缝隙或石洞中。主要以啮齿类为食，偶食家禽。

16. 猞猁 *Lynx lynx*

国家二级保护野生动物。

别名猞猁狲、马猞猁、大山猫。体长80～130cm，尾长12～24cm，体重18～32kg。耳尖端具直立的笔毛，两颊具长而下垂的鬃毛。体背灰棕色、草黄棕色或红棕色，胸、腹黄白色。尾短，尖端黑色。2—3月发情，孕期67～74天，每胎产1～4仔。分布在北方各省和青藏高原，栖息在山林森林中。主要以兔类和鸟类为食，也吃小型有蹄类。

本次野外调查布设在年龙乡的红外相机多次拍摄到其实体。

17. 毛冠鹿 *Elaphodus cephalophus*

国家二级保护野生动物。

别名青鹿、黑鹿。体长100cm左右，体重16～28kg。额顶具马蹄形黑色冠毛。通体青灰色，尾背面黑色，腹面白色。雄性有角。秋末冬初发情，孕期210天，每胎产1～2仔。分布在西藏、四川、云南、贵州、青海、甘肃、陕西、湖北、湖南、江西、福建、安徽等地，多栖息在常绿阔叶林、针阔混交林、灌丛、采伐迹地和河谷灌丛中。以多种种子植物为食，也吃玉米、大豆等农作物。

本次野外调查布设在年龙乡、亚龙乡、翁达镇和甲学镇的红外相机多次拍摄到其实体。

18. 水鹿 *Rusa unicolor*

国家二级保护野生动物。

别名黑鹿。体长 140~260cm，肩高 120~140cm，体重 100~200kg。角的主干只一次分叉，全角共三叉。雄兽背部黑褐色或深棕色，腹面黄白色；雌兽体色比雄兽较浅而略带红色。从额至尾沿背脊有一条宽窄不等的深棕色背纹，臀周毛呈锈棕色，颈具深褐色鬃毛，体侧栗棕色，尾毛黑色。繁殖季节不固定，孕期约 8 个月，每胎 1 仔，偶产 2 仔。分布在青海、西藏、四川、贵州、云南、江西、湖南、广西、广东、海南、台湾等地，栖息于从海拔 300~3500m 的阔叶林、季雨林、稀树草原、高草地带。以草、树叶、嫩枝、果实等为食。

本次野外调查布设在年龙乡、霍西乡、甲学镇的红外相机多次拍摄到其实体。

19. 藏原羚 *Procapra picticaudata*

国家二级保护野生动物。

别名原羚、西藏黄羊、小羚羊。体长 84~96cm，尾长 6~10cm，体重 11~16kg。体毛灰褐色，腹部白色。雄性具角，向后弯曲呈镰刀状。雄兽臀部有纯白色的大块斑，尾巴很短。发情期为 12 月至翌年 1 月，雌兽的怀孕期为 6 个月，每胎产 1 仔，偶尔为 2 仔。分布在四川、西藏、青海、新疆、甘肃、内蒙古，栖息在海拔 3000~5100m 的高寒草甸和干草原地带。主要以莎草科和禾本科植物为食。

样线调查在泥朵镇发现其实体。

20. 岩羊 *Pseudois nayaur*

国家二级保护野生动物。

别名崖羊、石羊、蓝羊、青羊等。体长 110~120cm，肩高 60~80cm，体重约 45kg。公羊角粗大，母羊角很短。通体青灰色，有一条深暗色背中线。上下唇、耳内侧、颌及脸侧面灰白色。腹部、臀部及尾部和四肢内侧部呈白色，尾巴尖黑色。冬季发情交配。雌兽孕期约 6 个月，每胎 1 仔。分布在西南、西北地区及内蒙古，生活在海拔 3100~6000m 的高山裸岩和草甸地带。以草类、树叶、嫩枝等为食。

样线调查在大章乡发现其活动痕迹，布设在霍西乡和甲学镇的红外相机拍摄到其实体。

21. 中华鬣羚 *Capricornis milneedwardsii*

国家二级保护野生动物。

别名苏门羚、明鬃羊、山驴子。体长 140~190cm，尾长 9~16cm，肩高 86~110cm，体重 60~90kg。通体略呈黑褐色，但上、下唇及耳内污白色，角基至颈背有灰白色鬣毛。雌、雄均具短而光滑的黑角，耳狭长而尖。尾短，四肢短粗。秋季发情交配，雌兽孕期 7~8 个月，每胎 1 仔，有时产 2 仔。分布在西北、西南、华东、华南和华中地区，多生活在海拔 600~3000m 的高山岩崖或森林峭壁。以草、嫩枝和树叶为食，喜食菌类。

样线调查多次发现其活动痕迹，红外相机多次拍摄到其影像，在色达县分布广泛，有一定的种群数量。

22. 中华斑羚 *Naemorhedus griseus*

国家二级保护野生动物。

别名青羊、山羊、灰羊、野羊等。体长 80~130cm，肩高约 70cm，尾长 7~15cm，体重 28~35kg。通常灰褐色，背部有褐色背纹，喉部有一块白斑。雌、雄均具黑色短直的角，四肢短而匀称，蹄狭窄而强健。秋末冬初发情交配，雌兽孕期约 6 个月，每胎 1 仔，有时产 2 仔。分布在东北、华北、西南、华南等地，生活在山地森林或峭壁裸岩。以各种青草和灌木的嫩枝叶、果实等为食。

本次野外调查仅在年龙乡发现其实体。

4.3.4 中国特有物种

根据《中国生物多样性红色名录——脊椎动物卷（2020）》中对特有种的判定结果，色达县域内有中国特有哺乳类14种，见表4.3-4。

表4.3-4 色达县中国特有哺乳类

目名	科名	种名	拉丁名	保护级别
劳亚食虫目	鼩鼱科	藏鼩鼱	*Sorex thibetanus*	
劳亚食虫目	鼩鼱科	陕西鼩鼱	*Sorex sinalis*	
劳亚食虫目	鼩鼱科	云南鼩鼱	*Sorex excelsus*	
劳亚食虫目	鼩鼱科	斯氏缺齿鼩	*Chodsigoa smithii*	
食肉目	猫科	荒漠猫	*Felis bieti*	I
鲸偶蹄目	鹿科	白唇鹿	*Przewalskium albirostris*	I
鲸偶蹄目	牛科	藏原羚	*Procapra picticaudata*	II
啮齿目	鼹形鼠科	高原鼢鼠	*Eospalax baileyi*	
啮齿目	林跳鼠科	四川林跳鼠	*Eozapus setchuanus*	
啮齿目	仓鼠科	青海松田鼠	*Neodon fuscus*	
啮齿目	仓鼠科	高原松田鼠	*Neodon irene*	
啮齿目	鼠科	高山姬鼠	*Apodemus chevrieri*	
兔形目	鼠兔科	间颅鼠兔	*Ochotona cansus*	
兔形目	鼠兔科	川西鼠兔	*Ochotona gloveri*	

4.3.5 中国生物多样性红色名录物种

根据《中国生物多样性红色名录——脊椎动物卷（2020）》，色达县内受威胁［包括极危（CR）、濒危（EN）与易危（VU）］的哺乳动物多达14种，其中，极危物种2种，为荒漠猫和马麝；濒危物种6种，为欧亚水獭、兔狲、猞猁、雪豹、西藏马鹿和白唇鹿；易危物种6种，为棕熊、黑熊、黄喉貂、豹猫、中华鬣羚和中华斑羚。此外，被列为近危（NT）的有12种，无危（LC）的有30种。

表4.3-5 色达县哺乳动物红色名录物种比例

濒危等级		物种数	比例
受威胁物种	极危CR	2	3.57%
	濒危EN	6	10.71%
	易危VU	6	10.71%
近危NT		12	21.43%
无危LC		30	53.57%
合计		56	100.00%

基于本次调查获得的物种名录与物种数量，以及《中国生物多样性红色名录——脊椎动物卷（2020）》对物种的红色名录等级分类进行指数计算。计算公式为：

$$RLI_t = 1 - \frac{\sum\limits_{s} W_{c(t,s)}}{W_{EX} \times N}$$

式中 RLI_t——t 评估时段的物种红色名录指数；

　　$W_{c(t,s)}$——在 t 评估时段，物种 s 的红色名录等级 c 的权重；

　　W_{EX}——"灭绝（EX）""野外灭绝（EW）""区域灭绝（RE）"的权重；

　　N——当前评估的物种总数，应排除"数据缺乏（DD）"的物种数及在第一次评估中就已经灭绝的物种数。

各红色名录等级的权重设置为：无危（LC）—0；近危（NT）—1；易危（VU）—2；濒危（EN）—3；极危（CR）—4；灭绝（EX）、野外灭绝（EW）、区域灭绝（RE）—5。

由公式计算，色达县哺乳动物物种红色名录指数为 0.8214。

4.4　鸟类

4.4.1　物种组成

根据野外实地调查数据，并结合红外相机监测数据、历史调查资料和相关文献资料，按照《中国鸟类分类与分布名录（第四版）》（郑光美，2023）的分类体系，色达县内已知鸟类有 17 目 45 科 183 种。

在目级水平上，雀形目鸟类物种数最多，有 113 种，占全部物种的 61.75%。非雀形目鸟类中，鹰形目鸟类最多，有 13 种；鸻形目次之，有 11 种；雁形目有 9 种；鸡形目有 8 种；鸽形目和啄木鸟目各有 6 种；其余目均不超过 5 种。

表 4.4-1　色达县鸟类目、科、种数及其百分比

目	科	物种数	占总种数比例（%）
鸡形目	雉科	8	4.37
雁形目	鸭科	9	4.92
鸽形目	鸠鸽科	6	3.28
夜鹰目	雨燕科	2	1.09
鹃形目	杜鹃科	1	0.55
鹤形目	秧鸡科	2	1.09
	鹤科	1	0.55
鸻形目	鹮嘴鹬科	1	0.55
	鸻科	2	1.09
	鹬科	5	2.73
	鸥科	3	1.64
鹳形目	鹳科	1	0.55

目	科	物种数	占总种数比例（%）
鲣鸟目	鸬鹚科	1	0.55
鹈形目	鹭科	3	1.64
鹰形目	鹰科	13	7.10
鸮形目	鸱鸮科	1	0.55
犀鸟目	戴胜科	1	0.55
佛法僧目	翠鸟科	1	0.55
啄木鸟目	啄木鸟科	6	3.28
隼形目	隼科	3	1.64
雀形目	山椒鸟科	1	0.55
	伯劳科	4	2.19
	鸦科	8	4.37
	山雀科	9	4.92
	百灵科	4	2.19
	燕科	6	3.28
	柳莺科	9	4.92
	长尾山雀科	3	1.64
	莺鹛科	2	1.09
	绣眼鸟科	2	1.09
	噪鹛科	4	2.19
	旋木雀科	2	1.09
	鸸科	2	1.09
	鹪鹩科	1	0.55
	河乌科	2	1.09
	椋鸟科	2	1.09
	鸫科	3	1.64
	鹟科	15	8.20
	戴菊科	1	0.55
	花蜜鸟科	1	0.55
	岩鹨科	4	2.19
	雀科	7	3.83
	鹡鸰科	5	2.73
	燕雀科	13	7.10
	鹀科	3	1.64
合计		183	100.00

4.4.2　区系分析

参照《中国动物地理》（张荣祖，2011），区域内 183 种鸟类中，属于东洋界的物种共 59 种，占总种数的 32.24%；属于古北界的物种共 99 种，占总种数的 54.10%；属于广布种的物种共 25 种，占总种数的 13.66%。县域内鸟类区系组成特点是以古北界为主，呈现出从古北界向东洋界渗透的特征，这也符合张荣祖（2011）在中国动物地理区划中色达县位于古北界和东洋界交汇处的特征。

色达县鸟类区系和分布型组成见表 4.4-2，其中喜马拉雅—横断山区型（H）有 39 种，占总种数的 21.31%；南中国型 6 种，占总种数的 3.28%；高地型（P）21 种，占总种数的 11.48%；中亚型 4 种，占总种数的 2.19%；季风型 2 种，占总种数的 1.09%；东北型 10 种，占总种数的 5.46%；全北型有 23 种，占总种数的 12.257%；古北型 34 种，占总种数的 18.58%；华北型 1 种，占总种数的 0.55%；东北—华北型 3 种，占总种数的 1.64%；不易归类的有 25 种，占总种数 13.66%。

表 4.4-2　色达县鸟类区系和分布型组成

区系	物种数	比例	分布型	物种数	比例（%）
东洋界	59	32.24	H	39	21.31
			S	6	3.28
			W	14	7.65
古北界	99	54.10	C	23	12.57
			E	2	1.09
			D	4	2.19
			X	3	1.64
			P	21	11.48
			U	34	18.58
			B	1	0.55
			M	10	5.46
广布种	25	13.66	O	25	13.66

注：分布型代号"C"表示全北型；"U"表示古北型；"M"表示东北型；"B"表示华北型；"X"表示东北—华北型；"E"表示季风型；"D"表示中亚型；"P"或"I"表示高地型；"H"表示喜马拉雅—横断山区型；"S"表示南中国型；"W"表示东洋型；"D"表示中亚型；"X"表示东北—华北型；"O"表示不易归类的分布。

4.4.3　重点保护物种

根据 2021 年发布的《国家重点保护野生动物名录》，统计出区域内有国家重点保护鸟类 35 种（表 4.4-3）。其中国家一级保护野生动物鸟类有 11 种，分别为斑尾榛鸡 *Tetrastes sewerzowi*、红喉雉鹑 *Tetraophasis obscurus*、中华秋沙鸭 *Mergus squamatus*、黑颈鹤 *Grus nigricollis*、黑鹳 *Ciconia nigra*、胡兀鹫 *Gypaetus barbatus*、秃鹫 *Aegypius monachus*、草原雕 *Aquila nipalensis*、金雕 *Aquila chrysaetos*、猎隼 *Falco cherrug* 和黑头噪鸦 *Perisoreus internigrans*；国家二级保护野生动物鸟类有 24 种，包括藏雪鸡 *Tetraogallus tibetanus*、血雉 *Ithaginis cruentus*、白马鸡 *Crossoptilon crossoptilon*、蓝马鸡 *Crossoptilon auritum*、花脸鸭 *Sibirionetta formosa*、鹮嘴鹬

67

Ibidorhyncha struthersii、高山兀鹫 *Gyps himalayensis*、赤腹鹰 *Accipiter soloensis*、雀鹰 *Accipiter nisus*、苍鹰 *Accipiter gentilis*、白尾鹞 *Circus cyaneus*、黑鸢 *Milvus migrans*、大鵟 *Buteo hemilasius*、普通鵟 *Buteo japonicus*、喜山鵟 *Buteo refectus*、纵纹腹小鸮 *Athene noctua*、三趾啄木鸟 *Picoides tridactylus*、黑啄木鸟 *Dryocopus martius*、红隼 *Falco tinnunculus*、游隼 *Falco peregrinus*、白眉山雀 *Poecile superciliosus*、中华雀鹛 *Fulvetta striaticollis*、大噪鹛 *Garrulax maximus* 和橙翅噪鹛 *Trochalopteron elliotii*。

表 4.4－3　色达县国家重点保护野生动物鸟类

目名	科名	种名	拉丁名	保护级别
鸡形目	雉科	斑尾榛鸡	*Tetrastes sewerzowi*	I
鸡形目	雉科	红喉雉鹑	*Tetraophasis obscurus*	I
雁形目	鸭科	中华秋沙鸭	*Mergus squamatus*	I
鹤形目	鹤科	黑颈鹤	*Grus nigricollis*	I
鹳形目	鹳科	黑鹳	*Ciconia nigra*	I
鹰形目	鹰科	胡兀鹫	*Gypaetus barbatus*	I
鹰形目	鹰科	秃鹫	*Aegypius monachus*	I
鹰形目	鹰科	草原雕	*Aquila nipalensis*	I
鹰形目	鹰科	金雕	*Aquila chrysaetos*	I
隼形目	隼科	猎隼	*Falco cherrug*	I
雀形目	鸦科	黑头噪鸦	*Perisoreus internigrans*	I
鸡形目	雉科	藏雪鸡	*Tetraogallus tibetanus*	II
鸡形目	雉科	血雉	*Ithaginis cruentus*	II
鸡形目	雉科	白马鸡	*Crossoptilon crossoptilon*	II
鸡形目	雉科	蓝马鸡	*Crossoptilon auritum*	II
雁形目	鸭科	花脸鸭	*Sibirionetta formosa*	II
鸻形目	鹮嘴鹬科	鹮嘴鹬	*Ibidorhyncha struthersii*	II
鹰形目	鹰科	高山兀鹫	*Gyps himalayensis*	II
鹰形目	鹰科	赤腹鹰	*Accipiter soloensis*	II
鹰形目	鹰科	雀鹰	*Accipiter nisus*	II
鹰形目	鹰科	苍鹰	*Accipiter gentilis*	II
鹰形目	鹰科	白尾鹞	*Circus cyaneus*	II
鹰形目	鹰科	黑鸢	*Milvus migrans*	II
鹰形目	鹰科	大鵟	*Buteo hemilasius*	II
鹰形目	鹰科	普通鵟	*Buteo japonicus*	II
鹰形目	鹰科	喜山鵟	*Buteo refectus*	II
鸮形目	鸱鸮科	纵纹腹小鸮	*Athene noctua*	II
啄木鸟目	啄木鸟科	三趾啄木鸟	*Picoides tridactylus*	II
啄木鸟目	啄木鸟科	黑啄木鸟	*Dryocopus martius*	II

续表

目名	科名	种名	拉丁名	保护级别
隼形目	隼科	红隼	*Falco tinnunculus*	Ⅱ
隼形目	隼科	游隼	*Falco peregrinus*	Ⅱ
雀形目	山雀科	白眉山雀	*Poecile superciliosus*	Ⅱ
雀形目	莺鹛科	中华雀鹛	*Fulvetta striaticollis*	Ⅱ
雀形目	噪鹛科	大噪鹛	*Garrulax maximus*	Ⅱ
雀形目	噪鹛科	橙翅噪鹛	*Trochalopteron elliotii*	Ⅱ

1. 斑尾榛鸡 *Tetrastes sewerzowi*

国家一级保护野生动物。

中型鸟类，体长 31~38cm。上体栗色，具黑色横斑；胸栗色，向后近白色。嘴褐色或黑褐色，脚黄色。繁殖期在 5—7 月，每窝产卵 5~8 枚，孵卵期 25~28 天。栖息在海拔 2500~3500m 的山地森林、草原、针阔混交林、灌丛中，主要以植物的嫩叶、嫩枝、花絮、浆果和种子为食，也食各种昆虫。我国特有，分布在青海、甘肃、四川等地。

2. 红喉雉鹑 *Tetraophasis obscurus*

国家一级保护野生动物。

中型鸡类，体长 45~54cm。上体大都灰褐色，胸灰色，喉栗红色。嘴黑色，跗蹠褐色。繁殖期 5—6 月，每窝产卵 3~7 枚。栖息在海拔 3000~4000m 的高山针叶林、雪线地带和杜鹃灌丛地带，主要以植物的根、茎、叶、花、果实和种子为食。分布在青海、甘肃、四川等地。

3. 中华秋沙鸭 *Mergus squamatus*

国家一级保护野生动物。

体长 49~64cm，大型游禽。嘴左右侧扁，雄鸟头顶有黑色羽冠，上背黑色，体侧白色，下背和腰部白色，下体白色，尾羽灰色。雌鸟头部和上颈部为棕褐色，头顶羽冠深棕褐色，后颈的下部和上体蓝灰褐色，下体为白色。嘴红色，脚橘黄色。繁殖期 4—6 月，每窝产卵 8~12 枚。栖息在成熟阔叶林和混交林中多石的河谷与溪流中，主要以水生动物为食。分布在贵州、四川、湖南、湖北、安徽、江苏、广东、福建、山东等地。

4. 黑颈鹤 *Grus nigricollis*

国家一级保护野生动物。

大型涉禽，全长约 120cm。嘴、颈、脚均长，体羽银灰色，前颈和上颈腹面黑色，尾羽灰黑色。嘴淡绿色，脚黑色。4 月下旬开始繁殖，每窝产卵 1~2 枚，孵卵期 31~33 天。栖息在海拔 2200~5000m 的沼泽，以绿色植物的根、芽为食，兼食软体动物、昆虫、蛙类、鱼类等。分布在青海、西藏、甘肃、新疆、四川。

本次野外调查在泥朵镇河滩边发现其实体。

5. 黑鹳 *Ciconia nigra*

国家一级保护野生动物。

大型涉禽，全长约 110cm。嘴长而粗壮，嘴和脚红色。头、背、尾、胸部羽毛黑色，腹部白色。4 月开始繁殖，每窝产卵 3~6 枚，孵卵期 31~34 天。栖息在沼泽河滩、绿洲湿地附近，以鱼、蛙、蛇和甲壳动物为食。分布在新疆、青海、甘肃、内蒙古、辽宁、陕西、山西、河南、河北、四川。

资料记录在康勒乡河滩边有分布。

6. 胡兀鹫 *Gypaetus barbatus*

国家一级保护野生动物。

大型猛禽，体长 100~115cm。头、颈被羽，锈白色；上体暗褐或黑色，下体橙皮黄或皮黄白色；嘴角褐色，尖端黑色，脚铅灰色。繁殖期 2—5 月，每窝产卵 1~3 枚。栖息在海拔 2000~4500m 的草原、高山，主要以大型动物食体为食。分布在新疆、青海、甘肃、宁夏、西藏、四川等。

本次野外调查多次发现其实体，在色达县分布广泛。

7. 秃鹫 *Aegypius monachus*

国家一级保护野生动物。

大型猛禽，全长 108~120cm。体羽主要呈黑褐色，头呈铅蓝色，飞羽黑褐色，尾羽暗褐色。嘴黑褐色，脚灰色，爪黑色。繁殖期 3—5 月，每窝产卵 1~2 枚，孵卵期约 55 天。栖息在海拔 2500~5000m 的草原、高山、河谷中，主要以鸟兽的尸体和其他腐烂动物为食。分布在新疆、甘肃、宁夏、内蒙古、四川。

8. 草原雕 *Aquila nipalensis*

国家一级保护野生动物。

大型猛禽，全长约 70cm。体羽以褐色为主，上体土褐色，头顶较暗浓，下体暗土褐色，嘴黑色，脚淡褐色。4—5 月产卵，每窝 2~3 枚，孵卵期 45 天。生活在海拔 2000~4000m 的开阔的草原地带及山地，主要以啮齿动物为食。分布在新疆、青海、内蒙古、河北、东北、江苏、湖南、甘肃、云南、西藏、海南、四川等地。

9. 金雕 *Aquila chrysaetos*

国家一级保护野生动物。

体长 76~102cm，翼展达 2.3m，体重 2~6.5kg。头具金色羽冠，嘴巨大。飞行时腰部白色明显可见。尾长而圆，两翼呈"V"形。亚成鸟翼具白色斑纹，尾基部白色。栖息于森林、草原、荒漠等环境中，一般在高原、山地、丘陵地区活动，最高海拔可达 4000m 以上。繁殖季筑巢于山谷峭壁的凹陷处，偶尔在高大乔木上筑巢。以中大型的鸟类和兽类为食。

10. 猎隼 *Falco cherrug*

国家一级保护野生动物。

中型猛禽，体长 42~60cm。头顶暗褐色，具肉桂纵纹；上体暗褐色，杂以棕黄或桂皮黄色；下体白色。嘴铅蓝灰色，尖端黑色，基部黄绿色；脚和趾黄绿色，爪黑色。4—6 月间繁殖，每窝 3~5 枚，孵卵期 28 天。栖息在开阔地、荒漠中，主要以中小型鸟类、野兔、鼠类为食。分布在新疆、青海、西藏、四川等地。

本次野外调查在泥朵镇发现其实体。

11. 黑头噪鸦 *Perisoreus internigrans*

国家一级保护野生动物。

身长约 30cm。雄性成鸟：额、头顶、头侧、颈侧、眼先、耳羽及鼻须黑色；新采标本嘴向后至上颈色较暗，呈不明显的半环状斑；肩、背、腰及尾上覆羽黑褐色沾蓝或乌灰色沾褐、最长的尾上覆羽沾棕褐，翅羽黑褐色，羽轴辉黑（江达采得一雄鸟，初级覆羽一侧第 1 枚纯白色，另一侧具白色缘；青海班玛采得一雄鸟，初级覆羽一侧有 1 枚为白色，另一侧有 2 枚为白色）。尾羽黑褐色，中央尾羽具隐斑，外侧尾羽隐斑不显著，且越向外侧隐斑越少。颏、喉黑色或暗烟灰色；胸、腹、胁辉黑褐色（狐化标本乌灰色沾褐色）；尾下覆羽浅灰色沾淡黄色。覆腿羽黑色；腋羽烟灰色。雌性成鸟：羽色似雄鸟，但颏、喉色较浅淡，尾下覆羽灰色。分布于喜马拉雅山—横断山脉—岷山—秦岭—淮河以北的亚洲地区。中国特有，主要见于甘肃、青海东南部、四川、西藏。

12. 藏雪鸡 *Tetraogallus tibetanus*

国家二级保护野生动物。

别名高山雪鸡、淡腹雪鸡、喜马拉雅雪鸡。头、颈褐灰色，上体土褐色，前额和上胸有暗色环带，下胸和腹杂以黑色纵纹。嘴角紫色，基部橙红色；跗跖与距暗橙红色或深红色。6 月中旬产卵，每窝产卵 8~16 枚或 6~7 枚，孵化期 27 天。栖息在海拔 3000~6000m 的裸岩和灌丛草甸带，主要以植物为食，兼食少量昆虫。分布在青海、新疆、西藏、四川、甘肃、云南等地。

本次野外调查布设在大章乡的红外相机拍摄到其实体。

13. 血雉 *Ithaginis cruentus*

国家二级保护野生动物。

别名松花鸡、血鸡。中小型鸡类，全长约 40cm。雄鸟上体灰褐色，飞羽褐色，尾羽灰白色，上胸淡灰黄色；下胸和两胁为草绿色。雌鸟体羽大多暗褐色，具不规则褐斑。嘴黑色。脚绯红橙色。繁殖期 4 月下旬至 6 月，每窝产卵 2~6 枚。栖息在 2000~4500m 的高寒山地森林及灌丛、针阔混交林中，主要以植物种子为食，也吃昆虫等。分布在西藏、云南、青海、甘肃、陕西、四川等地。

本次野外调查布设在年龙乡、洛若镇和霍西乡的红外相机拍摄到其实体。

14. 白马鸡 *Crossoptilon crossoptilon*

国家二级保护野生动物。

大型鸡类，全长 96cm 左右。体羽主要为白色，头顶具短曲黑色绒状羽；耳羽白色，呈短角状；面部裸露，鲜红色。尾羽特长，嘴粉红色，脚鲜红色。5—6 月上旬繁殖，每窝产卵 6~9 枚，孵卵期至少 22 天。生活在海拔 3500~3900m 的亚高山针叶林中，以蕨类、草叶、草根、云杉球花、青稞种子等为食。分布在西藏、青海、云南、四川等地。

本次野外调查在亚龙乡发现其实体。

15. 蓝马鸡 *Crossoptilon auritum*

国家二级保护野生动物。

别名角鸡、松鸡。大型鸡类，全长 75~100cm。通体蓝灰色，具金属光泽；头侧裸露无羽，绯红色；耳羽长而硬，羽枝披散下垂如马尾。嘴淡红色，脚珊瑚红色。4—6 月繁殖，每窝 6~12 枚，孵卵期 26~27 天。栖息在海拔 2000~4000m 的云杉林，山杨、桦木混交林，杜鹃灌丛，小蒿草草甸中，主要吃植物性食物，也食昆虫。分布在青海、甘肃、宁夏、西藏、四川等地。

本次野外调查在年龙乡多次发现其实体。

16. 花脸鸭 *Sibirionetta formosa*

国家二级保护野生动物。

别名巴鸭、眼镜鸭、王鸭。体长 34~43cm。雄鸟额、头顶和后颈上部均为黑色，眼上有一翠绿色纵带经枕部到颈侧，上背、部分肩羽、胸侧和胁为褐灰相间的细纹，下背、腰暗褐色；颏、喉、前颈上部黑褐色，胸葡萄红色杂以黑褐色点斑，腹棕白色。雌鸟上体大多为暗褐色，喉、前颈棕黄色。嘴、脚蓝黑色。每窝产卵 7~8 枚。多栖息在江河、湖泊、水库，杂食性，主要以水草为食，也吃昆虫和螺类。除甘肃、青海、新疆、西藏外，其余各省都有分布。

野外调查在泥朵镇河滩边发现其实体。

17. 鹮嘴鹬 *Ibidorhyncha struthersii*

国家二级保护野生动物。

体长 37～44cm。额、头顶、枕、眼先、颊、颏、喉均为黑色或棕黑色，其后有一窄的白色镶边，耳羽、颈、上胸蓝灰色，肩、背、腰均灰褐色，尾上覆羽灰褐色，具暗褐色横斑；上胸下缘有一白色半环带，其后有一黑色半环，其余下体白色。嘴长而弯曲，朱红色；脚红。每窝产卵 3～4 枚。栖息在山溪河流岸边，主要以昆虫、蠕虫等为食。分布在我国中、西部地区。

18. 高山兀鹫 *Gyps himalayensis*

国家二级保护野生动物。

别名坐山雕。大型猛禽，全长约 120cm。上体沙白色或茶褐色，头被黄白色状羽和绒羽，颈细而裸露，翅和尾黑褐色，下体淡黄褐色，具淡色纵纹。嘴灰绿色或铅灰色。脚暗绿灰色。1—4 月繁殖，每窝产卵 1 枚。栖息在海拔 2500～4500m 的高山、草原、河谷地带，以动物尸体或动物病残体为食。分布在甘肃、青海、宁夏、新疆、四川等地。

本次野外调查多次发现其实体，在色达县分布广泛。

19. 赤腹鹰 *Accipiter soloensis*

国家二级保护野生动物。

体长 27～36cm，小型猛禽。头部至背部为蓝灰色，翅膀和尾羽灰褐色，颏部和喉部乳白色，胸和两胁淡红褐色，下胸部具有少数不明显的横斑，腹部中央和尾下覆羽白色。嘴黑色，下嘴基部淡黄色。脚和趾橘黄色或肉黄色，爪黑色。繁殖期 5—7 月，每窝产卵 2～5 枚，孵化期约 30 天。栖息在山地森林和林缘地带，主要以蛙、蜥蜴等动物为食。分布在北京、天津、河北、辽宁、上海、江苏、浙江、安徽、福建、江西、山东、河南、湖北、湖南、广东、广西、海南、四川、贵州、云南、陕西等地。

20. 雀鹰 *Accipiter nisus*

国家二级保护野生动物。

别名鹞子、鹞鹰。体长 35cm 左右，雄鸟上体暗灰色，雌鸟上体暗灰褐色，下体均为白色或淡灰白色，杂以赤褐色和暗褐色横斑。嘴黑色，基部暗灰蓝色；蜡膜绿黄色；脚绿色，爪黑色。每窝产卵 4～5 枚。栖息在海拔 500～1000m 的山边疏林，主要以鼠、小鸟为食。分布在青海、新疆、西藏、云南、四川等地。

本次野外调查在霍西乡发现其实体。

21. 苍鹰 *Accipiter gentilis*

国家二级重点保护野生动物。

别名鸡鹰、鹞鹰。体长 55cm 左右，上体灰褐色，胸部有较密的黑褐色横斑。嘴黑色，蜡膜黄绿色；脚黄色，爪黑色。繁殖期在 5—6 月，每窝产卵 2～4 枚。栖息在海拔 1000m 以上的针叶林和针阔叶混交林，主要以鸟类、鼠、兔为食。分布在甘肃、西藏、四川、云南等地。

22. 白尾鹞 *Circus cyaneus*

国家二级保护野生动物。

别名灰鹰、白抓、扑地鹞。中型猛禽，体长 41～53cm。雄鸟上体大多为灰色，腹部白色；雌鸟体羽暗褐色，下体棕黄色，杂以棕褐色纵斑。尾上覆羽白色。嘴黑色，基部带蓝色；跗跖、趾黄色，爪黑色。繁殖期为 4—7 月，每窝产卵 3～5 枚，孵卵期 29～31 天。栖息在农田、草原、湖沼、河谷、海滨及林缘等开阔地区，主要以鼠、小鸟为食。分布几乎遍及全国。

本次野外调查在亚龙乡发现其实体。

23. 黑鸢 *Milvus migrans*

国家二级保护野生动物。

中等体型（55cm）的深褐色猛禽。浅叉形尾为本种识别特征。飞行时，初级飞羽基部浅色斑与近黑色的翼尖成对照。头有时比背色浅。亚成鸟头及下体具皮黄色纵纹。该鸟为我国最常见的猛禽。留鸟分布于我国各地，台湾、海南及青藏高原高至海拔 5000m 为其适宜栖息生境。喜开阔的乡村、城镇及村庄，优雅盘旋或缓慢振翅飞行，栖于柱子、电线、建筑物或地面，主要以小鸟、鱼、蚯蚓、线虫、同翅目昆虫及小型动物尸体和残屑为食。

本次野外调查多次发现其实体。

24. 大鵟 *Buteo hemilasius*

国家二级保护野生动物。

别名老鹰、花豹、豪豹、白鹭豹。全长 60～88cm。上体暗褐色，下体暗色或淡色。虹膜黄褐色，嘴黑褐色，腊膜绿黄色，跗蹠和趾黄褐色，爪黑色。繁殖期为 5—7 月，每窝产卵 2～4 枚，孵化期约 30 天。栖息在山地、草原地带，主要以鼠兔、幼旱獭等为食，也食昆虫。分布于东北、内蒙古、甘肃、青海、四川、西藏等地。

本次野外调查多次发现其实体，在色达县分布广泛。

25. 普通鵟 *Buteo japonicus*

国家二级保护野生动物。

体长 50cm 左右，羽色变化较大，上体暗褐色，下体暗褐色或淡褐色，具深棕色的横斑，翅下有淡褐色斑，尾稍圆。嘴黑褐色，基部沾蓝色；蜡膜黄色，脚蜡黄色，爪黑色。繁殖期为 5—6 月，每窝产卵 2～3 枚。栖息在海拔 500～1000m 的开阔地附近的稀疏森林中，主要以鼠、鸟和各种昆虫为食。分布于新疆、四川、青海、云南、西藏等地。

26. 喜山鵟 *Buteo refectus*

国家二级保护野生动物。

体长 51～59cm，体重 575～1073g。上体深红褐色；脸侧皮黄具近红色细纹，栗色的髭纹显著；下体主要为暗褐色或淡褐色，具深棕色横斑或纵纹，尾羽为淡灰褐色，具有多道暗色横斑，飞翔时两翼宽阔，在初级飞羽的基部有明显的白斑，翼下为肉色，仅翼尖、翼角和飞羽的外缘为黑色（淡色型）或者全为黑褐色（暗色型），尾羽呈扇形散开。在高空翱翔时两翼略呈"V"字形。繁殖期间主要栖息于山地森林和林缘地带，从海拔 400m 的山脚阔叶林到 2000m 的混交林和针叶林地带均有分布，有时甚至出现在海拔 2000m 以上的山顶苔原带上空，秋冬季节则多出现在低山丘陵和山脚平原地带。分布于我国西部及喜马拉雅山脉。

本次野外调查在塔子乡发现其实体。

27. 纵纹腹小鸮 *Athene noctua*

国家二级保护野生动物。

体长 24cm 左右。额、头侧白色，上体和翅尾表面沙褐色或棕褐色，尾羽和飞羽具灰白色横斑；颏、喉棕白色，下体大都呈白色或沾棕色，胸、腹和胁具棕褐色或褐色纵纹。嘴黄绿色，脚被羽。繁殖期为 5—7 月，每窝产卵 3～5 枚，孵化期 28～29 天。栖息在海拔 3500m 左右的草原地区，以野鼠和昆虫为食。分布于内蒙古江苏、山东、河南、四川等地。

28. 三趾啄木鸟 *Picoides tridactylus*

国家二级保护野生动物。

中等体型（23cm）的黑白色啄木鸟。头顶前部黄色（雌鸟白色），仅具三趾。体羽无红色，上背及背部中央部位白色。腰黑色。亚种 *funebris* 腰褐色，上背白色，下体褐色较浓。分布于西藏东南部及云南西北部至四川、青海东北部及甘肃。

29. 黑啄木鸟 *Dryocopus martius*

国家二级保护野生动物。

别名黑叼木倌。体长 44cm 左右。雄鸟头的背面鲜红色，颏喉黑褐色，其余体羽全呈黑色。雌鸟似雄鸟，但头部红色仅限于枕部。嘴牙黄色，嘴峰和嘴端铅黑色；脚铅褐色。每窝产卵 3～5 枚，孵化期 12～14 天。栖息在针阔叶混交林和暗针叶林，以树干害虫和植物种子为食。分布于青海、西藏、甘肃、四川、云南等地。

30. 红隼 *Falco tinnunculus*

国家二级保护野生动物。

别名茶隼、红鹰、黄鹰、红鹞子。体长 31～36cm，小型猛禽。雄鸟头顶、后颈、颈侧蓝灰色，背、肩砖红色，腰和尾上覆羽蓝灰色，尾羽蓝灰色，下体棕白色，上胸有褐色三角形斑纹及纵纹，下腹黑褐色。雌鸟上体深棕色，头顶有黑褐色纵纹，上体其余部分具黑褐色横纹。嘴蓝灰色，先端黑色；附蹠和趾深黄色，爪黑色。繁殖期为 5—7 月，每窝产卵 4～5 枚，孵化期 28～30 天。栖息在山地森林、森林苔原、低山丘陵、草原、旷野、森林平原、耕地和村庄附近，主要以昆虫为食，也吃小型脊椎动物。分布广泛，几乎遍布全国各地。

本次野外调查在洛若镇发现其实体。

31. 游隼 *Falco peregrinus*

国家二级保护野生动物。

别名花梨鹰、鸭虎。全长 40～48cm，中型猛禽。上体深蓝灰色，有黑褐色横斑，羽端白色，羽干纹黑色。头、颈部黑色，带蓝色光泽。飞羽黑褐色；尾羽蓝灰色，具黑色横斑。下体污白色，带淡棕色，具黑色羽干纹，至腹部以后渐转为长三角形横斑。嘴铅黑色。脚黄色。每窝 3～4 枚，孵卵期 28～29 天。栖息于开阔的农田、草地、河谷或山丘地区，主要以鸭雁等为食。

32. 白眉山雀 *Poecile superciliosus*

国家二级保护野生动物。

体长约 13cm。头顶黑色，上体沙褐色；眉纹白色，颏、喉黑色，下体余部沙棕色。多栖息在海拔 3000～4000m 的山坡林缘灌丛中，主要以昆虫为食，也吃植物种子。我国特有，主要分布在青海、甘肃、四川和西藏。

33. 中华雀鹛 *Fulvetta striaticollis*

国家二级保护野生动物。

体长 10～13cm。额至尾上覆羽褐色沾茶黄色，尾褐色，外缘栗褐色；眼先黑色，颏至胸粉白色，具黑色轴纹，腹部中央近白色。嘴褐色，下嘴较浅淡；脚浅褐色。栖息在海拔 2800～4100m 的树林、灌丛中，主要以植物种子和昆虫为食。我国特有，仅分布在青海、甘肃、西藏、四川和云南。

34. 大噪鹛 *Garrulax maximus*

国家二级保护野生动物。

别名花背噪鹛。体长 30～36cm。头顶褐黑色，上体栗褐色，具白色点状斑，中央尾羽棕褐色沾灰色，外侧尾羽黑褐色具白端；眉纹、耳羽、颏、喉栗棕色，下体余部棕色，上胸和胸侧具肉桂棕色横斑。嘴褐色，下嘴淡色；脚淡黄褐色。栖息在亚高山的灌丛中，主要以昆虫为食。我国特有，分布在甘肃、青海、四川、云南、西藏。

本次野外调查在霍西乡发现其实体。

35. 橙翅噪鹛 *Trochalopteron elliotii*

国家二级保护野生动物。

别名画眉子、鱼眼画眉。体长 22～25cm。额和头顶葡萄灰色，上体余部橄榄褐色，飞羽外缘金棕色，尾羽表面金绿色；下体橄榄褐色。嘴黑色，脚棕褐色。每窝产卵 3～4 枚。多栖息在海拔 1500～3400m 的山坡竹林、乔木或灌丛中，主要以多种昆虫和植物种子、果实为食。我国特有，分布在四川、青海、甘肃、陕西、湖北、贵州、云南、西藏等。

本次野外调查在霍西乡发现其实体。

4.4.4　中国特有物种

根据《中国生物多样性红色名录——脊椎动物卷（2020）》中对特有种的判定结果，县域内有中国特有鸟类 11 种，见表 4.4－4。

表 4.4－4　色达县中国特有鸟类

目名	科名	种名	拉丁名	保护级别
鸡形目	雉科	斑尾榛鸡	*Tetrastes sewerzowi*	Ⅰ
鸡形目	雉科	红喉雉鹑	*Tetraophasis obscurus*	Ⅰ
鸡形目	雉科	白马鸡	*Crossoptilon crossoptilon*	Ⅱ
鸡形目	雉科	蓝马鸡	*Crossoptilon auritum*	Ⅱ
雀形目	鸦科	黑头噪鸦	*Perisoreus internigrans*	Ⅰ
雀形目	山雀科	白眉山雀	*Poecile superciliosus*	Ⅱ
雀形目	山雀科	地山雀	*Pseudopodoces humilis*	
雀形目	长尾山雀科	凤头雀莺	*Leptopoecile elegans*	
雀形目	噪鹛科	大噪鹛	*Garrulax maximus*	Ⅱ
雀形目	噪鹛科	山噪鹛	*Garrulax davidi*	
雀形目	噪鹛科	橙翅噪鹛	*Trochalopteron elliotii*	Ⅱ

4.4.5　中国生物多样性红色名录物种

根据《中国生物多样性红色名录——脊椎动物卷（2020）》，县域内受威胁［包括极危（CR）、濒危（EN）与易危（VU）］的鸟类有 11 种，其中濒危鸟类有中华秋沙鸭、草原雕和猎隼 3 种，易危鸟类有斑尾榛鸡、红喉雉鹑、黑颈鹤、黑鹳、秃鹫、金雕、大鵟和黑头噪鸦 8 种。此外，近危（NT）鸟类有 17 种，无危（LC）鸟类有 154 种。

表 4.4－5　色达县鸟类红色名录物种比例

濒危等级		物种数	比例（%）
受威胁物种	濒危 EN	3	1.64
	易危 VU	8	4.37
近危 NT		17	9.29

濒危等级	物种数	比例（％）
无危 LC	154	84.15
数据缺乏 DD	1	0.55
合计	183	100.00

基于本次野外调查获得的物种名录与物种数量，以及《中国生物多样性红色名录——脊椎动物卷》对物种的红色名录等级分类进行指数计算。计算公式为：

$$RLI_t = 1 - \frac{\sum\limits_{s} W_{c(t,s)}}{W_{EX} \times N}$$

式中 RLI_t——t 评估时段的物种红色名录指数；

$W_{c(t,s)}$——在 t 评估时段，物种 s 的红色名录等级 c 的权重；

W_{EX}——"灭绝（EX）""野外灭绝（EW）""区域灭绝（RE）"的权重；

N——当前评估的物种总数，应排除"数据缺乏（DD）"的物种数以及在第一次评估中就已经灭绝的物种数。

各红色名录等级的权重设置为：无危（LC）—0；近危（NT）—1；易危（VU）—2；濒危（EN）—3；极危（CR）—4；灭绝（EX）、野外灭绝（EW）、区域灭绝（RE）—5。

由公式计算，色达县鸟类的物种红色名录指数为 0.9789。

4.5 两栖类和爬行类

4.5.1 两栖类

4.5.1.1 物种组成

根据野外调查结果并结合历史资料，色达县已知有两栖类 2 目 5 科 6 属 7 种（表 4.5-1）。其中有尾目 1 科 1 属 1 种，无尾目 4 科 5 属 6 种。

表 4.5-1 色达县两栖类名录

目名	科名	属名	中文名	拉丁名
有尾目	小鲵科	山溪鲵属	西藏山溪鲵	*Batrachuperus tibetanus*
无尾目	角蟾科	齿突蟾属	西藏齿突蟾	*Scutiger boulengeri*
无尾目	角蟾科	齿突蟾属	刺胸猫眼蟾	*Scutiger mammatus*
无尾目	蛙科	林蛙属	高原林蛙	*Rana kukunoris*
无尾目	蛙科	湍蛙属	四川湍蛙	*Amolops mantzorum*
无尾目	叉舌蛙科	倭蛙属	倭蛙	*Nanorana pleskei*
无尾目	蟾蜍科	蟾蜍属	西藏蟾蜍	*Bufo tibetanus*

4.5.1.2　区系分析

按照张荣祖《中国动物地理》的划分，色达县已知的 7 种两栖类动物中，东洋界物种有 5 种，占总物种数的 71.43%；古北界物种 2 种，占总物种数的 28.57%。

分布型构成方面，7 种两栖动物中，喜马拉雅—横断山区型（H）有 5 种，占物种总数的 71.43%；高地型（P）有 2 种，占 28.57%。

4.5.1.3　重点保护物种

根据《国家重点保护野生动物名录》（2021 年），色达县有国家二级保护动物两栖类 1 种，为西藏山溪鲵 *Batrachuperus tibetanusi*。

雄鲵全长 175~211mm，雌鲵全长 170~197mm。头扁平，长略大于宽；吻圆阔；唇褶显著。躯干圆柱形，尾端钝圆或略尖。体尾背面深灰或灰棕色，腹面浅灰色。尾基部圆柱形，向后逐渐侧扁，末端钝圆。繁殖期为 5—7 月，雌鲵产卵 36~50 粒。分布于陕西、甘肃、青海、四川和云南，栖息在海拔 1500~4250m 的山区溪流中，以虾类和水生昆虫及其幼虫为食。

4.5.1.4　中国特有物种

根据《中国生物多样性红色名录——脊椎动物卷（2020）》对特有种的判定，色达县分布有中国特有两栖类 5 种（表 4.5-2），占物种总数的 71.43%。

表 4.5-2　色达县中国特有两栖类

目名	科名	属名	种名	拉丁名	保护级别
有尾目	小鲵科	山溪鲵属	西藏山溪鲵	*Batrachuperus tibetanusi*	II
无尾目	角蟾科	齿突蟾属	刺胸猫眼蟾	*Scutiger mammatus*	
无尾目	蛙科	林蛙属	高原林蛙	*Rana kukunoris*	
无尾目	叉舌蛙科	倭蛙属	倭蛙	*Nanorana pleskei*	
无尾目	蟾蜍科	蟾蜍属	西藏蟾蜍	*Bufo tibetanus*	

4.5.1.5　中国生物多样性红色名录物种

根据《中国生物多样性红色名录——脊椎动物卷（2020）》，统计出色达县有 1 种受威胁两栖类，为西藏山溪鲵，被列为易危（VU）。

基于本次野外调查获得的物种名录与物种数量，以及《中国生物多样性红色名录——脊椎动物卷（2020）》对物种红色名录等级分类进行指数计算。计算公式为：

$$RLI_t = 1 - \frac{\sum\limits_{s} W_{c(t,s)}}{W_{EX} \times N}$$

式中 RLI_t——t 评估时段的物种红色名录指数；

$W_{c(t,s)}$——在 t 评估时段，物种 s 的红色名录等级 c 的权重；

W_{EX}——"灭绝（EX）""野外灭绝（EW）""区域灭绝（RE）"的权重；

N——当前评估的物种总数，应排除"数据缺乏（DD）"的物种数以及在第一次评估中就已经灭绝的物种数。

各红色名录等级的权重设置为：无危（LC）—0；近危（NT）—1；易危（VU）—2；濒危（EN）—3；极危（CR）—4；灭绝（EX）、野外灭绝（EW）、区域灭绝（RE）—5。

由公式计算，色达县两栖类的物种红色名录指数为 0.9429。

4.5.2 爬行类

4.5.2.1 物种组成

根据野外调查结果并结合历史调查资料，按照《四川省两栖爬行动物分布名录》（蔡波等，2018）中的分类系统，色达县已知有爬行类 1 目 3 科 3 属 4 种，均为有鳞目物种。

表 4.5-3 色达县爬行类名录

目名	科名	属名	中文名	拉丁名
有鳞目	鬣蜥科	沙蜥属	青海沙蜥	*Phrynocephalus vlanglii*
有鳞目	石龙子科	滑蜥属	秦岭滑蜥	*Scincella tsinlingensis*
有鳞目	石龙子科	滑蜥属	康定滑蜥	*Scincella potanini*
有鳞目	蝰科	亚洲腹属	高原蝮	*Gloydius strauchi*

4.5.2.2 区系分析

按照张荣祖《中国动物地理》的划分，色达县分布的 4 种爬行动物中，东洋界物种有 2 种，占总物种数的 50%；古北界物种 2 种，占总物种数的 50%。

分布型构成方面，区域内爬行动物中，喜马拉雅—横断山区型（H）有 2 种，高地型（P）有 1 种，中亚型（D）有 1 种。

4.5.2.3 中国特有物种

根据《中国生物多样性红色名录——脊椎动物卷（2020）》对特有种的判定，色达县分布的 4 种爬行类全部为中国特有种。

4.5.2.4 中国生物多样性红色名录物种

根据《中国生物多样性红色名录——脊椎动物卷（2020）》，色达县无受威胁的爬行类物种。近危（NT）的有 1 种，为高原蝮；其余 3 种均为无危（LC）。

基于本次野外调查获得的物种名录与物种数量，以及《中国生物多样性红色名录——脊椎动物卷（2020）》对物种的红色名录等级分类进行指数计算。计算公式为：

$$RLI_t = 1 - \frac{\sum\limits_{s} W_{c(t,s)}}{W_{EX} \times N}$$

式中 RLI_t——t 评估时段的物种红色名录指数；

$W_{c(t,s)}$——在 t 评估时段，物种 s 的红色名录等级 c 的权重；

W_{EX}——"灭绝（EX）""野外灭绝（EW）""区域灭绝（RE）"的权重；

N——当前评估的物种总数，应排除"数据缺乏（DD）"的物种数以及在第一次评估中就已经灭绝的物种数。

各红色名录等级的权重设置为：无危（LC）—0；近危（NT）—1；易危（VU）—2；濒危（EN）—3；极危（CR）—4；灭绝（EX）、野外灭绝（EW）、区域灭绝（RE）—5。

由公式计算，色达县爬行类的物种红色名录指数为 0.95。

4.6 昆虫

4.6.1 物种组成

本次野外调查共采集昆虫标本 150 多号，经鉴定为 8 目 38 科 128 种，其中鳞翅目 14 科 76 种，占总种数的 59.38%；双翅目 7 科 17 种，占总种数的 13.28%；膜翅目 2 科 11 种，占总种数的 8.59%；鞘翅目 7 科 10 种，占总种数的 7.81%；半翅目 5 科 7 种，占总种数的 5.47%；直翅目 1 科 5 种，占总种数的 3.91%；脉翅目 1 科 1 种，占总种数的 0.78%；襀翅目 1 科 1 种，占总种数的 0.78%。

表 4.6-1 色达县昆虫物种组成

目	科数	占比（%）	种数	占比（%）
鳞翅目	14	36.84	76	59.38
双翅目	7	18.42	17	13.28
膜翅目	2	5.26	11	8.59
鞘翅目	7	18.42	10	7.81
半翅目	5	13.16	7	5.47
直翅目	1	2.63	5	3.91
脉翅目	1	2.63	1	0.78
襀翅目	1	2.63	1	0.78

4.6.2 重点保护物种

根据 2021 年发布的《国家重点保护野生动物名录》，色达县有国家二级保护野生动物昆虫 1 种，为君主绢蝶 *Parnassius imperator*。

本次调查在甲学镇发现了国家二级保护野生动物君主绢蝶。

识别特征：翅展 65～80 mm。翅白色泛绿或淡黄白色，雌蝶色深，翅脉黄褐色。前翅基部散生黑鳞；中室中部与端部各有 1 个大黑斑；翅中部有 1 条"S"形的黑色横带，但其中部色淡；亚外缘带锯齿状、半透明；外缘带宽，黑褐色、半透明。后翅前缘基部、中部和中央各有 1 个白心黑边的大红斑；亚外缘近臀角处有 2 个具蓝心的圆黑斑，其上方至前缘间有点状和条状纹；外缘带灰色、半透明；翅基及内缘区黑色，其外方另有 1 条黑色条纹。翅反面与正面相似，但后翅基部镶有 3～4 个红斑。

成虫在我国分布区 6—7 月出现，多活动在海拔 2000m 以上的高山地带，寄主为紫堇属。分布于青海、甘肃、四川、云南、西藏。

4.7　大型真菌

4.7.1　物种组成

根据野外实地调查数据和访问资料，色达县目前已知分布有大型真菌 149 种。

本次野外调查共采集制作大型真菌标本 370 份，基于形态学和分子生物学相结合的方法，共鉴定出大型真菌 146 种，隶属于 2 门 5 纲 14 目 38 科 84 属，其中担子菌门 142 种，子囊菌门 4 种。在纲和目级的种类组成如下：5 纲，分别为伞菌纲 Agaricomycetes、花耳纲 Dacrymycetes、银耳纲 Tremellomycetes、锤舌菌纲 Leotiomycetes、盘菌纲 Pezizomycetes；14 目，分别为伞菌目 Agaricales、木耳目 Auriculariales、牛肝菌目 Boletales、鸡油菌目 Cantharellales、钉菇目 Gomphales、锈革孔菌目 Hymenochaetales、多孔菌目 Polyporales、红菇目 Russulales、拟韧革菌目 Stereopsidales、革菌目 Thelephorales、花耳目 Dacrymycetales、银耳目 Tremellales、斑痣盘菌目 Rhytismatales、盘菌目 Pezizales。

基于走访，另发现冬虫夏草 Ophiocordyceps sinensis、黄绿卷毛菇 Floccularia luteovirens 和羊肚菌 Morchella sp. 在色达县内也有分布。

基于种数量优势科统计，其中含有 10 种以上的优势科有 2 个，分别为红菇科 Russulaceae 和丝膜菌科 Cortinariaceae，优势科所含物种占总数的 20%。基于种数量优势属统计，其中含 5 种以上的优势属有 6 个，分别为丝膜菌属 Cortinarius、乳菇属 Lactarius、红菇属 Russula、鹅膏菌属 Amanita、粉褶蕈属 Entoloma、裸脚菇属 Gymnopus，优势属物种占总数的 29.66%。

4.7.2　新发现的种类

发现疑似新种 3 个，分别隶属于卷毛菇属 Floccularia、地花菌属 Albatrellus 和粉褶蕈属 Entoloma，在形态特征和 ITS 序列上与已报道的近似种有较大差别。

Floccularia 属目前全世界已知仅 5 种，我国已报道 2 种，即黄绿卷毛菇 Floccularia luteovirens 和白黄卷毛菇 F. albolanaripes，其中黄绿卷毛菇是我国重要的野生食用菌，俗称黄蘑菇或石渠白菌。据走访调查，黄绿卷毛菇在色达县也有分布，并被当地老百姓采食；此次在色达县调查也采集到了白黄卷毛菇。基于此，色达县至少有 3 个卷毛菇属物种分布。下一步，我们将基于形态学特征和 DNA 序列研究来自欧美的卷毛菇属标本与中国卷毛菇属标本的异同。

4.7.4　食用菌、药用菌的种类

通过此次调查研究，发现色达县分布的大型真菌中具有食用价值的有 55 种，如翘鳞肉齿菌 Sarcodon imbricatus、凸顶口蘑 Tricholoma virgatum、中华灰褐纹口蘑 T. sinoportentosum、荷叶离褶伞 Lyophyllum decastes、西藏木耳 Auricularia tibetica 等，其中中华灰褐纹口蘑和凸顶口蘑产量较大，但目前未被开发利用。具有药用价值的有 38 种，如网纹马勃 Lycoperdon perlatum、洁小菇 Mycena pura、东方栓菌 Trametes orientalis 等。调查发现毒蘑菇 24 种，如冠状环柄菇 Lepiota cristata、灰豹斑鹅膏菌 Amanita griseopantherina、假反卷马鞍菌 Helvella pseudoreflexa 等。

4.7.5　重点保护物种

色达县分布有国家二级保护物种冬虫夏草。

4.7.6　特有物种

色达县大型真菌含有中国特有种 24 种，占比 16.1%。

表 4.7－1　色达县中国特有大型真菌

序号	拉丁名	中文名
1	*Agaricus dolichocaulis*	长柄蘑菇
2	*Amanita griseopantherina*	灰豹斑鹅膏
3	*Amanita pallidoverruca*	污白疣盖鹅膏菌
4	*Cortinarius subfuscoperonatus*	
5	*Clitopilus fusiformis*	梭孢斜盖伞
6	*Hygrophorus annulatus*	环柄蜡伞
7	*Hygrophorus brunneiceps*	褐盖蜡伞
8	*Spodocybe rugosiceps*	皱灰盖杯伞
9	*Tricholoma sinoportentosum*	中华灰褐纹口蘑
10	*Auricularia tibetica*	西藏木耳
11	*Boletus reticuloceps*	网盖牛肝菌
12	*Neoboletus rubriporus*	红孔新牛肝菌
13	*Gomphus orientalis*	东方钉菇
14	*Ramaria distinctissima*	离生枝瑚菌
15	*Ramaria pallidolilacina*	淡紫枝瑚菌
16	*Grammothele quercina*	栎线齿菌
17	*Albatrellus tibetanus*	西藏地花菌
18	*Lactarius albidocinereus*	白灰乳菇
19	*Lactarius alpinihirtipes*	高山毛脚乳菇
20	*Lactarius pseudohatsudake*	假红汁乳菇
21	*Russula atroaeruginea*	暗绿红菇
22	*Russula sichuanensis*	四川红菇
23	*Naematelia aurantialba*	金耳
24	*Helvella pseudoreflexa*	假反卷马鞍菌

4.7.7　中国生物多样性红色名录物种

根据《中国生物多样性红色名录——大型真菌卷》统计出色达县易危（VU）的有 2 种，为金

耳 *Naematelia aurantialba* 和冬虫夏草 *Ophiocordyceps sinensis*，近危（NT）的有 2 种，为东方钉菇 *Gomphus orientalis*、离生枝瑚菌 *Ramaria distinctissima*；无危（LC）的有 67 种，数据缺乏（DD）的有 16 种，未被记录的有 62 种。

表 4.7-2　色达县大型真菌红色物种数及比例

受威胁等级	物种数	比例（%）
易危（VU）	2	1.34
近危（NT）	2	1.34
无危（LC）	67	44.97
数据缺乏（DD）	16	10.74
未被记录	62	41.61
合计	149	100.00

4.8　鱼类

4.8.1　物种组成

通过现场调查、走访并结合《四川鱼类志》（丁瑞华，1994）和色达县农业农村局保存的历史资料，色达县境内共分布有鱼类 10 种（表 4.8-1），隶属于 2 目 3 科，其中鲤形目 8 种，占总种数的 80%；鲇形目 2 种，占总种数的 20%。

本次实际调查采集到鱼类有 5 种，隶属于 1 目 2 科，全部为鲤形目，其中鲤科 3 种，占总种数的 60.00%；鳅科 2 种，占总种数的 40.00%。

表 4.8-1　色达县重点水域鱼类种类组成名录

物种	来源	保护级别	长江上游特有鱼类	红皮书/物种红色名录
一、鲤形目 CYPRINIFORMES				
（一）鲤科 Cyprinidae				
裂腹鱼亚科 Schizothoracinae				
1. 齐口裂腹鱼 *Schizothorax（Schizothorax）prenanti*	文献		+	
2. 重口裂腹鱼 *Schizothorax（Racoma）davidi*	文献	国家二级/省重		
3. 厚唇裸重唇鱼 *Gymondiptychus pachycheilus*	采集	国家二级		
4. 软刺裸裂尻 *Schizopygopsis malacanthus*	采集		+	
5. 大渡软刺裸裂尻 *Schizopygopsis malacanthus chengi*	采集		+	
（二）鳅科 Cobitidae				
条鳅亚科 Nemacheilinae				
6. 东方高原鳅 *Triplophysa orientalis*	采集			
7. 梭形高原鳅 *Triplophysa leptosoma*	采集		+	
8. 细尾高原鳅 *Triplophysa stenura*				

物种	来源	保护级别	长江上游特有鱼类	红皮书/物种红色名录
二、鲇形目 SILURIFORMES				
（三）鮡科 Sisoridae				
9. 青石爬鮡 *Euchiloglanis davidi*		国家二级/省重	+	易危/CR
10. 黄石爬鮡 *Euchiloglanis kishinouyei*			+	濒危/EN

4.8.2　鱼类区系成分

根据鱼类起源、地理分布和生物学特征，色达县境内主要河流的鱼类可以划分为以下区系类型。

（1）南方山地区系复合体。

该区系鱼类代表性种类有鮡科。该复合体的鱼类有特化的吸附结构，通常为特殊的"吸盘"结构。分布区多底质、多岩石或石砾，适应于南方山区急流的河流中生活。该区系鱼类主要分布于我国南部山区及东南亚山区河流中。调查区域内的黄石爬鮡、青石爬鮡等属于该区系复合体。

（2）中亚山地区系复合体。

该区系鱼类代表种类有裂腹鱼亚科的所有种类和条鳅亚科的某些种类。以耐寒、耐碱、性成熟晚、生长慢、食性杂为特点，是中亚高寒地带的特有鱼类。分布于我国西部高原、新疆，以及印度、巴基斯坦、阿富汗、塔吉克斯坦等西部毗邻地区，是随喜马拉雅山的隆起由鲃亚科鱼类分化出来的种类。调查区域内的齐口裂腹鱼、重口裂腹鱼和高原鳅等属于该区系复合体。

4.8.3　鱼类生态类型

按鱼类的生活习性及其主要生活环境，可以将色达县内主要河流分布的 10 种鱼类分为底栖性鱼类，中、下层鱼类和中、上层鱼类栖息习性，具体可以分成下列生态类群。

（1）流水吸附生态类群。

此类群鱼类栖息在急流滩槽的底层，如鮡科的部分种类。此类群鱼类有特殊的吸盘或类似吸盘的吸附结构，适应于吸附在水体急流险滩水体底层物体上生活，以周丛藻类或底栖动物为食，包括黄石爬鮡和青石爬鮡等。

（2）流水洞缝隙生态类群。

此类群鱼类主要或完全生活在流水、急流水体底层的各种岩洞缝隙中，主要以发达的口须觅食底栖穴动物，调查河段主要包括鳅科鱼类，如细尾高原鳅、东方高原鳅等。由于此类群鱼类个体较小，完成生活史需要的空间比大型个体要小得多，它们对生境的要求相对较低。

（3）流水中、下层生态类群。

此类群鱼类主要或完全生活在流水环境中，身体较长、侧扁，适应于流水、急流水中穿梭游泳、活动掠食；头部呈锥形，适应于破水前进，躯干部较长，是产生强大运动的动力源，各鳍发达，尾鳍深叉形，都是适应水体中、下层快速游泳，在急流水体中、下层穿梭翻滚捕食低等动物和流水急流水带来的有机食物。它们或以水底砾石等物体表面周丛藻类为食，或以有机碎屑为食，或以底栖无脊椎动物为食，甚或为杂食性，或以浮游动植物为食。此类群鱼类有齐口裂腹鱼、重口裂腹鱼、大渡软刺裸裂尻鱼和软刺裸裂尻等。

4.8.4 鱼类资源类型

根据珍稀保护的级别、濒危或特有程度、经济价值、学术价值等，可以将色达县境内主要河流的鱼类划分为以下资源类型。

4.8.4.1 国家级和四川省重点保护鱼类

根据《国家重点保护野生动物名录》(2021)，调查河段有国家二级保护野生动物鱼类 3 种，分别为重口裂腹鱼、青石爬鮡和厚唇裸重唇鱼；四川省重点保护水生野生动物 2 种，分别为重口裂腹鱼和青石爬鮡。

1. 青石爬鮡 *Euchiloglanis davidi*

形态特征：体长形，背鳍前身体扁平，向后逐渐侧扁，胸、腹部平坦。身体呈青灰色，背部色深，腹部黄白色。青石爬鮡体较小，种群数较少。营底栖生活，多生活在山区河流中，喜流水生活。生长食物以水生昆虫成虫及其幼虫为主。生殖季节 6—7 月，卵巢 1 个，呈囊状，怀卵较慢，量 150～500 粒，成熟卵较大，黄色，直径 3～4 mm。常在急流多石的河滩上产卵，受精卵黏性，黏在石上发育孵化。

生活习性：食物以水生昆虫幼虫为主。青石爬鮡体较小，种群数较少。营底栖生活，多生活在山区河流中，喜流水生活。

分布范围：主要分布于青衣江、岷江上游、金沙江、雅砻江和大渡河上游。

2. 重口裂腹鱼 *Schizothorax（Racoma）davidi*

形态特征：体长，稍侧扁，头呈锥形，口下位，呈马蹄形。上、下唇为肉质，肥厚，下唇分 3 叶；较小个体中间叶明显，较大个体中间叶极小，被左、右下唇叶所遮盖；左、右两叶宽阔，成为后缘游离的唇褶。须 2 对，约等长或颌须稍长，吻须达到眼前缘或超过，颌须末端超过眼的后缘。

生活习性：生长较快，个体也较大，一般可长至 1～3kg，最大个体可达 10kg。在雅安一带，与齐口裂腹鱼统称"雅鱼"，与齐口裂腹鱼同以"雅安砂锅鱼头"而闻名四方。除肉可食用外，其卵虽有毒，煮熟后也可食。为上游冷水性鱼类，平时多生活于缓流的沱中，摄食季节在底质为沙和砾石河床中。生殖期间，雄鱼头部出现白色珠星。成熟雌鱼的期卵巢为水袋形，卵粒为橙黄色。以动物性食料为主。繁殖产卵期一般在 8—9 月，产卵于水流较急的砾石河流中，在生殖期间，雄鱼头部出现白色珠星。性成熟雌鱼的Ⅳ期卵巢为长袋形，卵粒为橙黄色。

分布范围：主要分布于长江上游干支流中，在峡谷河流中见多。

3. 厚唇裸重唇鱼 *Gymnodiptychus pachycheilus*

形态特征：厚唇裸重唇鱼属鲤形目，鲤科，裂腹鱼亚科，体呈长筒形，稍侧扁，尾柄细圆。头锥形，吻突出，吻皮止于上唇中部；口下位，马蹄形。下颌无锐利的角质边缘。唇很发达，下唇左右叶在前方互相连接，后边未连接部分各自向内翻卷，两下唇叶前部具不发达的横膜，无中叶；唇后沟连续。仅在胸鳍基部上方的肩带后方有 2～4 行不规则的鳞片。

生活习性：多栖息于水流湍急的河流中，以水生昆虫的幼虫为食，也食软体动物中的淡水壳菜等。2 龄开始性成熟。4—6 月产卵。

分布范围：主要分布于长江流域的岷江、嘉陵江、汉水等水系及黑龙江流域各水系中。

4.8.4.2 长江上游特有鱼类

调查显示，在色达县内主要河流分布有长江上游特有鱼类 6 种，分别为黄石爬鮡、青石爬鮡、齐口裂腹鱼、梭形高原鳅、大渡软刺裸裂尻和软刺裸裂尻，占调查河段鱼类总种数的 60%。这些特有鱼类有些具有重要的经济价值和科研价值，作为长江上游特有的地域性分布物种，采取相应措施对其种质资源进行保护非常重要。

1. 齐口裂腹鱼 *Schizothorax prenanti*

形态特征：体延长，稍侧扁；背缘隆起，腹部圆或稍隆起。头锥形。吻略尖。口下位，横裂或略呈弧形；下颌具锐利角质前缘，其内侧角质不甚发达；下唇游离缘中央内凹，呈弧形，其表面具乳突；唇后沟连续；须 2 对。

生活习性：在自然环境中生长较慢，雌性需 4 龄达性成熟，雄性一般在 3 龄达性成熟。据调查，齐口裂腹鱼要上溯到栖息地以上的江段产卵，若遇到外界条件不好，即使性腺成熟，也可较长时间内不退化，以保障后代繁衍。卵多产于急流底部的砾石和细沙上，亦常被水冲下至石穴中进行发育。齐口裂腹鱼主要以周丛藻类为食，偶尔食一些水生昆虫、螺蛳和植物的种子。摄食时尾部向上翘起，以其发达的下颌角质边缘在岩石上从一端刮向另一端，随刮随吸，在其刚刮取过的岩石上留下明显的痕迹。

分布范围：齐口裂腹鱼为长江上游特有鱼类，主要分布于中国长江上游的金沙江、岷江、大渡河、青衣江及乌江下游等水域。

2. 黄石爬鮡 *Euchiloglanis kishinouyei*

形态特征：眼小，眼缘清楚。鼻须几达或略超过眼前缘；颌须末端延长、尖细，超过鳃孔下角；外侧颏须刚达或略超过胸鳍起点。鳃孔下角多数与胸鳍第一分枝鳍条基部相对，少数与第 2~4 分枝鳍条相对。上颌齿带整块或中央有一小缺刻。上唇、口侧及前胸有小乳突，往后仅表现为略粗糙，腹部光滑。

生活习性：中小型底栖鱼类，常匍匐在河流砾石滩上生活，食水生昆虫及其幼虫。肉味鲜美，有一定经济价值。

分布范围：黄石爬鮡为长江上游的特有鱼类，分布于长江上游金沙江、岷江水系。

3. 梭形高原鳅 *Triplophysa leptosoma*

形态特征：梭形高原鳅，身体延长，前躯呈圆筒形，后躯侧扁。口下位。下颌边缘锐利，铲状，露出于下唇之外。须三对。尾柄较高，其起点处的宽小于尾柄高。头稍平扁。前后鼻孔紧邻，前鼻孔瓣状。颌须后伸到眼后缘或稍超过。唇薄，唇面具浅皱褶。背鳍不分枝，鳍条粗壮变硬，至少近基部的 1/2 是硬的。腹鳍末端到臀鳍起点，无鳞。背部在背鳍前、后各有 4~6 条暗褐色横斑条，沿侧线有一列圆形斑。鳔后室长筒形，膜壁增厚变硬，无弹性，其长度相当于 2~4 个脊椎骨。肠螺纹形。骨质鳔囊、次性征近似于岷县高原鳅。

生活习性：梭形高原鳅通常体长 104~108mm。栖息于急流石砾底河段，以刮食周丛藻类为食，兼食水生昆虫等。

分布范围：主要分布于长江上游支流。

4. 软刺裸裂尻 *Schizopygopsis malacanthus*

形态特征：体长，稍侧扁，头略圆钝，吻钝圆，口下位，几呈横裂。上、下唇在口角处相连，下唇细狭，唇后沟短，中断。下颌具锐利的角质边缘，无须，眼较小。体表几乎全部裸露，仅在胸鳍部上方、侧线之下、肩带后缘有 1~4 行不规则且不明显的鳞片；肛门和臀鳍两侧各有大鳞 1 行，向前达到腹鳍基部间的中点。

生活习性：冷水性鱼类。喜欢生活在浅水中，也常见于滩边洄水区或大石堆间流水较缓的地方，入冬则潜居于深潭、岩石缝中。适应性强，对生活条件没有严格的要求。

分布范围：栖息于高原宽谷河段及海拔较高的峡谷河流中，分布于雅砻江、金沙江水系上中游干支流。

5. 大渡软刺裸裂尻 *Schizopygopsis malacanthus chengi*

形态特征：体延长，稍侧扁，吻钝圆，口下位，横裂，下颌的长度稍大于眼径，前缘具有锐利的角质，下唇细狭，唇后沟中断，无须，体表裸露，仅在胸鳍基部上方。体背部青灰色或黄灰色，腹侧黄灰色或银灰色。腹鳍和臀鳍微带黄色，尾鳍浅灰色；在较大个体体侧有少数块状暗斑，有较小个体有少数小斑点。

生活习性：喜栖息于河底为砾石、水质澄清的支流。分批产卵，沉性卵。以藻类为食，还摄食水生昆虫等。

分布范围：主要分布于大渡河上游、青藏高原东部岷江水系上游干支流。

4.8.4.3 珍稀保护鱼类

青石爬鮡被《中国物种红色名录》评估为极危（CR）物种；黄石爬鮡为濒危（EN）物种。

4.8.5 鱼类食性

摄食是鱼类的重要生命活动之一，鱼类的摄食器官和体型等形态结构与所摄取的食物类型紧密相关。水域环境条件的改变将引起鱼类饵料生物种类的改变和丰度的波动，进而影响鱼类的生长发育和繁殖等生命过程。调查范围内鱼类根据食性可划分为以下几个类群：

（1）植物食性鱼类。主要摄食周丛藻类，包括裂腹鱼亚科的某些种类，它们的口裂较宽，近似横裂，下颌前缘多具有锋利的角质，适应于采用刮取生长于石头上的藻类的摄食方式，如齐口裂腹鱼、大渡软刺裸裂尻和软刺裸裂尻。

（2）动物食性鱼类。主要摄食底栖无脊动物，其口部常具有发达的触须或肥厚的唇，用以吸取食物。所摄取的食物，除少部分是生长在深潭和缓流河段泥沙底质中的摇蚊科幼虫和寡毛类外，多数是急流的砾石河滩石缝间生长的毛翅目、襀翅目和蜉蝣目昆虫的幼虫或稚虫。如高原鳅类等。

（3）杂食性鱼类：重口裂腹鱼、厚唇裸重唇鱼等。这些种类既摄食底栖动物、水生昆虫性饵料，又摄食藻类及植物的残渣、种子等。

4.8.6 鱼类繁殖习性

鱼类的繁殖习性往往具有种的特性，不同的物种或同一物种在不同的河流都有一定的差异，即繁殖策略上的差异。鱼类的繁殖策略差异主要源于物种对繁殖时间、繁殖场所的水文特征和河床底质特征的特殊要求。鱼类对于繁殖场所的要求主要包括水文情势（流速、流态、径流量等）、河床底质形态及水体透明度等环境因子，不同物种繁殖的水文要求是有差异的；依据产卵习性，色达县内的鱼类主要为产黏性卵鱼类，此类群鱼类多在春夏季节产卵，也有部分晚至秋季，且对产卵水域流态底质有不同的适应性，多数种类都需要一定的流水刺激。产出的卵或黏附于石砾、水草发育，或落于石缝间在激流冲刷下发育。如齐口裂腹鱼、重口裂腹鱼、厚唇裸重唇鱼等，还包括鳅科的高原鳅等。在繁殖具体时间和对产卵基质要求上略有差异的。

齐口裂腹鱼繁殖季节多在4—5月，水温11℃～16℃。齐口裂腹鱼在繁殖季节有短距离洄游习性，一般要上溯到栖息地以上江段产卵，将卵产于急流、浅滩的砂、砾石上。

重口裂腹鱼平时多生活于缓流的沱中，摄食季节在底质为沙和砾石、水流湍急的环境中活动，秋后向下游动，在河流的深坑或水下岩洞中越冬。生殖季节主要集中在8—9月，秋分为产卵盛期，产卵于水流较急的砾石河床中。

青石爬鮡和黄石爬鮡属于急流产卵鱼类，产卵多在夏季，渔民称多在入伏前后，最晚9月仍有产卵。雌、雄个体的外形区别在于，非生殖期雄性肛门后面具有生殖乳突。雄鱼具有特殊的交配器官，表现为发达的、延伸于体内并可伸缩的生殖乳突，雄鱼体内授精方式，其成熟卵的受精和产出是异步的。受精卵多产于流速湍急的河道乱石缝穴中，受精卵黏附在石块和砂粒上。

总体来讲，色达县内分布的鱼类大多在春、夏季产卵繁殖（5—8 月），以产黏性卵为主。

4.8.7　鱼类资源现状

色达县内河流发达，支流众多，河段湾沱多，分布一些急流、缓流和漫滩等，沿岸具有一些湾、沱、汊，河流生境异质性高，为适宜流水生境的鱼类栖息繁殖提供了一定的条件。本次调查共采集到鱼类 5 种，从渔获物组成的数量上看，该区域以大渡软刺裸裂尻（53%）和软刺裸裂尻（36%）等鱼类为主（表 4.8−2）；从种类组成上看色达县境内鱼类以适应流速生活的软刺裸裂尻和大渡软刺裸裂尻等为主。

表 4.8−2　色达境内主要河流渔获物组成情况

物种	体长范围（cm）	体重范围（g）	体重平均值	数量	数量百分比（%）
大渡软刺裸裂尻	6.7~35.6	4.6~604.2	83.33	48	53.00
软刺裸裂尻	12.0~34.5	23.2~464.6	115.02	33	36.00
厚唇裸重唇鱼	11.8~23.5	17.4~178.8	88.33	6	7.00
东方高原鳅	11.8	22.5	0.00	1	1.00
梭形高原鳅	9.2~10.5	8.7~11.2	9.73	3	3.00
合计				91	100.00

渔获物中，有国家二级保护物种 1 种，为厚唇裸重唇鱼；长江上游特有鱼类 2 种，为软刺裸裂尻和大渡软刺裸裂尻。本次调查渔获物占比见图 4.8−1。

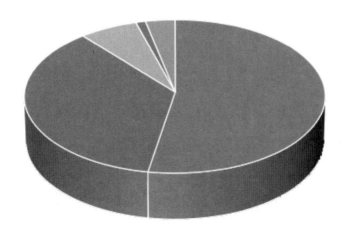

■大渡软刺裸裂尻■软刺裸裂尻■厚唇裸重唇鱼■东方高原鳅■梭形高原鳅

图 4.8−1　渔获物数量占比情况

对采集到的两种优势鱼类大渡软刺裸裂尻和软刺裸裂尻的体长、体重进行相关性分析，P 值皆小于 0.05。拟合上述两种鱼类的体长—体重回归关系，结果呈幂函数增长关系，符合 $W=aL^b$ 规律，关系式如图 4.8-2、图 4.8-3 所示。大渡软刺裸裂尻和软刺裸裂尻鱼类的 b 值分别为 2.87 和 2.86，近似于 3，皆为匀速生长，表明分布在色达县内的大渡软刺裸裂尻和软刺裸裂尻种群生长状态较好，暗示色达县水域生态环境的稳定性。

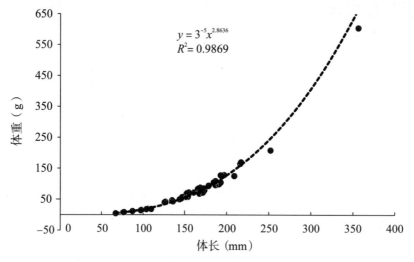

$$y = 3^{-5}x^{2.8636}$$
$$R^2 = 0.9869$$

图 4.8-2　大渡软刺裸裂尻体长—体重关系

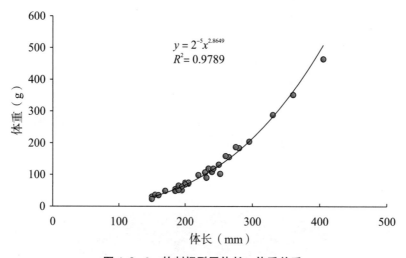

$$y = 2^{-5}x^{2.8649}$$
$$R^2 = 0.9789$$

图 4.8-3　软刺裸裂尻体长—体重关系

4.8.8　鱼类早期资源现状

本次调查采集的鱼苗数量超过 150 尾，主要分布在色曲洛若镇河段和杜柯河年龙乡河段。选取部分鱼苗进行形态及分子鉴定，结果显示，采集到的鱼苗为裂腹鱼亚科中的大渡软刺裸裂尻和高原鳅属梭形高原鳅（图 4.8-4）。

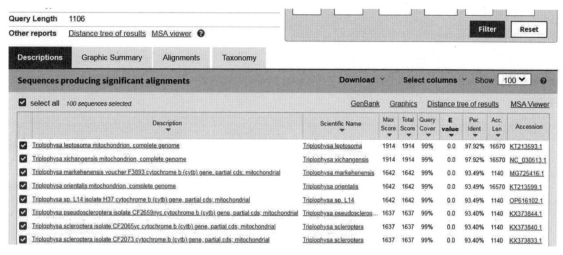

梭形高原鳅 *Triplophysa leptosoma*

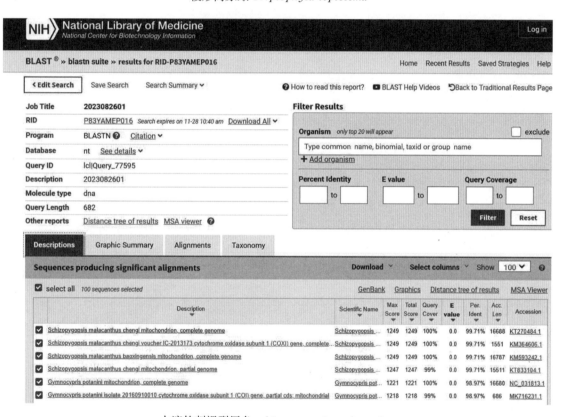

大渡软刺裸裂尻鱼 *schizopygopsis malacanthus*

图 4.8-4　分子生物学鉴定数据库比对结果

4.8.9　鱼类重要生境

调查鱼类的产卵场、索饵场和越冬场（以下简称"三场"）是了解色达县境内鱼类生活史对策和更好地保护鱼类生存繁衍的基础和前提。生活在其中的鱼类适应了河流中水文情势和微生境，它们在产卵繁殖场所、索饵环境以及在冬季越冬的环境相对较为固定。调查这些鱼类的产卵场、索饵场和越冬场是了解这些鱼类生活史的基础，也是有针对性地保护具有重要生态价值或学术价值鱼类的内容。

（1）产卵场。

一般来说，产卵场大致有急缓流交错河段、急流礁石滩河段、河道急转下静缓流水域等类型。在部分产漂流性卵鱼类产卵场特流态中，常有称为"泡漩水"的特征水流出现，其特点为水面呈现类似水被烧开的形态，某处水流自下而上翻滚，是由于水流冲击河底深潭或岩礁遇阻改变方向形成。

杜柯河年龙乡下游约 2.5km 河段生境

色曲洛若镇河段生境

洛若镇河段大渡软刺裸裂尻鱼苗

图 4.8－5　调查区域鱼类产卵生境

色达县内四条主要河流色曲、杜柯河、泥曲和达曲生境异质性均较高，有急流、缓流和静水等多样生境类型，河道宽阔，河道底质以卵石、砂砾、泥沙等为主，可为鳅科鱼类和裂腹鱼鱼类提供产卵场所（图 4.8－5）。例如，色曲洛若镇下游河段、杜柯河年龙乡下游约 2.5km 河段和泥曲泥朵镇河段水流速范围 1.0~2.0m/s（2023.07），水深 0.5~1.0m，底质为砾石和礁石，可为裂腹鱼产卵提供良好的栖息生境。调查期间在色曲洛若镇河段采集到数尾裂腹鱼幼鱼（后续通过分子生物学技术鉴定均为大渡软刺裸裂尻）。

（2）索饵场。

鱼类的索饵场与鱼类的摄食方式、类型和个体有关。成鱼和较大个体幼鱼的索饵场一般与其活动水域一致，只是觅食水层的深浅会随着水体透明度而改变。该区域土著鱼类多以周丛生物和底栖无脊椎动物为食，整个河段均为其索饵场。流速湍急的激流区主要为鳅科鱼类索饵区，相对缓流区河段是裂腹鱼类的主要索饵场，高原鳅等的索饵场主要在岸边浅水区及回水区。在色曲、达曲、杜柯河和泥曲的中上游河段，河面较宽，水流较缓，饵料生物相对丰富，是鱼类重要的育幼场所。

泥曲上游泥朵镇河段生境

达曲然充乡河段

图4.8-6 鱼类索饵场生境

（3）越冬场。

鱼类越冬场大多是在水体较宽而深的水域，多为河沱，洄水、微流水或流水，底质多为乱石或礁石，凹凸不平。根据调查，在色曲的色达县上游约2.5km河段有一库区是鱼类（大渡软刺裸裂尻）的典型越冬场；另外，只要水深能达到1.2m以上，底质多为乱石的深沱、深沟的地方，均可为鳅科和裂腹鱼等鱼类提供越冬场所。如图4.8-7所示。

色曲色达县城上游约 2.5km 库区生境

杜柯河年龙乡下游河段湾沱生境

图 4.8−7 色达境内鱼类主越冬场

4.9 浮游生物

浮游生物是一个生态学概念，泛指生活于水中而缺乏有效移动能力的微小生物，一般无运动能力或仅具备较弱的运动能力，不能做远距离的移动，也不足以抵拒水的流动力。浮游生物分为浮游植物和浮游动物两大类。浮游植物是水生态系统的初级生产者，浮游动物则是水生食物链中重要的中间环节，二者在物质循环和能量流动过程中均发挥着重要作用。浮游生物的种类组成、数量和多样性等群落特征常用于水生态系统环境的监测和评价。

4.9.1 物种组成

2023 年 7 月和 8 月两次采样共检出浮游植物 5 门 41 属 71 种（含变种与未定种），其中硅藻为主要类群，共 28 属 53 种；其次为绿藻 8 属 10 种、蓝藻 2 属 5 种；隐藻门、金藻种类较少，分别为 2 属 2 种和 1 属 1 种。从物种组成来看，与内陆的低海拔地区大多数河流中种类较多，且常以绿藻种类为主硅藻次之的现象不同，研究水域位于高海拔高山峡谷地带，温度低，水流速度快，浮游植物定居困难，因此种类少，且以耐寒硅藻为主。检出浮游动物 4 类 28 种（属/目），其中轮虫最多，为 16 种/属；其次为原生动物（8 种/属）、枝角类（2 属）、桡足类（2 目）。浮游动物种类数较少，也与调查水域气候环境特征符合。

4.9.2 空间分布格局

4.9.2.1 浮游植物现存量时空分布

2023 年 7 月，调查水域浮游植物密度均值为 2.30×10^6 cells/L，变化范围为 $11.86\times10^5\sim37.71\times10^5$ cells/L，以 0014 号泥曲最高，0048 号色曲最低（表 4.9-1）。四条河流均以硅藻占主要优势，占比范围 89.9%～97.7%（图 4.9-1）；浮游植物总密度以泥曲最高（均值 29.85×10^5 cells/L），杜柯河最低（均值 13.85×10^5 cells/L）。浮游植物生物量均值为 1.7213mg/L，变化范围为 0.6600～3.0429mg/L，以 0029 号达曲最高，0048 号色曲最低（表 4.9-2）；四条河流中，达曲浮游植物生物量最高（2.3253mg/L），色曲最低（0.9628mg/L）；硅藻在总生物量中所占比例为 98.5%～99.7%（图 4.9-2）。硅藻由于硅质细胞壁的存在，自身比重较大，一定的流速能够协助硅藻在水体中悬浮。研究水域均为流速较大的山区河流，硅藻在此类水体中优势较为明显。

表 4.9-1 两次采样各样点浮游植物密度分布（$\times10^5$ cells/L）

样点	蓝藻门		绿藻门		硅藻门		隐藻门		金藻门	
	7月	8月	7月	8月	7月	8月	7月	8月	7月	8月
0041	0	0	0	0	25.78	5.30	0	0	0	0
0029	5.34	0	0	0	21.71	7.20	0	0	0	0
0008	0	0	2.12	0.42	24.58	7.20	0	0	0.21	0
0014	0	0	0	0	37.71	9.80	0	0	0	0
0026	0	0	0.20	0	36.26	11.41	0	0	0	0
0051	0	1.02	0.61	0	17.72	6.72	0	0	0	0
0048	0	0	0	0	11.44	2.75	0.42	0	0	0
0068	0	0	0	0	18.38	4.03	0	0	0	0
0079	1.60	0	0	0	19.85	5.48	0	0	0	0
0102	0	0	0	0	23.97	9.29	0	0	0	0
0073	0	0	0	0	13.56	6.57	0	0	0	0
0084	0.64	0	0	0	13.50	8.02	0	0	0	0

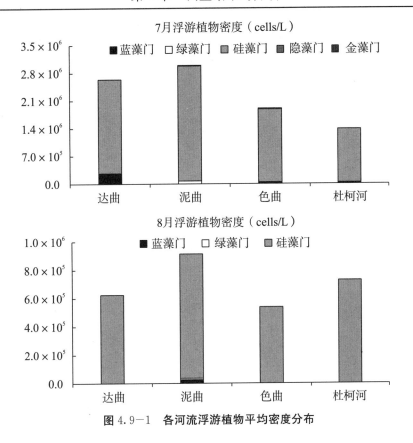

图 4.9-1　各河流浮游植物平均密度分布

2023 年 8 月，浮游植物密度均值为 $7.10\times10^5\,\mathrm{cells/L}$，变化范围为 $2.75\times10^5\sim11.41\times10^5\,\mathrm{ind/L}$，以 0026 号泥曲最高，0048 号色曲最低（表 4.9-1）。四条河流中，硅藻优势均比 7 月有所提升，占比范围为 96.1%～100.0%（图 4.9-1）；浮游植物总密度以泥曲最高（均值 $9.14\times10^5\,\mathrm{cells/L}$），色曲最低（均值 $5.39\times10^5\,\mathrm{cells/L}$），但各河流之间差异不大。浮游植物生物量均值为 0.4791mg/L，变化范围为 0.1596～0.7670mg/L，以 0026 号泥曲最高，0068 号色曲最低（表 4.9-2）；四条河流中，泥曲浮游植物生物量最高（0.6406mg/L），色曲最低（0.2632mg/L）；硅藻在总生物量中所占比例为 98.5%～99.7%（图 4.9-2）。

从时间上来看，浮游植物现存量 7 月高于 8 月，可能与 8 月降水较多有关。丰富的降水会造成山区河流水位变化频繁、流速增大，不利于浮游植物生存和定居。从空间上来看，泥曲和达曲浮游植物现存量较丰富，杜柯河与色曲略低。

表 4.9-2　各样点浮游植物生物量分布（mg/L）

样点	蓝藻门		绿藻门		硅藻门		隐藻门		金藻门	
	7月	8月	7月	8月	7月	8月	7月	8月	7月	8月
0041	0	0	0	0	1.6076	0.4701	0	0	0	0
0029	0.0683	0	0	0	2.9745	0.6310	0	0	0	0
0008	0	0	0.0883	0.0038	2.4754	0.6992	0	0	0.0023	0
0014	0	0	0	0	2.5606	0.6623	0	0	0	0
0026	0	0	0.0224	0	2.6843	0.7670	0	0	0	0
0051	0	0.0051	0.0209	0	1.3006	0.4250	0	0	0	0
0048	0	0	0	0	0.6420	0.1659	0.0180	0	0	0

样点	蓝藻门		绿藻门		硅藻门		隐藻门		金藻门	
	7月	8月	7月	8月	7月	8月	7月	8月	7月	8月
0068	0	0	0	0	0.9553	0.1596	0	0	0	0
0079	0.0322	0	0	0	0.8460	0.2304	0	0	0	0
0102	0	0	0	0	1.3577	0.4971	0	0	0	0
0073	0	0	0	0	1.1779	0.4352	0	0	0	0
0084	0.0080	0	0	0	1.8128	0.5971	0	0	0	0

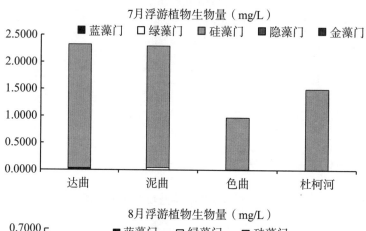

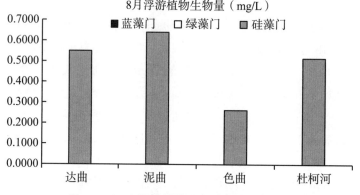

图 4.9-2　各河流浮游植物平均生物量分布

从浮游植物现存量来看，两次采样优势属均主要是硅藻，包括脆杆藻、等片藻、曲壳藻、桥弯藻、舟形藻（图 4.9-3），这些种类都是频繁扰动的浑浊型浅水水体的代表性种属，与调查水域水流速度快、水体含沙量大的环境状况相吻合。

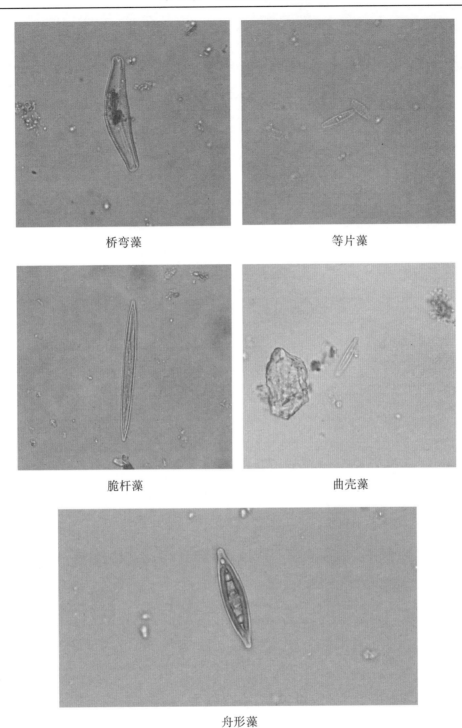

桥弯藻　　　　　　　　　　　　　等片藻

脆杆藻　　　　　　　　　　　　　曲壳藻

舟形藻

图 4.9-3　色达县浮游植物优势属

4.9.2.2　浮游动物现存量时空分布

两次调查水域浮游动物现存量均较低。7 月密度均值为 0.0628ind/L，最高为 0041 号达曲（0.2333ind/L），0026 号泥曲和 0079 号色曲定量样品中未检出浮游动物（表 4.9-3）；四条河流中以达曲浮游动物最多（0.1767ind/L），泥曲最少（0.03ind/L）（图 4.9-4）。8 月浮游动物现存量进一步减少，密度均值为 0.0333ind/L，以 0041 号达曲、0029 号达曲、0068 号色曲较多（均为 0.08ind/L），0026 号达曲、0079 号色曲、0102 号色曲未检出浮游动物；四条河流中，以达曲浮游动物最多（0.08ind/L），泥曲最少（0.015ind/L）。由于浮游动物现存量较低，无法衡量优势种属，常见种属包括匣壳虫、须足轮虫、轮虫、猛水蚤、尖额溞等（图4.9-5）。

研究水域浮游动物密度低，与研究水域水流速度快、水温低、营养水平较低有关，而8月降水频繁、水位涨落快、水流速度快，造成其现存量与7月相比进一步下降（图4.9-4）。

表4.9-3 各样点浮游动物密度分布（ind/L）

样点	枝角类		桡足类		轮虫		原生动物	
	7月	8月	7月	8月	7月	8月	7月	8月
0041	0.0333	0.0400	0.0667	0	0.1333	0.0400	0	0
0029	0	0	0	0	0.1200	0.0800	0	0
0008	0.0200	0.0200	0	0	0	0	0	0
0014	0	0	0	0	0	0	0.0400	0.0200
0026	0	0	0	0	0	0	0	0
0051	0	0	0	0	0	0	0.0600	0.0200
0048	0	0	0.0200	0.0200	0.0200	0.0200	0	0
0068	0	0	0.0200	0.0200	0.1000	0.0600	0	0
0079	0	0	0	0	0	0	0	0
0102	0	0	0	0	0.0200	0	0	0
0073	0.0200	0.0200	0	0	0.0200	0	0	0
0084	0	0	0.0200	0.0200	0	0	0.0400	0.0200

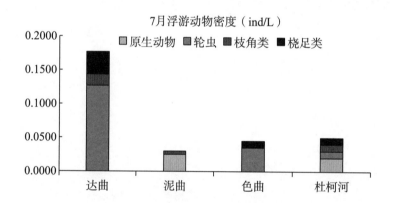

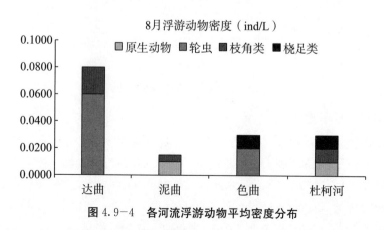

图4.9-4 各河流浮游动物平均密度分布

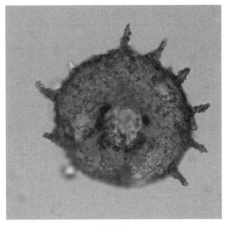

匣壳虫

须足轮虫

轮虫

猛水蚤

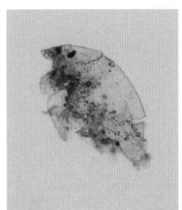

尖额溞

图 4.9－5 浮游动物常见属

4.9.3 多样性分析

2023 年 7 月，浮游植物 Shannon－Wiener 多样性指数（H）、均匀度指数（J）、物种丰富度指数（D）均值分别为 2.13、0.80、3.06，三者在各样点差异不大（表 4.9－4）。其中，H 以杜柯河 0084 号最高（2.42），达曲 0041 号最低（1.85）；J 以杜柯河 0073 号最高（0.87），达曲 0029 号最低（0.70）；D 以泥曲 0008 号最高（4.21），杜柯河 0073 号最低（2.16）。总体来看，四条河流中泥曲多样性略高（图 4.9－6）。2023 年 8 月，H、J、D 均值分别为 2.01、0.87、2.67。三者在各样点差异也不大，其中，H 以泥曲 0008 号最高（2.25），达曲 0041 号最低（1.81）；J 以色曲 0048 号最高（0.93），泥曲 0026 号最低（0.81）；D 以泥曲 0008 号最高（3.40），达曲 0041 号最低（2.15）。两次调查 Shannon－Wiener 多样性指数和物种丰富度指数均以 7 月略高，与前文提到的 8 月降水丰沛有关。

整体来看，调查水域 Shannon－Wiener 多样性指数与物种丰富度指数均较低，这与调查水域海拔高、水流速度快、水体含沙量大、水温低的环境状况吻合，因此不宜用于水质评价。综合浮游植物现存量、优势种属和均匀度指数进行评价，调查水域水质条件较好。

表4.9-4　两次调查各样点浮游植物多样性指数

样点	H		J		D	
	7月	8月	7月	8月	7月	8月
0041	1.85	1.81	0.74	0.87	2.33	2.15
0029	1.99	1.85	0.70	0.84	3.52	2.33
0008	2.34	2.25	0.77	0.88	4.21	3.40
0014	2.09	2.11	0.81	0.88	2.67	2.77
0026	2.28	2.13	0.76	0.81	3.66	3.23
0051	2.26	2.04	0.82	0.85	3.33	2.86
0048	2.28	1.82	0.82	0.93	3.85	2.34
0068	1.92	2.11	0.77	0.91	2.50	3.11
0079	1.92	1.83	0.83	0.88	2.01	2.20
0102	2.22	2.11	0.84	0.88	2.76	2.66
0073	2.00	1.82	0.87	0.83	2.16	2.33
0084	2.42	2.19	0.84	0.88	3.69	2.65

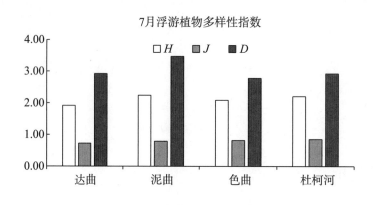

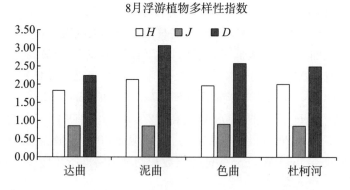

图4.9-6　两次调查各河流浮游植物多样性指数空间分布

4.9.4　小结

从物种组成和现存量来看，色达县重要水域浮游植物以耐寒、适应流水环境的硅藻为主，与研究水域位于高海拔高山峡谷地带、温度低、水流速度快等环境特征相适应。尽管从种类上来说不甚丰富，但浮游植物现存量维持在中等水平，可为滤食性动物提供较为丰富的饵料来源，是维持色达县水域生物多样性的基础。从时间上看，尽管两次调查只相隔一个月，但浮游植物群落已出现明显变化，尤其是现存量在 8 月有明显下降，与 8 月较多的降水有关。山区河流受降水影响，其水位、流速等会出现较大变化，显著影响浮游植物的生长和繁殖，是其多样性和分布的重要影响因素。

调查水域浮游动物种类和现存量均较少，符合水域环境特征。浮游动物以水中浮游植物、碎屑、微生物等为食，其分布和变化与浮游植物存在一定的一致性。由于降水的影响，其现存量、多样性等也出现了 8 月较低的趋势。

4.10 大型底栖无脊椎动物

大型底栖无脊椎动物（简称底栖动物）是水生生物中最丰富的类群之一，在参与河流中的物质循环、能量流动及水体修复等方面有着重要作用。底栖动物的种类和数量很多，且多样性指数丰富，它们的生存和分布与环境密切相关。环境条件（水质、水流量和水循环等）影响着底栖动物生长、繁殖等生命活动，进而影响其群落结构。除此之外，底栖动物对环境变化敏感，在遇到污染时最先消失，常作为反映溪流或河流生态系统健康的指示种。

在水生生态系统的食物链和食物网中，底栖动物处于中间位置，它们以周丛藻类、浮游生物、泥土、有机质等为食，反过来又作为鱼类等消费者的食物来源。在水生生态系统的物质循环与能量流动中起着重要的桥梁作用。由于底栖动物群落结构多样，生物指数类型丰富，对环境变化敏感，世代时间较长，易于采集和固定，且位于食物链的中间环节，能够兼顾藻类和鱼类的许多优点，因此是评价河流生态系统健康的重要指标。

4.10.1 物种组成

项目团队于 2023 年 7 月和 2023 年 8 月先后两次对色达县境内主要河流（达曲、泥曲、色曲和杜柯河）开展了底栖动物多样性取样调查工作，经鉴定共获得大型底栖动物共 12 种（属），隶属于 1 门 2 纲 5 目 11 科，其中水生昆虫 11 种，占总数的 91.67%；软甲纲 1 种。

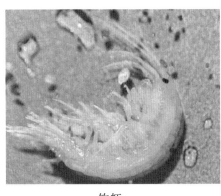
钩虾

石蝇

图 4.10-1 现场采集到的部分底栖动物

调查结果显示，不同样点间大型底栖动物种类空间分布差异较大（图 4.10-2）。具体表现为：0041 号达曲大型底栖动物种类最多，有 7 种，占总数 58.33%；其次是 0048 号色曲、0026 号泥曲和 0102 号色曲，各有 4 种，各占 33.33%；物种数最少的是 0084 号杜柯河和 0073 号杜柯河，各有

2种，各占16.67%。总体而言，色达县四条主要河流（色曲、杜柯河、泥曲和达曲）底栖动物种类组成差异不大，均以喜清洁水体的水生昆虫类群为主。

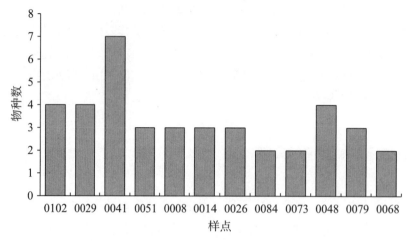

图4.10-2　不同样点大型底栖动物种类组成分布

底栖动物群落结构与生存环境息息相关，本次调查共采集底栖动物12种，几乎全部为水生昆虫类，其中以水生昆虫纲的扁蜉属（$Y=0.16$）和软甲纲的钩虾（$Y=0.41$）为区域优势种。

4.10.2　大型底栖动物密度与生物量组成

2023年7月，色达县内主要水域大型底栖动物全部为节肢动物，其平均密度和平均生物量分别为22.6179ind/m² 和1.0624g/m²（图4.10-3、图4.10-4）。其中，0029号密度最大，为66.4785ind/m²；生物量最大值位于0029号，为3.6110g/m²。色达县内主要河流各样点密度变化范围为3.4722～66.4785ind/m²，变化趋势为：达曲＞泥曲＞色曲＞杜柯河。图4.10-4显示了不同样点间生物量变幅为0.1342～3.6110g/m²。生物量的变化规律与密度一致，为达曲＞泥曲＞色曲＞杜柯河。

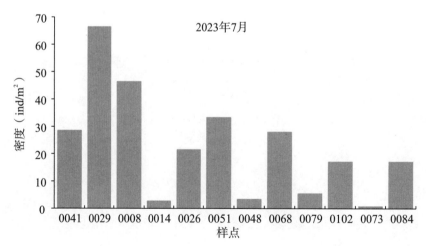

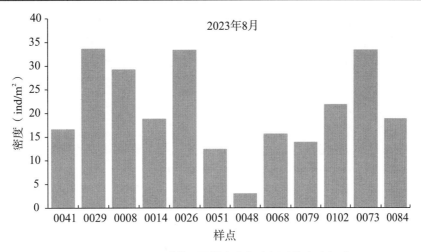

图 4.10-3　不同季节不同样点之间底栖动物密度组成

2023 年 8 月，色达县内主要水域大型底栖动物平均密度和平均生物量分别为 20.8467ind/m² 和 0.4593g/m²（图 4.10-1、图 4.10-2）。其中，在 0029 号密度最大，为 33.5980ind/m²；生物量最大点为 0068 号，为 0.9822g/m²。

色达县内主要河流各样点密度变化范围为 2.9795～33.5980ind/m²，变化趋势与 7 月调查结果基本一致。图 4.10-4 显示了不同样点间生物量变幅为 0.2348～0.9822g/m²。生物量的变化规律与 7 月调查结果基本一致，为达曲>泥曲>色曲>杜柯河。

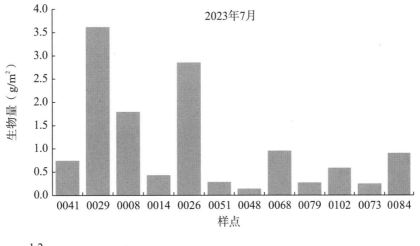

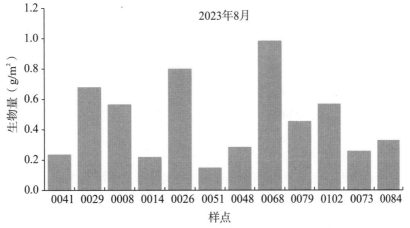

图 4.10-4　不同季节不同样点底栖动物生物量组成

　　总体而言，色达县重要水域大型底栖动物密度的两次调查结果差异不大，可能与采样时期在同一季节有关。8月生物量显著低于7月，这可能与调查期间8月持续降雨导致河流水位上涨有关。调查区域密度和生物量组成变化规律较为一致，为达曲>泥曲>色曲>杜柯河。

4.10.3　多样性分析

　　Shannon-Wiener多样性指数（H）、均匀度指数（J）、物种丰富度指数（D）计算结果分别介于0.52~1.33、0.44~0.91和0.50~1.29（表4.10-1）。

表4.10-1　不同样点生物多样性指数（平均值）

样点	D	H	J
0102	1.21	0.84	0.60
0029	0.66	1.00	0.91
0041	1.29	1.05	0.65
0051	0.78	0.93	0.85
0008	0.99	0.86	0.62
0014	1.31	0.73	0.45
0026	0.61	0.52	0.48
0084	0.60	0.52	0.47
0073	0.50	0.09	0.09
0048	0.88	1.33	0.96
0079	0.56	0.51	0.46
0068	1.00	0.61	0.44

　　色达县内大型底栖动物多样性指数见表4.10-1。其中，H最大值出现在0048号（色曲上游河段），为1.33；J最大值也在0048号，为0.96；0014号（泥曲上游河段）D值最大，为1.31。

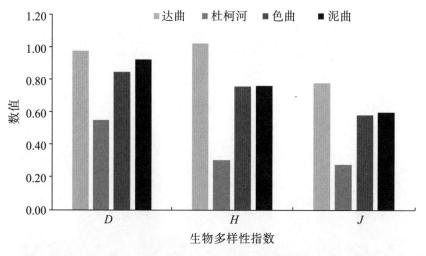

　　图4.10-5显示了色达县色曲、杜柯河、达曲、泥曲四条主要河流大型底栖动物生物多样性指数组成情况，其中，达曲生物多样性指数最高，杜柯河生物多样性指数最低。总体而言，色达县内主要河流大型底栖动物群落结构简单（全部为节肢动物），多样性指数不高，物种组成和分布与所处高海拔、低水温等环境是吻合的。

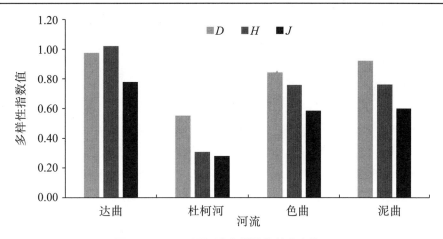

图 4.10-5　不同河流多样性指数分布情况

4.10.4　空间分布格局

底栖动物群落结构与生存环境栖息相关，不同河段所承载的环境压力、人类干扰和水电资源开发等因素的差异，导致不同区域大型底栖动物分布格局呈现出时空异质性。本次调查期间共采集大型底栖动物 12 种属。

已有研究表明，大型底栖动物的物种丰富度和多样性组成在地理梯度上呈现各自的规律特征，而温度是解释其变化规律的重要因素之一。本研究中，色达县内属于中、低纬度的高海拔、低温过渡区域，大型底栖动物种类组成以扁蜉、二翼蜉、二尾蜉和钩虾等数量最多，其中水生昆虫为绝对优势类群，优势分类单元相对丰度累计值达到 60％以上，在物种组成上与中纬度、低纬度区域具有较高的相似度，而与高纬度地区明显不同。在我国中纬度区域的溪流，大型底栖动物种类组成也以水生昆虫占主导优势，尤以喜好定殖清洁水溪流中的蜉蝣目幼虫数目最多，水生昆虫的相对丰度值累计达到 50％。位于我国低纬度区域的流溪河，其底栖动物组成以水生昆虫相对丰度最大。本次调查结果显示，色达县重点水域（达曲、泥曲、色曲和杜柯河）雅砻江上游和大渡河上游流域不同河段大型底栖动物季节性差异不大，可能与采样时期在同一季节（7 月和 8 月）有关。

已有研究表明，多数底栖动物都需要在底质上度过其大部分生活史，因此底质也是影响大型底栖动物群落分布的重要环境因子。一般而言，大型底栖动物物种多样性随底质异质性和稳定性增加而增大。底质类型、颗粒大小、表面构造和稳定性等都会对大型底栖动物产生影响。在达曲、泥曲、色曲和杜柯河上游段底质以卵石和砾石为主，微生境异质性高，为大型底栖动物特别是 EPT 类底栖动物提供了多样性的生存空间以及捕食、避险和繁衍的场所，有利于大型底栖动物抵御外界环境干扰并维系该区域微生态系统的稳定性。在上述河段河干流中下游河段，底质类型以小型卵石和细沙为主，基质孔滤性和异质性低，底质稳定性差，氧气通透性下降，直接降低了 EPT 类底栖动物的现存量。

4.11　周丛藻类

藻类是水体中的重要初级生产者，主要分为着生藻和浮游藻两大类。其中着生藻类又称为周丛藻类，是生长在水下各种基质（包括砾石、沙土、植物、树木残骸等天然基质）表面上的所有藻类，为底层鱼类等生物提供丰富的食物来源。周丛藻类群落的更新时间较短，对河流水化学和栖息地环境质量的变化反应迅速，且群落变化趋势的可预测性较强，同时物种多样性较高，群落结构特征具有较强的地域性，常作为河流生态状况的重要指示生物。

4.11.1 物种组成

本次野外调查两次共检出周丛藻类5门36属，与浮游植物组成情况类似，硅藻为主要类群，共19属；其次为蓝藻8属、绿藻7属；隐藻与金藻种类较少，各检出1属。硅藻是主要组成种类，符合研究水域高寒森林溪流藻类种类组成特征。硅藻新陈代谢能力强于其他浮游植物，低温条件下具有较宽生态位，能够适应低温生存环境，相较于其他藻类对色达境内重点水域环境更为适应，因此出现的种类数量较多。同时，硅藻具有很强的附生能力，可以直接附生在岩石上，水流的冲刷作用对藻类的增殖既有促进作用，又有抑制作用，当流速较慢时，产生促进作用；当流速过大时，会产生抑制作用。在调查水域环境状态下，硅藻具有较大的优势。总体来说，研究水域周丛藻类种类不甚丰富。研究水域处于高山峡谷地貌，山高沟深，水流速度快，泥沙含量较大，水温较低，水位变化大，水环境不稳定，不利于藻类定居。较少的物种数与环境状况符合，其群落结构趋于稳定。

4.11.2 空间分布格局

2023年7月，周丛藻类密度均值为 1.36×10^6 cells/cm²，变化范围为 $1.72 \times 10^4 \sim 8.71 \times 10^6$ cells/cm²，以色曲0079号最高，色曲0102号最低（表4.11-1）。四条河流中，色曲密度最高（均值 3.28×10^6 cells/cm²），且硅藻所占比例最大（74.2%），杜柯河最低（2.49×10^5 cells/cm²，图4.11-1）。除达曲以丝状蓝藻（57.7%）占优势外，其余三条河流均以硅藻占优势（54.1%～74.2%，图4.11-1）。生物量均值为 0.6885mg/cm²，变化范围 0.0065～5.2560mg/cm²，与密度分布相同，以色曲0079号最高，色曲0102号最低（表4.11-2）。四条河流中，色曲生物量最高（均值 1.7884mg/cm²），杜柯河最低（0.0962mg/cm²，图4.11-2）。

2023年8月，周丛藻类密度显著下降，均值为 2.72×10^5 cells/cm²，变化范围为 $8.31 \times 10^3 \sim 1.23 \times 10^6$ cells/cm²，以色曲0079号最高，色曲0102号最低（表4.11-1）。四条河流均以硅藻为主，其中色曲总密度最高（均值 6.12×10^5 cells/cm²），杜柯河最低（6.64×10^4 cells/cm²，图4.11-1）。生物量均值为 0.1127mg/cm²，变化范围 0.0044～0.4891mg/cm²，与密度分布相同，以色曲0079号最高，色曲0102号最低（表4.11-2）。四条河流中，色曲生物量最高（均值 0.2497mg/cm²），杜柯河最低（0.0292mg/cm²，图4.11-2）。

表 4.11-1 两次调查各样点周丛藻类密度分布（$\times 10^5$ cells/cm²）

样点	蓝藻门		绿藻门		硅藻门		隐藻门		金藻门	
	7月	8月	7月	8月	7月	8月	7月	8月	7月	8月
0041	6.90	0.45	0.08	0	3.64	1.10	0	0	0	0
0029	0	0	0.01	0	1.33	0.61	0.01	0	0.01	0
0008	0.04	0.02	0	0	0.46	0.21	0	0	0	0
0014	1.51	0.27	0	0	6.31	2.58	0	0	0	0
0026	3.70	0.34	0	0	3.28	1.14	0	0	0	0
0051	0.03	0.02	0.03	0	0.32	0.13	0	0	0	0
0048	14.55	1.43	2.39	0.21	11.12	4.21	0	0	0	0

样点	蓝藻门		绿藻门		硅藻门		隐藻门		金藻门	
	7月	8月	7月	8月	7月	8月	7月	8月	7月	8月
0068	1.23	0.54	1.62	0.39	12.85	5.32	0	0	0	0
0079	11.67	1.46	2.33	0	73.06	10.82	0	0	0	0
0102	0	0	0.01	0	0.17	0.08	0	0	0	0
0073	0.18	0	0.51	0.06	0.97	0.32	0	0	0	0
0084	1.53	0.20	0.07	0.06	1.73	0.69	0	0	0	0

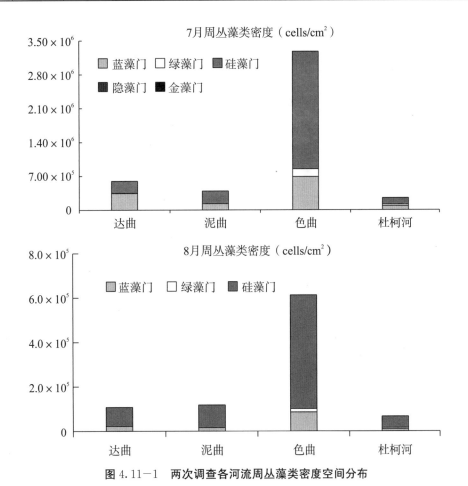

图 4.11－1　两次调查各河流周丛藻类密度空间分布

两次调查中，除 7 月达曲以丝状蓝藻占优势以外，其余河流均以硅藻占比最大，这可能是因为达曲研究河段的水流速度、营养条件较适合丝状蓝藻的增殖附生。

表 4.11－2　各样点周丛藻类生物量分布（mg/cm²）

样点	蓝藻门		绿藻门		硅藻门		隐藻门		金藻门	
	7月	8月	7月	8月	7月	8月	7月	8月	7月	8月
0041	0.0773	0.0045	0.0023	0	0.2043	0.0555	0	0	0	0
0029	0	0	0.0002	0	0.0363	0.0291	0.0005	0	0.0001	0
0008	0.0002	0.0001	0	0	0.0208	0.0076	0	0	0	0
0014	0.0191	0.0049	0	0	0.3093	0.1393	0	0	0	0

样点	蓝藻门		绿藻门		硅藻门		隐藻门		金藻门	
	7月	8月	7月	8月	7月	8月	7月	8月	7月	8月
0026	0.0613	0.0056	0	0	0.1656	0.0395	0	0	0	0
0051	0.0003	0.0002	0.0004	0	0.0182	0.0084	0	0	0	0
0048	0.0462	0.0050	0.3584	0.0107	0.4483	0.1667	0	0	0	0
0068	0.0134	0.0064	0.3391	0.0295	0.6859	0.2870	0	0	0	0
0079	0.1605	0.0242	2.0112	0	3.0843	0.4649	0	0	0	0
0102	0	0	0	0	0.0064	0.0044	0	0	0	0
0073	0.0004	0	0.0400	0.0045	0.0269	0.0117	0	0	0	0
0084	0.0282	0.0044	0.0068	0.0044	0.0899	0.0335	0	0	0	0

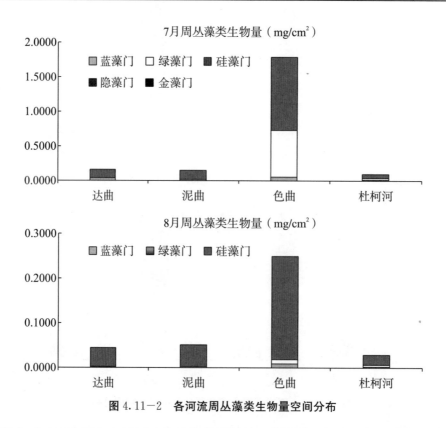

图 4.11-2　各河流周丛藻类生物量空间分布

从现存量来看，两次调查水域周丛藻类优势种属以硅藻为主，包括硅藻门脆杆藻、曲壳藻、桥弯藻、异极藻、等片藻、瑞氏藻等，7月还有绿藻门丝藻、蓝藻门颤藻和鞘丝藻（图 4.11-3）。藻类的生态需求会受水体温度、光照、水流、营养盐、牧食等多种因素影响，较多河流水系的藻类群落研究结果显示，其优势种类主要由硅藻组成，蓝藻和绿藻次之。当温度上升时，绿藻和蓝藻所占比例增加，而调查水域中优势属主要为硅藻，与调查期间较低的水温情况相符。优势硅藻在功能群分类中多属于 MP 功能群，适宜于经常受到搅动、无机、浑浊的水体；脆杆藻属于 P 功能群，一般栖息在 2~3 m 连续或半连续的水体混合层。研究水域均为流水状态，水流速度较快，混合均匀，泥沙含量较大，与优势藻类的生存环境特征相符。能耐受低光强环境，对泥沙悬浮造成的浑浊水体有较强适应性，极可能是硅藻成为优势种的关键条件。丝状绿藻和丝状蓝藻在弱紊动水体中生长，部分调查水域处于河湾，流速稍缓，适宜该藻类增殖。

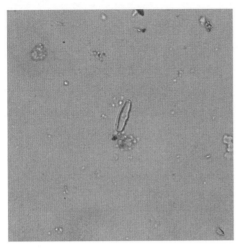

瑞氏藻

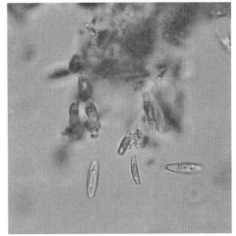

曲壳藻

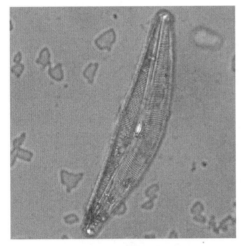

桥弯藻

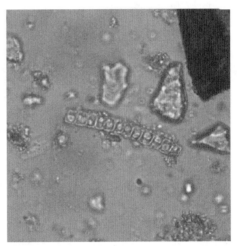

脆杆藻

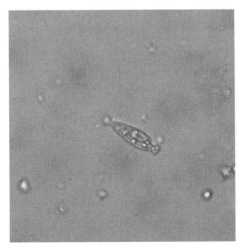

异极藻

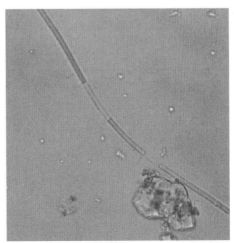

鞘丝藻

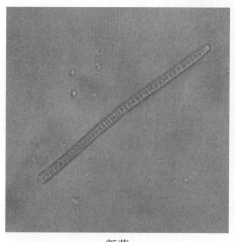 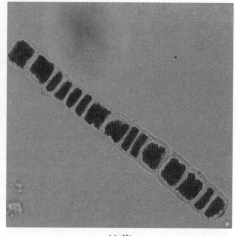

颤藻   丝藻

图 4.11-3　周丛藻类优势属

4.11.3　多样性分析

2023 年 7 月，周丛藻类 Shannon-Wiener 多样性指数（H）、均匀度指数（J）、物种丰富度指数（D）均值分别为 1.98、0.74 和 2.69，空间分布上差异不大（表 4.11-3）。其中，H 以泥曲 0026 号最高（2.22），达曲 0026 号最低（1.67）；J 以色曲 0102 号最高（0.93），达曲 0026 最低（0.60）；D 以杜柯河 0084 号最高（3.24），色曲 0102 号最低（2.24）。四条河流差异不显著，三种指数均不高（图 4.11-4）。

2023 年 8 月，多样性指数略有下降，H、J、D 均值分别为 1.86、0.78、2.37。其中，H 以色曲 0079 号最高（2.04），杜柯河 0073 号最低（1.46）；J 以色曲 0102 号最高（0.99），杜柯河 0073 号最低（0.66）；D 以杜柯河 0084 号最高（2.78），色曲 0102 号最低（1.82）。与 7 月一样，四条河流差异不显著，三种指数均不高（图 4.11-4）。

两次调查着生藻类多样性空间分布差异不明显，可能与两次调查时间相隔仅 1 个月，季节变化不显著有关。受到降水的影响，8 月多样性略低于 7 月。总体来说，与浮游植物一样，周丛藻类生物多样性指数均不高，这与调查水域水流速度快、水体含沙量大、水温低的环境状况相吻合，因此不宜用于水质评价。综合浮游植物现存量、优势种属进行评价，调查水域水质条件良好。

表 4.11-3　各样点周丛藻类多样性指数

样点	H		J		D	
	7 月	8 月	7 月	8 月	7 月	8 月
0041	2.10	1.89	0.74	0.79	3.13	2.66
0029	1.67	1.98	0.60	0.83	2.76	2.16
0008	2.11	1.90	0.88	0.83	2.45	2.34
0014	1.77	1.85	0.65	0.74	2.56	2.42
0026	2.22	1.93	0.80	0.78	2.77	2.56
0051	1.85	1.99	0.74	0.87	2.38	2.41
0048	1.92	1.66	0.68	0.69	2.75	2.08
0068	2.08	1.92	0.73	0.73	2.86	2.76

样点	H		J		D	
	7月	8月	7月	8月	7月	8月
0079	1.98	2.04	0.75	0.82	2.26	2.14
0102	2.14	1.93	0.93	0.99	2.24	1.82
0073	1.79	1.46	0.68	0.66	2.85	2.29
0084	2.10	1.70	0.74	0.68	3.24	2.78

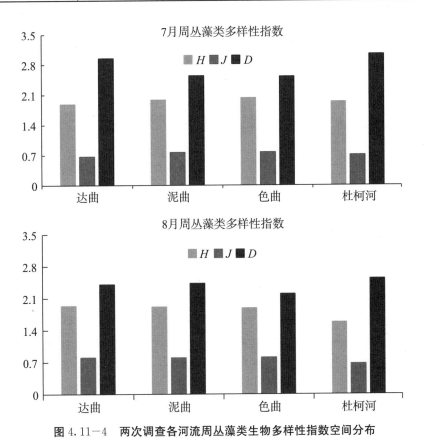

图 4.11-4　两次调查各河流周丛藻类生物多样性指数空间分布

4.11.4　小结

与浮游植物相似，色达县重要水域周丛藻类主要以耐寒、适应流水环境的硅藻为主，部分水域（如达曲）有丝状蓝藻优势，与研究水域的环境特征相适应。从种类上来说，调查水域周丛藻类种类不甚丰富，但现存量维持在较高水平，尤其是色曲，现存量明显高于其他三条河，可为底栖性鱼类等动物提供较为丰富的饵料来源，是维持色达县水域底层生物多样性的基础。四条河流中，色曲周丛藻类现存量明显高于其他三条河流，但其多样性并没有太大差异。8月开展的第二次调查中，周丛藻类现存量明显降低，多样性略有下降，与降水关系密切。山区河流受降水影响，其水位、流速等会出现较大变化，显著影响着生藻类在基质上的黏附和繁殖，是其多样性和分布的重要影响因素。

第5章　威胁因素分析与保护管理建议

5.1　生物多样性威胁因素分析

5.1.1　人类活动干扰

（1）畜牧业。

畜牧业是当地社区居民的主要收入来源。主要以牦牛为主，部分地区有马和羊。目前，色达县牦牛存栏量25万头，占甘孜州牦牛存栏量225万头的10％以上。长期以来，超载过牧尤其是季节性（春季）的草畜矛盾和区域性的超载过牧造成"人—草—畜"关系失衡和草地的大面积退化。畜牧业对陆生野生动物的影响主要表现为食物竞争，鲸偶蹄目野生动物受此类影响尤为明显。另外，放牧也伴随人为活动，而人为活动必然会对野生动物栖息地造成干扰。县域内放牧以游牧为主，时间集中在5—9月，部分区域有过牧现象。随着近几年牦牛价格上涨，居民为了创收，增加养殖数量，这对区域内的植被和野生动物的生活、繁衍造成影响。

畜牧业对水生生物的影响主要表现为牲畜粪便对水环境的污染。牲畜粪便通过多种途径进入水域生态系统，对水域环境和水生生物安全构成严重威胁，特别是水体的富营养化可导致生物多样性降低和有毒藻类（水华）产生。放牧过程中产生的粪便，在雨季通过地表径流将其带入水体，加剧了色达县内重要河流水环境的污染程度，通过食物链传递对水生生物多样性产生不利影响。

（2）采集活动。

色达县药用植物资源和菌类资源丰富，最著名的有贝母、虫草、菌类等。对这些药用植物和菌类的采集是农牧民增加收入的重要来源之一。虫草采集季节为5月底至7月初，采集地集中在高山；贝母采集季节为8—9月，采集地集中在草甸、灌丛；菌类采集季节主要为6—8月，采集地集中在草地。5—9月是万物生长的最佳季节，如果对虫草、贝母和菌类等资源进行无序采集，会影响各类生态系统，对野生动植物的栖息、繁衍带来一定影响。调查发现，当地乡镇政府和主管部门对这些药用植物和菌类的采集范围和时间都采取了限制措施。值得注意的是，随着当地旅游业的发展，交通条件的逐步改善，其他很多药用植物资源也开始利用，如雪莲、红景天等。随着采集品种和数量的逐步增加，将带来三个方面的隐患：一是干扰区内野生动物的活动；二是对药材和菌类资源的无序采集会造成资源量和品质的下降，此外还会产生火灾隐患。

（3）水利工程建设。

根据历史资料并结合本次野外调查结果可知，色达县内重点水域（色曲、达曲、杜柯河和泥曲）部分河段上修建了拦水坝等工程设施。这些水利工程建设运行对该区域水生生物产生了一定的不利影响，具体如下：

①水文情势变化对水生生物的影响。

　　色达境内重点水域水坝的建设运行使河流的水文状况发生改变，让原来的河流水生生态系统变成河流-水库型水生生态系统。已有研究显示，水库建成后，水体上层水温升高，使得绿藻等浮游植物快速生长，为原生动物和轮虫的生长与繁殖创造了有利条件，但导致蜉蝣、纹石蚕、石蝇等喜流水生境的底栖动物种类种群数量下降。水文情势的变化可导致鱼类繁殖时间推迟、幼鱼生长期缩短和生长速度减缓。另外，拦水坝建设使库区水位升高，不仅淹没原有鱼类产卵场，而且对水生生物产卵与繁殖需要的生长环境和水文条件造成破坏。色达县内色曲干流（色达大草原附近）已建成的拦水坝（2022 年完工运行）上游形成了一定面积的静水区域（图 5.1-1），随着工程运行时间的推移，会对部分鱼类的繁殖产卵产生一定的不利影响。

图 5.1-1　色曲干流上的水利工程设施

　　②阻隔对鱼类遗传多样性和种群结构的影响。

　　大坝建设运行阻隔鱼类上溯下行的通道，影响原河道内的鱼类繁殖、索饵等正常生命活动，导致水生生态系统的不连续，使得鱼类种群减少。同时，闸坝引起部分河段水生生境破碎化，阻碍了拦水坝上、下游水域水生生物群体之间的洄游交流，长期以来，可能会导致基因交流障碍，进而降低种群整体遗传多样性，鱼类物种的活力下降。

（4）旅游活动。

旅游开发中的工程建设将会对区域内野生动植物带来明显干扰，部分占地工程将直接改变地表覆盖物类型，降低局部生态功能结构。旅游开发完成后，游客进入游览区也可能会对区域内的动植物带来干扰。若对游客管理不当，还可能出现游客破坏野生植物、改变野生动物分布现状的现象。旅游活动对大多数动物具有干扰作用，旅游活动增强，会导致部分物种远离人为活动的区域，但部分物种对人为干扰不敏感，甚至喜欢到人为干扰的区域活动，如翁达一带的猕猴常到 G317 沿线和村落等人为活动较强的区域获得食物。

随着交通条件的改善，越来越多的游客来到色达县欣赏高原自然景观、攀登雪山、穿越原始森林、观察野生动物等。这些游客主要沿着国道 G317、G548 活动，无人组织与管理。随着游客越来越多，这势必会增加生态保护管理工作的难度，对县域生物多样性保护管理造成困扰。

（5）交通干扰。

色达县公路通车里程达 1448.72km，有国道 G317、G548 和县道、乡道纵横交错，交通干扰的影响表现为噪音干扰和致死效应。在汽车往来过程中产生的噪音会对周边动物产生直接影响，迫使部分野生动物远离道路区域、回避高车流量时段，这会影响动物的分布范围，改变其活动方式。同时，车辆流通会出现野生动物被碾压撞击致死的现象，直接影响野生动物的生存率。此外，大规模的路网建设，在短时间内改变了湿地、水域和森林的自然生态环境，野生动物可能不能适应如此巨大的环境变化，导致适宜栖息觅食地、产卵地减少甚至丧失。

5.1.2　自然威胁因素

自然灾害和近年来的极端气候致使生物多样性丧失程度逐步加深，环境因子的变化往往直接影响生物种群的变化和演替。

（1）气候变化。

色达县内有大面积的高寒湿地，最著名的就是泥拉坝湿地。2023 年 2 月，泥拉坝湿地列入《国际重要湿地名录》，成为继若尔盖、长沙贡玛湿地后，四川省第三处国际重要湿地。泥拉坝湿地位于青藏高原东南缘的甘孜色达，在泥拉坝湿地自然保护区边界之内，是世界海拔最高的典型高原内陆湿地之一，包括沼泽湿地、湖泊湿地、河流湿地三种湿地类型，总面积 60760.04hm²。泥拉坝湿地毗邻四川长沙贡玛湿地，共同成为"中华水塔"的重要组成部分，承接了高原山区冰雪融水与地表径流，既能为长江流域的大渡河和雅砻江流域的中下游发挥水源补给与生态蓄水的水文生态功能，也能控制地表侵蚀，从而平衡下游水量，调蓄洪水的功能。

气候变化会导致高原湿地的水位下降、面积减少、生物多样性降低、生态系统服务功能减弱。研究表明，气候变化可能会导致一些湿地物种数量减少或消失，从而影响高原湿地的生态平衡。另外，气候变化也会影响高原湿地的水文过程。例如，降雨量的减少和气温的升高可能会导致湿地水源的减少，从而影响湿地的蓄水量和水位。这可能会对高原湿地的生态系统和人类活动产生不利影响。

此外，气候变化对两栖类、爬行类动物的生存造成重大威胁。全球气温上升、干旱、极端天气和气候变化导致生态系统扰动，使得两栖类、爬行类动物的栖息地变得更加不稳定，威胁其繁殖和生存。

（2）鼠害。

川西北草原鼠害爆发于 20 世纪 80 年代初，到 20 世纪 90 年代初，四川省 3 亿多亩草原被划定为严重程度鼠害的面积达 4000 多万亩，集中在甘孜、阿坝高海拔地带。2010—2019 年，全省平均发生草原鼠害面积 280 万公顷，所有纯牧区县都有发生，甘孜、阿坝等川西北北部高寒草甸区最为集中和严重。草原上的老鼠取食牧草、啃食草根、破坏植被、打洞造成土地沙化，农牧民不堪其扰。这些害鼠主要为高原鼠兔、高原鼢鼠、高山姬鼠、玉龙绒鼠、青海田鼠、喜马拉雅旱獭等，其中高原鼠兔、高原鼢鼠为青藏高原特有物种，分布面积较大，对草原的破坏力较为严重。

草原害鼠对鲜草植被的破坏力惊人，它们以牧草为食，尤其喜欢啃食禾本科、豆科优良牧草。高原鼠兔日食量 77.3g，可达自身体重一半以上；高原鼢鼠日食量也非常惊人，每天吃下的食物几乎为其体重的 80％，甚至超过它的体重。草原害鼠四处打洞、垒土丘，最直接地破坏墒情（作物耕层土壤中含水量多寡的情况），进而影响植被出苗和生长，严重者将造成土地沙化，乃至形成寸草不生的黑土滩（鼠荒地的一个类型，高寒草甸土壤偏黑，草地植被受到严重破坏后土壤裸露），严重制约草地畜牧业发展。

此外，鼠害还传播疾病。草原上的老鼠通过跳蚤、接触等途径，可将鼠疫、泡型包虫病等多种疾病传播给人和家畜。

（3）森林草原火灾。

森林草原火灾发生过程中会烧毁大量林木草地，致死各类动物，直接减少森林和草地面积，导致生态系统失去平衡、生物量下降、生产力减弱。高强度的大火能破坏土壤的化学、物理性质，降低土壤的保水性和渗透性，使某些林地和低洼地的地下水位上升，引起沼泽化；同时，由于土壤表面炭化增温，还会加速火烧迹地干燥，导致阳性杂草丛生，不利于森林更新或造成耐极端生态条件的低价值森林更替。此外，由于地表森林的毁坏，将导致水土流失增大，同时造成空气污染和水污染。

（4）滑坡和泥石流。

县域内滑坡、泥石流等次生地质灾害主要发生在山区沟谷公路沿线。滑坡是指山坡在河流冲刷、降雨、地震、人工切坡等因素影响下，土层或岩层整体或分散地顺斜坡向下滑动的现象。泥石流是指在降水、溃坝或冰雪融化形成的地面流水作用下，在沟谷或山坡上产生的一种挟带大量泥砂、石块等固体物质的特殊洪流。滑坡或泥石流发生过程中会直接破坏地表植被，威胁地表生存的动植物，直接破坏局部生态系统结构。滑坡或泥石流发生后，地表覆盖物类型改变，若无人为恢复，则需长时间进行自然演替，局部生态系统脆弱。

5.2　保护管理建议

5.2.1　综合性建议

（1）继续加强环境污染治理，提升生物多样性执法强度，强化重点区域生物多样性保护与规划。

作为长江、黄河上游的生态屏障和"中华水塔"的重要组成部分，色达县要继续坚持"生态优先，绿色发展"，持续加大水源地保护、面源污染治理和水污染防治力度，确保"一江清水向东流"。

针对生产、生活产生的污染问题，建议进一步强化农村生活污染和农业面源污染治理，重点推进垃圾填埋场建设、土壤污染防治、农业废弃物规范化收集和畜禽粪污综合利用、拆除河道简易厕所、整治砂场、清理河道等工作，最大限度地减少面源污染。

继续加强生物多样性保护监测和执法力度，采取有效的动物栖息地保护措施，杜绝非法猎捕和杀害野生动物的行为发生。加强重点动物保护监测力度，推动实施动态监测、长期监测。加强对动物栖息地的保护，在后期的城镇发展规划中，应充分结合动物的分布现状和适合度，降低高生物多样性区域的开发力度，设置不同生态功能区，以降低对动物活动的干扰，满足其对栖息地生境的最低需求。同时，加强对已开发区域的植被修复，提高植被盖度和多样性，为野生动植物的生存提供良好的栖息环境，也为广大人民群众提供一个优美的生活环境。

高物种多样性区域是生物多样性保护和修复的重点区域，也是珍稀濒危及保护物种的重要栖息地。因此，需要当地政府部门采取最严格的保护制度和保护措施。

（2）建立和健全色达县生物多样性数据库，开展生物多样性长期监测。

生物多样性监测是一项长期工作。将丰富的生物数据与理化监测结果结合起来进行综合性指标评价，才能正确地发挥作用，从而得到符合实际的观测数据。

本次生物多样性调查发现，色达县此前生物多样性保护工作主要集中在年龙、泥拉坝、色曲河、果根塘等自然保护地范围内，保护地范围以外各生物类群监测数据研究较少且缺乏时效性，导致当地相关部门对这些区域生物多样性本底情况认知模糊，无法提出有针对性的保护措施。因此，色达县各主管部门需加强联动沟通，建立实时的色达县生物多样性数据库，将自然保护地以外的区域纳入监测范围，完善各类群物种数据，并通过后续濒危物种的专项调查等建立重要物种的长期动态监测机制，为色达县生物多样性保护和顶层设计提供数据基础。

在存在重点物种和类群的关键地区或较高生物多样性地区，选择布设长期监测与科研样地，开展系统性研究，调查种群动态、资源储量和物种的受威胁状况，达到保护受威胁物种、合理利用生物资源的目的。加强草原保护、泥炭湿地保护、水生环境保护、人工种草生态修复、天然草原改良、鼠虫害防治等重点领域的基础研究和科技攻关，加大生态修复的研究力度。

（3）持续加强生态保护宣传力度，提高全民保护意识。

将生物多样性保护作为生态文明建设的重要内容，积极推进在地方社区和学校开展生物多样性保护宣教活动，搭建更多的可供公众参与的生物多样性保护平台。通过张贴宣传标语、举办专题讲座、采用网络信息技术等方法，在全球生物多样性日、世界野生动植物日、爱鸟周等广泛开展野生动物保护的宣传活动，普及野生动植物保护法律知识，提高公众生物多样性保护意识。

5.2.2　各生物类群保护措施建议

5.2.2.1　高等植物

色达县野生生物主要受放牧、路桥建设、采集等一系列人类活动的影响，区域内植物多样性有一定程度的破坏。针对本次野外调查中发现的问题，提出如下建议：

（1）加强生态环境保护宣传力度，提高全民保护意识。

采取定期宣教的方式，对居民进行生物多样性方面的科普与培训，利用各种宣传手段，使居民认识到保护生态环境及野生动植物的重要性，建立主动保护意识。

（2）加强重点植物采集管控、监测与保护。

色达县国家重点保护植物大多是名贵药材，是采集活动的主要对象，因此需要强化对这些物种的采集管控，对采集范围、时间和强度等进行限制，以实现这些宝贵资源的可持续利用。此外，需加大对重点保护植物的科学研究力度，了解植物种群的数量、分布、生态需求等信息，为制定科学合理的保护措施提供依据。

（3）建立监测体系。

建立高等植物资源监测体系，定期对植物种群数量、分布、生长状况等进行监测，为保护工作提供科学依据。

5.2.2.2　植被

（1）禁止非法砍伐，禁止砍伐森林、植被、树木等，保护植被，减少对生态环境的破坏。加强植树造林，在荒山、荒地、退耕还林等地方植树造林，增加植被覆盖率，提高生态环境质量。加强植被保护是解决高原植被退化问题的关键。通过建立自然保护区和禁牧区，限制过度放牧和非法砍伐，严格落实退耕还林政策，逐步恢复和扩大植被覆盖面积。同时，加大对牧民的宣传教育力度，提高其环境保护意识，推动可持续的畜牧业发展，减少对植被的过度损害。

（2）实施生态修复，对已经破坏的植被进行生态修复，包括植树、种草、恢复湿地等，促进生态系统的平衡和稳定。

（3）加强对自然保护区的监管和管理，禁止非法砍伐、采矿、开垦等行为，保护自然生态系统的完整性和稳定性。

（4）加强植被保护宣传教育力度，提高公众对植被保护的意识和重视程度，鼓励公众积极参与植被保护工作。

（5）通过法律手段，对破坏植物资源的行为进行惩罚，提高公众对植物保护的重视程度。

（6）普及推广植物保护知识，通过各种渠道（如媒体、学校、社区等）向公众普及植物保护知识，提高公众对植物及其生态系统的认识和重视程度。

（7）加强对植物生态系统的研究，了解植物物种的分布、数量、生存状况等，为保护植物提供科学依据。

（8）开展植物保护国际合作，共同保护全球植物资源，防止植物物种的灭绝。

5.2.2.3　陆生哺乳类

色达县哺乳动物主要面临以下几个方面的威胁：一是栖息地退化或丧失。随着放牧强度的增加和城镇经济的快速发展，适宜哺乳动物栖息的自然生境面积逐年减少。二是公路和旅游基础设施的建设和旅游活动导致许多自然生境被人为分割成不同的区域，压缩了动物的生存空间及迁徙活动，在一定程度上形成了地理隔离，导致许多物种的分布呈现孤岛化现象，严重阻碍了动物基因的流动，从而降低了其遗传多样性。三是当地人的生产生活（放牧、采集活动等）和游客制造的噪声、光源等污染及不按照规定路线观光等对哺乳动物正常栖息生活造成严重干扰。

针对以上威胁因素，提出几点建议：一是注重非自然保护地区域哺乳动物的栖息地保护，在后期发展规划中，应充分结合动物的分布现状和适合度，减少对动物多样性较高地方的开发力度，设置不同生态功能区以降低对动物活动的干扰，满足其对栖息地生境的最低需求，同时对已开发区域裸露地面进行生态修复，提高植被的覆盖度和多样性，为野生动物的生存提供良好的栖息环境。二是加强旅游管理。规范游客的行为，按照规划好的路线旅游，以减少对动物日常活动的干扰。三是加强宣传教育，增强全民动物保护意识。可考虑结合保护野生动物的先进事迹和破坏野生动物保护的典型案件，进行正、反两方面的宣传教育，增强全民动物保护意识。

5.2.2.4　鸟类

色达县鸟类物种极为丰富，国家重点保护野生鸟类种群数量多、分布范围广，为进一步保护县域内鸟类多样性，保证资源可持续利用，提出以下保护建议：一是加强栖息地保护和修复。二是加强对重点保护和珍稀濒危鸟类的调查和监测，定期开展专项监测，重点调查珍稀濒危种类，及时掌握保护现状并建立档案。

5.2.2.5　两栖类和爬行类

针对两栖类和爬行类动物面临的威胁，提出以下保护建议：一是加强两栖类和爬行类动物保护和野生动物保护相关法律法规的宣传工作，增强群众的生物多样性保护意识和法律意识，采取多种措施（如开展讲座、知识竞赛、演讲等）宣传两栖类和爬行类动物的保护知识。二是加大执法力度，严厉打击偷猎、盗猎野生动物的行为，采取有效的动物栖息地保护措施，禁止随意砍伐森林、毁林开荒。三是在交通道路致死严重的道路架设警示牌，以提醒车辆减速慢行，减少路杀状况的发生。

5.2.2.6 水生生物

（1）加强水生生物资源保护宣传活动。

水生生物多样性保护如果缺乏公众的支持和参与是不可能顺利开展的。要向居民大力宣传《中华人民共和国野生动物保护法》《中华人民共和国渔业法》《中华人民共和国长江保护法》及"长江十年禁渔计划"对保护珍稀水生野生动物的重要意义，让更多的人参与色达县水生生物多样性保护行动，共创色达县"青山、绿水、鱼欢、人笑"的美丽景致。

（2）开展增殖放流，提高鱼类生物多样性。

鱼类增殖放流是水生生物资源保护和修复的重要手段，以增加色达县主要流域内野生鱼类的数量，尽可能降低人为干扰对水生生物多样性的影响，恢复天然渔业资源，保护水生生物多样性；改善自然水域生态环境，营造全社会保护生物资源与爱护环境的良好氛围。增殖放流活动也可推进本区域河流域生态文明建设。

（3）转变畜牧业发展模式。

以乡村振兴为契机，全面推进畜牧业向集约化、规模化、标准化转型升级，高标准、高起点建设的色达县牦牛现代农业园区打造集牧草种植、牦牛养殖、屠宰、精深加工、冷链物流、品牌打造、产品销售为一体的全产业链；通过建设"鲜草饲料"生产线，规模化种植人工饲草，彻底解决散养牦牛"夏饱、秋肥、冬瘦、春乏"的恶性循环，在提高经济效益的同时也能更好地保护生态环境。

（4）规范放生物种与强化养殖品种管理。

规范放生物种名录是维持色达县水生生物多样性的重要举措。相关主管部门应科学指导居民有序放生，加强对养殖品种的风险管控能力，预防养殖品种逃逸。

5.2.2.7 大型真菌

大型真菌是生态系统的重要组成部分，色达县大型真菌调查在此前是空白，本次野外调查时间短，覆盖面有限，但已有结果表明，色达县大型真菌物种丰富，本次野外调查发现疑似新种 3 个。建议对色达县大型真菌继续开展更加系统全面的调查。此外，县域内野生食用菌种类较多，少数物种天然产量大，具有一定开发利用价值，但当地居民对野生菌的认识极为有限，未能有效利用。建议在加大科普宣传力度的同时，合理开发利用当地野生食用菌。

5.2.2.8 昆虫

本次野外调查共发现昆虫 128 种，包括国家二级保护昆虫君主绢蝶。为更好地保护县域内昆虫资源，提出以下几点建议：

（1）进一步加强昆虫多样性调查研究。

色达县昆虫种类繁多，数量庞大，还有大量昆虫种类尚未被发现或命名，空白多，建议在本次野外调查成果的基础上，色达县相关部门和科研院所长期合作，继续对昆虫资源进行监测，不断完善色达县昆虫资源数据库。

（2）加强宣传教育。

昆虫多样性能否得到有效保护和利用，在很大程度上取决于公众的观念意识及其行为方式。要通过各种途径和方式进行宣传教育，强化和提高人们保护昆虫多样性的意识，从而有效保护和综合利用昆虫资源。

（3）对君主绢蝶开展专题研究。

君主绢蝶是国家二级保护野生动物，也是中国特有种，自然状态下仅分布于青藏高原、青海、四川、云南、甘肃等地。由于其栖息地遭受破坏和环境恶化，种群数量已经大幅减少。为了保护这一珍稀物种，需要采取一系列措施，加强对其栖息地的保护。建议在本次发现君主绢蝶的甲学镇建立观测点，对该物种进行长期监测和深入的科学研究，了解其种群数量和分布情况，及时发现和解决潜在威胁。

附录一　物种名录

1. 色达县高等植物名录

蕨类、裸子和被子植物名录

序号	科名	属名	中文名	拉丁名	保护级别	是否特有性	标本引证	数据资料来源
1	木贼科	木贼属	问荆	*Equisetum arvense* L.			SDX0017	本次考察标本
2	卷柏科	卷柏属	红枝卷柏	*Selaginella sanguinolenta*（L.）Spring			SDX0471	本次考察标本
3	凤尾蕨科	粉背蕨属	华北薄鳞蕨	*Aleuritopteris kuhnii*（Milde）Ching				CVH 数据库资料
4	鳞毛蕨科	鳞毛蕨属	近多鳞毛蕨	*Dryopteris komarovii* Kossinsky				CVH 数据库资料
5	鳞毛蕨科	耳蕨属	拉钦耳蕨	*Polystichum lachenense*（Hook.）Bedd.				CVH 数据库资料
6	鳞毛蕨科	耳蕨属	丽江耳蕨	*Polystichum lichiangense*（Wright）Ching ex H. S. Kung				CVH 数据库资料
7	鳞毛蕨科	耳蕨属	穆坪耳蕨	*Polystichum moupinense*（Franch.）Bedd.				CVH 数据库资料
8	水龙骨科	槲蕨属	川滇槲蕨	*Drynaria delavayi* Christ				本次考察图片
9	岩蕨科	岩蕨属	密毛岩蕨	*Woodsia rosthorniana* Diels				本次考察图片
10	麻黄科	麻黄属	藏麻黄	*Ephedra saxatilis* Royle ex Florin			SDX0404	本次考察标本
11	麻黄科	麻黄属	单子麻黄	*Ephedra monosperma* S. G. Gmel. ex Willd.				CVH 数据库资料
12	麻黄科	麻黄属	矮麻黄	*Ephedra minuta* Florin		√		CVH 数据库资料
13	松科	冷杉属	黄果冷杉	*Abies ernestii* Rehd.		√		CVH 数据库资料
14	松科	冷杉属	冷杉	*Abies fabri*（Mast.）Craib				林木种质资源报告
15	松科	冷杉属	鳞皮冷杉	*Abies squamata* Mast.				林木种质资源报告
16	松科	冷杉属	紫果冷杉	*Abies recurvata* Mast.		√		林木种质资源报告
17	松科	落叶松属	大果红杉	*Larix potaninii* var. *australis* A. Henry ex Handel－Mazzetti				林木种质资源报告
18	松科	落叶松属	落叶松	*Larix gmelinii*（Ruprecht）Kuzeneva				林木种质资源报告
19	松科	云杉属	紫果云杉	*Picea purpurea* Mast.		√	SDX0274	本次考察标本
20	松科	云杉属	云杉	*Picea asperata* Mast.		√		CVH 数据库资料

序号	科名	属名	中文名	拉丁名	保护级别	是否特有性	标本引证	数据资料来源
21	松科	云杉属	青扦	*Picea wilsonii* Mast.				CVH 数据库资料
22	松科	云杉属	川西云杉	*Picea likiangensis* var. *rubescens* Rehder & E. H. Wilson		√		林木种质资源报告
23	松科	云杉属	青海云杉	*Picea crassifolia* Kom.		√		林木种质资源报告
24	柏科	侧柏属	侧柏	*Platycladus orientalis* (Linn.) Franco				CVH 数据库资料
25	柏科	刺柏属	大果圆柏	*Juniperus tibetica* Kom.			SDX0057	本次考察标本
26	柏科	刺柏属	方枝柏	*Juniperus saltuaria* Rehder & E. H. Wilson		√		林木种质资源报告
27	柏科	刺柏属	高山柏	*Juniperus squamata* Buchanan－Hamilton ex D. Don		√		林木种质资源报告
28	柏科	刺柏属	密枝圆柏	*Juniperus convallium* Rehder & E. H. Wilson		√		林木种质资源报告
29	柏科	刺柏属	祁连圆柏	*Juniperus przewalskii* Komarov		√		林木种质资源报告
30	柏科	刺柏属	塔枝圆柏	*Sabina komarovii* Florin		√		林木种质资源报告
31	柏科	刺柏属	香柏	*Sabina pingii* var. *wilsonii* (Rehder) Silba				林木种质资源报告
32	眼子菜科	篦齿眼子菜属	篦齿眼子菜	*Stuckenia pectinata* (L.) Börner			SDX0279	本次考察标本
33	禾本科	剪股颖属	甘青剪股颖	*Agrostis hugoniana* Rendle		√		CVH 数据库资料
34	禾本科	三芒草属	三刺草	*Aristida triseta* Keng	Ⅱ			翁达总规
35	禾本科	短柄草属	羽状短柄草	*Agrostis nervosa* Nees ex Trin.			SDX0075	本次考察标本
36	禾本科	剪股颖属	泸水剪股颖	*Agrostis schneideri* Pilger				CVH 数据库资料
37	禾本科	剪股颖属	丽江剪股颖	*Agrostis sinorupestris* L. Liu ex S. M. Phillips & S. L. Lu				CVH 数据库资料
38	禾本科	剪股颖属	岩生剪股颖	*Avena fatua* var. *glabrata* Peterm.				CVH 数据库资料
39	禾本科	燕麦属	光秆野燕麦	*Brachypodium pinnatum* (L.) P. Beauv.		√	SDX0177	本次考察标本
40	禾本科	短柄草属	短柄草	*Brachypodium sylvaticum* (Huds.) P. Beauv.				CVH 数据库资料
41	禾本科	短柄草属	细珠短柄草	*Brachypodium sylvaticum* Beauv. var. *gracile* (Weigel) Keng				CVH 数据库资料
42	禾本科	短柄草属	小颖短柄草	*Brachypodium sylvaticum* var. *breviglume* Keng		√		CVH 数据库资料
43	禾本科	雀麦属	华雀麦	*Bromus sinensis* Keng		√		CVH 数据库资料
44	禾本科	雀麦属	雀麦	*Bromus japonicus* Thunb. ex Murr.		√		CVH 数据库资料
45	禾本科	雀麦属	梅氏雀麦	*Bromus mairei* Sennen & Mauricio		√		CVH 数据库资料
46	禾本科	雀麦属	多节雀麦	*Bromus plurinodis* Keng				CVH 数据库资料

序号	科名	属名	中文名	拉丁名	保护级别	是否特有性	标本引证	数据资料来源
47	禾本科	雀麦属	疏花雀麦	*Bromus remotiflorus*（Steud.）Ohwi		√		CVH 数据库资料
48	禾本科	雀麦属	旱雀麦	*Bromus tectorum* L.		√	SDX0181	本次考察标本
49	禾本科	沿沟草属	窄沿沟草	*Catabrosa aquatica* var. *angusta* Stapf in Hook. f.				CVH 数据库资料
50	禾本科	发草属	发草	*Deschampsia cespitosa*（L.）P. Beauv.		√	SDX0169	本次考察标本
51	禾本科	野青毛属	黄花野青茅	*Deyeuxia flavens* Keng				CVH 数据库资料
52	禾本科	野青茅属	糙野青茅	*Deyeuxia scabrescens*（Griseb.）Hook. f.		√		CVH 数据库资料
53	禾本科	野青毛属	小糙野青茅	*Deyeuxia scabrescens* var. *humilis*（Griseb.）Hook. f.		√		CVH 数据库资料
54	禾本科	毛蕊草属	毛蕊草	*Duthiea brachypodium*（P. Candargy）Keng & P. C. Keng				CVH 数据库资料
55	禾本科	披碱草属	老芒麦	*Elymus sibiricus* Linn.				CVH 数据库资料
56	禾本科	披碱草属	小颖鹅观草	*Elymus antiquus*（Nevski）Tzvelev				CVH 数据库资料
57	禾本科	披碱草属	芒颖鹅观草	*Elymus aristiglumis*（Keng & S. L. Chen）S. L. Chen				CVH 数据库资料
58	禾本科	披碱草属	短芒披碱草	*Elymus breviaristatus*（Keng）Keng f.				CVH 数据库资料
59	禾本科	披碱草属	短颖鹅观草	*Elymus burchan−buddae*（Nevski）Tzvelev				CVH 数据库资料
60	禾本科	披碱草属	圆柱披碱草	*Elymus dahuricus* var. *cylindricus* Franch.		√		CVH 数据库资料
61	禾本科	披碱草属	垂穗披碱草	*Elymus nutans* Griseb.			SDX0140	本次考察标本
62	禾本科	羊茅属	阿拉套羊茅	*Festuca alatavica*（Hack. ex St. −Yves）Roshev.				CVH 数据库资料
63	禾本科	羊茅属	长花羊茅	*Festuca dolichantha* Keng ex P. C. Keng				CVH 数据库资料
64	禾本科	羊茅属	素羊茅	*Festuca modesta* Steud.				CVH 数据库资料
65	禾本科	羊茅属	微药羊茅	*Festuca nitidula* Stapf				CVH 数据库资料
66	禾本科	羊茅属	羊茅	*Festuca ovina* Linn.				CVH 数据库资料
67	禾本科	羊茅属	紫羊茅	*Festuca rubra* Linn.				CVH 数据库资料
68	禾本科	羊茅属	中华羊茅	*Festuca sinensis* Keng ex S. L. Lu				CVH 数据库资料
69	禾本科	羊茅属	假羊茅	*Festuca valesiaca* subsp. *pseudovina*（Hack. ex Wiesbaur）Hegi				CVH 数据库资料
70	禾本科	山燕麦属	粗糙异燕麦	*Helictotrichon schmidii*（Hook. f.）Henr.		√		CVH 数据库资料
71	禾本科	山燕麦属	小颖异燕麦	*Helictotrichon schmidii* var. *parviglumum* Keng ex Z. L. Wu				CVH 数据库资料
72	禾本科	山燕麦属	藏异燕麦	*Helictotrichon tibeticum*（Roshev.）P. C. Keng				CVH 数据库资料
73	禾本科	扇穗茅属	扇穗茅	*Littledalea racemosa* Keng				CVH 数据库资料

序号	科名	属名	中文名	拉丁名	保护级别	是否特有性	标本引证	数据资料来源
74	禾本科	狼尾草属	白草	*Pennisetum flaccidum* Griseb.		√		CVH 数据库资料
75	禾本科	狼尾草属	干宁狼尾草	*Pennisetum qianningense* S. L. Zhong				CVH 数据库资料
76	禾本科	狼尾草属	陕西狼尾草	*Pennisetum shaanxiense* S. L. Chen & Y. X. Jin		√		CVH 数据库资料
77	禾本科	落芒草属	藏落芒草	*Piptatherum tibeticum* Roshev.		√		CVH 数据库资料
78	禾本科	早熟禾属	阿拉套早熟禾	*Poa albertii* Regel				CVH 数据库资料
79	禾本科	早熟禾属	波伐早熟禾	*Poa albertii* subsp. *poophagorum*（Bor）Olonova & G. H. Zhu				CVH 数据库资料
80	禾本科	早熟禾属	早熟禾	*Poa annua* L.			SDX0043	本次考察标本
81	禾本科	早熟禾属	渐尖早熟禾	*Poa attenuata* Trin.				本次考察图片
82	禾本科	早熟禾属	花丽早熟禾	*Poa calliopsis* Litv. ex Ovcz.				CVH 数据库资料
83	禾本科	早熟禾属	冷地早熟禾	*Poa crymophila* Keng ex C. Ling				CVH 数据库资料
84	禾本科	早熟禾属	长稃早熟禾	*Poa dolichachyra* Keng ex L. Liu		√		CVH 数据库资料
85	禾本科	早熟禾属	石生早熟禾	*Poa lithophila* Keng ex L. Liu				CVH 数据库资料
86	禾本科	早熟禾属	长颖早熟禾	*Poa longiglumis* Keng f. ex L. Liu				CVH 数据库资料
87	禾本科	早熟禾属	云生早熟禾	*Poa nubigena* Keng ex L. Liu		√		CVH 数据库资料
88	禾本科	早熟禾属	密花早熟禾	*Poa pachyantha* Keng ex S. Chen		√		CVH 数据库资料
89	禾本科	早熟禾属	宿生早熟禾	*Poa perennis* Keng ex L. Liu		√		CVH 数据库资料
90	禾本科	早熟禾属	多鞘早熟禾	*Poa polycolea* Stapf				CVH 数据库资料
91	禾本科	早熟禾属	草地早熟禾	*Poa pratensis* Linn.				CVH 数据库资料
92	禾本科	早熟禾属	细长早熟禾	*Poa prolixior* Rendle				CVH 数据库资料
93	禾本科	早熟禾属	毛颖早熟禾	*Poa pubicalyx* Keng ex L. Liu				CVH 数据库资料
94	禾本科	早熟禾属	中华早熟禾	*Poa sinattenuata* Keng ex L. Liu				CVH 数据库资料
95	禾本科	早熟禾属	华灰早熟禾	*Poa sinoglauca* Ohwi				CVH 数据库资料
96	禾本科	早熟禾属	四川早熟禾	*Poa szechuensis* Rendle				CVH 数据库资料
97	禾本科	早熟禾属	套鞘早熟禾	*Poa tunicata* Keng ex C. Ling				CVH 数据库资料
98	禾本科	早熟禾属	变色早熟禾	*Poa versicolor* Bess.				CVH 数据库资料
99	禾本科	细柄茅属	太白细柄茅	*Ptilagrostis concinna*（Hook. f.）Roshev.				CVH 数据库资料
100	禾本科	细柄茅属	双叉细柄茅	*Ptilagrostis dichotoma* Keng ex Tzvel.				CVH 数据库资料
101	禾本科	鹅观草属	短柄鹅观草	*Roegneria brevipes* Keng				CVH 数据库资料
102	禾本科	鹅观草属	垂穗鹅观草	*Roegneria nutans*（Keng）Keng				CVH 数据库资料
103	禾本科	三毛草属	三毛草	*Sibirotrisetum bifidum*（Thunb.）Barberá		√		CVH 数据库资料

序号	科名	属名	中文名	拉丁名	保护级别	是否特有性	标本引证	数据资料来源
104	禾本科	三毛草属	优雅三毛草	*Sibirotrisetum scitulum*（Bor ex Barberá）Barberá				CVH 数据库资料
105	禾本科	三毛草属	西伯利亚三毛草	*Sibirotrisetum sibiricum*（Rupr.）Barberá				CVH 数据库资料
106	禾本科	针茅属	异针茅	*Stipa aliena* Keng				CVH 数据库资料
107	禾本科	针茅属	疏花针茅	*stipa penicillata* Hand.－M22z.		√		CVH 数据库资料
108	禾本科	针茅属	紫花针茅	*Stipa purpurea* Griseb.		√		CVH 数据库资料
109	禾本科	针茅属	狭穗针茅	*Stipa regeliana* Hack.				CVH 数据库资料
110	禾本科	穗三毛草属	长穗三毛草	*Trisetum clarkei*（Hook. f.）R. R. Stewart				CVH 数据库资料
111	莎草科	扁穗草属	华扁穗草	*Blysmus sinocompressus* Tang & F. T. Wang			SDX0002	本次考察标本
112	莎草科	嵩草属	喜马拉雅嵩草	*Kobresia royleana*（Nees）Bocklr.		√		CVH 数据库资料
113	莎草科	嵩草属	矮生嵩草	*Kobresia humilis*（C. A. Mey. ex Trautv.）Sergiev				CVH 数据库资料
114	莎草科	嵩草属	赤箭嵩草	*Kobresia schoenoides*（C. A. Mey.）Steud.				CVH 数据库资料
115	莎草科	嵩草属	线叶嵩草	*Kobresia capillifolia*（Decne.）C. B. Clarke				CVH 数据库资料
116	莎草科	薹草属	木里薹草	*Carex muliensis* Hand.－Mazz.		√	SDX0298	本次考察标本
117	莎草科	薹草属	川滇薹草	*Carex schneideri* Nelmes		√	SDX0400	本次考察标本
118	莎草科	薹草属	尖鳞薹草	*Carex atrata* subsp. pullata（Boott）Kük. in Engler			SDX0297	本次考察标本
119	莎草科	薹草属	扁囊薹草	*Carex coriophora* Fisch. & C. A. Mey. ex Kunth			SDX0365	本次考察标本
120	莎草科	薹草属	膨囊薹草	*Carex lehmannii* Drejer			SDX0394	本次考察标本
121	莎草科	薹草属	青藏薹草	*Carex moorcroftii* Falc. ex Boott			SDX0299	本次考察标本
122	莎草科	薹草属	云雾薹草	*Carex nubigena* D. Don ex Tilloch & Taylor			SDX0154	本次考察标本
123	莎草科	薹草属	小薹草	*Carex parva* Nees in Wight			SDX0030	本次考察标本
124	莎草科	薹草属	高山嵩草	*Carex parvula* O. Yano			SDX0398	本次考察标本
125	莎草科	薹草属	黑褐穗薹草	*Carex atrofusca* subsp. minor（Boott）T. Koyama				本次考察图片
126	莎草科	薹草属	尾穗嵩草	*Carex cercostachys* Franch.				本次考察图片
127	莎草科	薹草属	尖苞薹草	*Carex microglochin* Wahlenb.				本次考察图片
128	莎草科	薹草属	西藏嵩草	*Carex tibetikobresia* S. R. Zhang				本次考察图片
129	莎草科	薹草属	不丹嵩草	*Carex bhutanensis* S. R. Zhang				CVH 数据库资料

序号	科名	属名	中文名	拉丁名	保护级别	是否特有性	标本引证	数据资料来源
130	莎草科	薹草属	藏东薹草	*Carex cardiolepis* Nees				CVH 数据库资料
131	莎草科	薹草属	单性薹草	*Carex unisexualis* C. B. Clarke				CVH 数据库资料
132	莎草科	薹草属	低矮薹草	*Carex humilis* Leyss.				CVH 数据库资料
133	莎草科	薹草属	红嘴薹草	*Carex haematostoma* Nees				CVH 数据库资料
134	莎草科	薹草属	双柱苔草	*Carex neodigyna* P. C. Li				CVH 数据库资料
135	莎草科	薹草属	四川嵩草	*Kobresia setchwanensis* Hand. -Mazz.				CVH 数据库资料
136	莎草科	薹草属	无脉苔草	*Carex enervis* C. A. Mey.				CVH 数据库资料
137	莎草科	薹草属	云雾苔草	*Carex nubigena* D. Don				CVH 数据库资料
138	莎草科	细莞属	细莞	*Isolepis setacea* (L.) R. Br.			SDX0190	本次考察标本
139	天南星科	天南星属	皱序南星	*Arisaema concinum* Schott		√		CVH 数据库资料
140	水麦冬科	水麦冬属	水麦冬	*Triglochin palustris* L.			SDX0220	本次考察标本
141	灯心草科	地杨梅属	穗花地杨梅	*Luzula spicata* (L.) DC.				本次考察图片
142	灯心草科	灯芯草属	粗状灯芯草	*Juncus crassistylus* A. Camus		√		CVH 数据库资料
143	灯心草科	灯芯草属	葱状灯芯草	*Juncus allioides* Franch.			SDX0315	本次考察标本
144	灯心草科	灯芯草属	喜马灯芯草	*Juncus himalensis* Klotzsch			SDX0224	本次考察标本
145	灯心草科	灯芯草属	甘川灯心草	*Juncus leucanthus* Royle ex D. Don				CVH 数据库资料
146	灯心草科	灯芯草属	枯灯心草	*Juncus sphacelatus* Decne.				CVH 数据库资料
147	灯心草科	灯芯草属	展苞灯心草	*Juncus thomsonii* Buchen.				CVH 数据库资料
148	百合科	菝葜属	鞘柄菝葜	*Smilax stans* Maxim.				林木种质资源报告
149	百合科	假百合属	假百合	*Notholirion bulbuliferum* (Lingelsh.) Stearn				CVH 数据库资料
150	百合科	贝母属	甘肃贝母	*Fritillaria przewalskii* Maxim.	II	√	SDX0361	本次考察标本
151	百合科	贝母属	梭砂贝母	*Fritillaria delavayi* Franch.	II			CVH 数据库资料
152	百合科	黄精属	康定玉竹	*Polygonatum prattii* Baker		√	SDX0473	本次考察标本
153	百合科	黄精属	湖北黄精	*Polygonatum zanlanscianense* Pamp.		√	SDX0346	本次考察标本
154	百合科	天门冬属	羊齿天门冬	*Asparagus filicinus* D. Don			SDX0479	本次考察标本
155	石蒜科	葱属	野黄韭	*Allium rude* J. M. Xu		√	SDX0380	本次考察标本
156	石蒜科	葱属	高山韭	*Allium sikkimense* Baker				CVH 数据库资料
157	鸢尾科	鸢尾属	锐果鸢尾	*Iris goniocarpa* Baker			SDX0403	本次考察标本
158	鸢尾科	鸢尾属	卷鞘鸢尾	*Iris potaninii* Maxim.				CVH 数据库资料
159	兰科	角盘兰属	叉唇角盘兰	*Herminium lanceum* (Thunb. ex Sw.) Vuijk				CVH 数据库资料
160	兰科	角盘兰属	角盘兰	*Herminium monorchis* (Linn.) R. Br.				CVH 数据库资料
161	兰科	舌喙兰属	扇唇舌喙兰	*Hemipilia flabellata* Bureau & Franch.		√		本次考察图片

序号	科名	属名	中文名	拉丁名	保护级别	是否特有性	标本引证	数据资料来源
162	兰科	手参属	西南手参	*Gymnadenia orchidis* Lindl.	II		SDX0334	本次考察标本
163	兰科	手参属	手参	*Gymnadenia conopsea*（L.）R. Br.	II			翁达总规
164	兰科	小红门兰属	华西小红门兰	*Ponerorchis limprichtii*				翁达总规
165	兰科	杓兰属	西藏杓兰	*Cypripedium tibeticum* King ex Rolfe	II			翁达总规
166	兰科	杓兰属	紫点杓兰	*Cypripedium guttatum* Sw.	II			翁达总规
167	杨柳科	柳属	康定柳	*Salix paraplesia* C. K. Schneid			SDX0218	本次考察标本
168	杨柳科	柳属	白背柳	*Salix balfouriana* Schneid.		√		林木种质资源报告
169	杨柳科	柳属	白柳	*Salix alba* L.		√		林木种质资源报告
170	杨柳科	柳属	杯腺柳	*Salix cupularis* Rehd.				林木种质资源报告
171	杨柳科	柳属	迟花柳	*Salix opsimantha* Schneid.				林木种质资源报告
172	杨柳科	柳属	齿叶柳	*Salix denticulata* Anderss.		√		林木种质资源报告
173	杨柳科	柳属	川鄂柳	*Salix fargesii* Burk.		√		林木种质资源报告
174	杨柳科	柳属	密齿柳	*Salix characta* Schneid.				林木种质资源报告
175	杨柳科	柳属	山生柳	*Salix oritrepha* Schneid.				林木种质资源报告
176	杨柳科	柳属	匙叶柳	*Salix spathulifolia* Seemen ex Diels				林木种质资源报告
177	杨柳科	柳属	丝毛柳	*Salix luctuosa* Lévl.		√		林木种质资源报告
178	杨柳科	柳属	汶川柳	*Salix ochetophylla* Gorz				林木种质资源报告
179	杨柳科	柳属	乌柳	*Salix cheilophila* Schneid.		√		林木种质资源报告
180	杨柳科	柳属	腺柳	*Salix chaenomeloides* Kimura				林木种质资源报告
181	杨柳科	柳属	新山生柳	*Salix neoamnematchinensis* T. Y. Ding & C. F. Fang				林木种质资源报告
182	杨柳科	柳属	银背柳	*Salix ernestii* C. K. Schneider		√		林木种质资源报告
183	杨柳科	柳属	硬叶柳	*Salix sclerophylla* Anderss.				林木种质资源报告
184	杨柳科	柳属	长花柳	*Salix longiflora* Anderss.				林木种质资源报告
185	杨柳科	杨属	青杨	*Populus cathayana* Rehder				本次考察图片
186	杨柳科	杨属	北京杨	*Populus ×beijingensis* W. Y. Hsu				林木种质资源报告
187	杨柳科	杨属	康定杨	*Populus kangdingensis* C. Wang et Tung		√		林木种质资源报告
188	杨柳科	杨属	山杨	*Populus davidiana* Dode		√		林木种质资源报告
189	杨柳科	杨属	银白杨	*Populus alba* L.				林木种质资源报告
190	桦木科	桦木属	白桦	*Betula platyphylla* Suk.		√		林木种质资源报告
191	桦木科	桦木属	红桦	*Betula albosinensis* Burkill				林木种质资源报告
192	壳斗科	栎属	川滇高山栎	*Quercus aquifolioides* Rehd. et Wils.				林木种质资源报告

续表

序号	科名	属名	中文名	拉丁名	保护级别	是否特有性	标本引证	数据资料来源
193	榆科	榆属	金叶垂榆	*Ulmus pumila* 'Tenue'		√		林木种质资源报告
194	荨麻科	冷水花属	亚高山冷水花	*Pilea racemosa*（Royle）Tuyama			SDX0273	本次考察标本
195	荨麻科	冷水花属	透茎冷水花	*Pilea pumila* Liebm.				CVH 数据库资料
196	荨麻科	墙草属	墙草	*Parietaria micrantha* Ledeb.				CVH 数据库资料
197	荨麻科	荨麻属	毛果荨麻	*Urtica triangularis* subsp. trichocarpa C. J. Chen		√	SDX0106	本次考察标本
198	檀香科	油杉寄生属	云杉寄生	*Arceuthobium sichuanense*（H. S. Kiu）Hawksw. & Wiens			SDX0065	本次考察标本
199	蓼科	萹蓄属	萹蓄	*Polygonum aviculare* L.				本次考察图片
200	蓼科	萹蓄属	冰川蓼	*Polygonum glaciale*（Meisn.）Hook. f.				CVH 数据库资料
201	蓼科	萹蓄属	褐鞘萹蓄	*Polygonum fusco−ochreatum* Kom.				CVH 数据库资料
202	蓼科	萹蓄属	细茎蓼	*Polygonum filicaule* Wall. ex Meisn.				CVH 数据库资料
203	蓼科	冰岛蓼属	华蓼	*Koenigia cathayana*（A. J. Li）T. M. Schust. & Reveal		√	SDX0300	本次考察标本
204	蓼科	冰岛蓼属	硬毛蓼	*Koenigia hookeri*（Meisn.）T. M. Schust. & Reveal			SDX0458	本次考察标本
205	蓼科	冰岛蓼属	冰岛蓼	*Koenigia islandica* L.			SDX0258	本次考察标本
206	蓼科	冰岛蓼属	柔毛蓼	*Koenigia pilosa* Maxim.			SDX0037	本次考察标本
207	蓼科	大黄属	疏枝大黄	*Rheum kialense* Franch.		√	SDX0141	本次考察标本
208	蓼科	大黄属	歧穗大黄	*Rheum przewalskyi* Losinsk.		√	SDX0328	本次考察标本
209	蓼科	大黄属	矮大黄	*Rheum pumilum* Maxim.		√		CVH 数据库资料
210	蓼科	大黄属	鸡爪大黄	*Rheum tanguticum* Maxim. ex Regel				本次考察图片
211	蓼科	蓼属	尼泊尔蓼	*Persicaria nepalensis*（Meisn.）H. Gross				CVH 数据库资料
212	蓼科	拳参属	圆穗蓼	*Bistorta macrophylla*（D. Don）Soják			SDX0085	本次考察标本
213	蓼科	拳参属	珠芽蓼	*Bistorta vivipara*（L.）Gray			SDX0183	本次考察标本
214	蓼科	酸模属	长叶酸模	*Rumex longifolius* DC.				CVH 数据库资料
215	蓼科	酸模属	酸模	*Rumex acetosa* L.			SDX0011	本次考察标本
216	蓼科	酸模属	羊蹄	*Rumex japonicus* Houtt.			SDX0348	本次考察标本
217	蓼科	酸模属	尼泊尔酸模	*Rumex nepalensis* Spreng.				本次考察图片
218	蓼科	酸模属	网果酸模	*Rumex chalepensis* Mill.				CVH 数据库资料
219	蓼科	酸模属	小酸模	*Rumex acetosella* Linn.				CVH 数据库资料
220	蓼科	西伯利亚蓼属	西伯利亚蓼	*Knorringia sibirica*（Laxm.）Tzvelev			SDX0227	本次考察标本

序号	科名	属名	中文名	拉丁名	保护级别	是否特有性	标本引证	数据资料来源
221	苋科	藜属	藜	*Chenopodium album* L.			SDX0174	本次考察标本
222	苋科	地肤属	地肤	*Bassia scoparia*（L.）A. J. Scott			SDX0059	本次考察标本
223	苋科	腺毛藜属	菊叶香藜	*Dysphania schraderiana*（Roem. & Schult.）Mosyakin & Clemants			SDX0491	本次考察标本
224	石竹科	繁缕属	千针万线草	*Stellaria yunnanensis* Franch.		√	SDX0076	本次考察标本
225	石竹科	繁缕属	湿地繁缕	*Stellaria uda* F. N. Williams		√		CVH 数据库资料
226	石竹科	繁缕属	箐姑草	*Stellaria vestita* Kurz			SDX0156	本次考察标本
227	石竹科	孩儿参属	异花孩儿参	*Pseudostellaria heterantha*（Maxim.）Pax				CVH 数据库资料
228	石竹科	卷耳属	缘毛卷耳	*Cerastium furcatum* Cham. & Schltdl.			SDX0041	本次考察标本
229	石竹科	老牛筋属	甘肃雪灵芝	*Eremogone kansuensis*（Maxim.）Dillenb. & Kadereit		√	SDX0246	本次考察标本
230	石竹科	老牛筋属	青藏雪灵芝	*Eremogone roborowskii*（Maxim.）Rabeler & W. L. Wagner				CVH 数据库资料
231	石竹科	女娄菜属	囊萼女娄菜	*Melandrium nigrescens*（Edgew.）F. N. Williams				CVH 数据库资料
232	石竹科	石竹属	高山瞿麦	*Dianthus superbus* subsp. alpestris Kablík. ex Čelak.			SDX0252	本次考察标本
233	石竹科	石竹属	瞿麦	*Dianthus superbus* L.				CVH 数据库资料
234	石竹科	无心菜属	大花福禄草	*Arenaria smithiana* Mattf.		√		本次考察图片
235	石竹科	蝇子草属	多裂腺毛蝇子草	*Silene herbilegorum*（Bocquet）Lidén et Oxelman		√		CVH 数据库资料
236	石竹科	蝇子草属	细蝇子草	*Silene gracilicaulis* C. L. Tang		√	SDX0331	本次考察标本
237	石竹科	蝇子草属	喜马拉雅蝇子草	*Silene himalayensis*（Rohrb.）Majumdar			SDX0062	本次考察标本
238	石竹科	蝇子草属	变黑蝇子草	*Silene nigrescens*（Edgew.）Majumdar			SDX0368	本次考察标本
239	石竹科	蝇子草属	尼泊尔蝇子草	*Silene nepalensis* Majumdar				CVH 数据库资料
240	石竹科	蝇子草属	隐瓣蝇子草	*Silene gonosperma*（Rupr.）Bocquet				CVH 数据库资料
241	石竹科	蝇子草属	准噶尔蝇子草	*Silene songarica*（Fisch. Mey. et Avé-Lall.）Bocquet				CVH 数据库资料
242	毛茛科	独叶草属	独叶草	*Kingdonia uniflora* Balf. f. et W. W. Sm	Ⅱ			翁达总规
243	毛茛科	翠雀属	展毛翠雀花	*Delphinium kamaonense* var. glabrescens（W. T. Wang）W. T. Wang		√	SDX0358	本次考察标本
244	毛茛科	翠雀属	三果大通翠雀花	*Delphinium pylzowii* var. trigynum W. T. Wang		√	SDX0391	本次考察标本

续表

序号	科名	属名	中文名	拉丁名	保护级别	是否特有性	标本引证	数据资料来源
245	毛茛科	翠雀属	毛翠雀花	*Delphinium trichophorum* Franch.		√		CVH 数据库资料
246	毛茛科	翠雀属	钝裂蓝翠雀花	*Delphinium caeruleum* var. *obtusilobum* Brühl ex Huth			SDX0406	本次考察标本
247	毛茛科	翠雀属	拟长距翠雀花	*Delphinium dolichocentroides* W. T. Wang			SDX0474	本次考察标本
248	毛茛科	翠雀属	蓝翠雀花	*Delphinium caeruleum* Jacquem. ex Cambess.				本次考察图片
249	毛茛科	翠雀属	翠雀	*Delphinium grandiflorum* Linn.				CVH 数据库资料
250	毛茛科	假龙胆属	黑边假龙胆	*Gentianella azurea*（Bunge）Holub				CVH 数据库资料
251	毛茛科	碱毛茛属	三裂碱毛茛	*Halerpestes tricuspis*（Maxim.）Hand.－Mazz.			SDX0257	本次考察标本
252	毛茛科	金莲花属	毛茛状金莲花	*Trollius ranunculoides* Hemsl.		√	SDX0254	本次考察标本
253	毛茛科	金莲花属	矮金莲花	*Trollius farreri* Stapf			SDX0443	本次考察标本
254	毛茛科	类叶升麻属	升麻	*Actaea cimicifuga* L.			SDX0142	本次考察标本
255	毛茛科	龙胆属	道孚龙胆	*Gentiana altorum* H. Smith ex Marq.		√		CVH 数据库资料
256	毛茛科	龙胆属	高山龙胆	*Gentiana algida* Pall.				CVH 数据库资料
257	毛茛科	耧斗菜属	无距耧斗菜	*Aquilegia ecalcarata* Maxim.			SDX0256	本次考察标本
258	毛茛科	耧斗菜属	耧斗菜	*Aquilegia viridiflora* Pall.				CVH 数据库资料
259	毛茛科	露蕊乌头属	露蕊乌头	*Gymnaconitum gymnandrum*（Maxim.）Wei Wang & Z. D. Chen			SDX0128	本次考察标本
260	毛茛科	驴蹄草属	驴蹄草	*Caltha palustris* L.			SDX0026	本次考察标本
261	毛茛科	毛茛属	砾地毛茛	*Ranunculus glareosus* Hand.－Mazz.		√	SDX0423	本次考察标本
262	毛茛科	毛茛属	三裂毛茛	*Ranunculus hirtellus* var. *orientalis* W. T. Wang		√		本次考察图片
263	毛茛科	毛茛属	云生毛茛	*Ranunculus nephelogenes* Edgew.			SDX0219	本次考察标本
264	毛茛科	毛茛属	高原毛茛	*Ranunculus tanguticus*（Maxim.）Ovcz.			SDX0004	本次考察标本
265	毛茛科	毛茛属	毛果毛茛	*Ranunculus tanguticus*（Finet & Gagnep.）Hao var. *dasycarpus*（Maxim.）L. Liou				CVH 数据库资料
266	毛茛科	毛茛属	石砾唐松草	*Thalictrum squamiferum* Lecoy.				CVH 数据库资料
267	毛茛科	毛茛属	亚欧唐松草	*Thalictrum minus* L.				CVH 数据库资料
268	毛茛科	唐松草属	高山唐松草	*Thalictrum alpinum* L.				CVH 数据库资料
269	毛茛科	美花草属	美花草	*Callianthemum pimpinelloides*（D. Don）Hook. f. et Thoms.				CVH 数据库资料

序号	科名	属名	中文名	拉丁名	保护级别	是否特有性	标本引证	数据资料来源
270	毛茛科	拟耧斗菜属	拟耧斗菜	*Paraquilegia microphylla*（Royle）Drumm. & Hutch.			SDX0493	本次考察标本
271	毛茛科	水毛茛属	水毛茛	*Batrachium bungei*（Steud.）L. Liou			SDX0417	本次考察标本
272	毛茛科	唐松草属	狭序唐松草	*Thalictrum atriplex* Finet & Gagnep.		√	SDX0477	本次考察标本
273	毛茛科	唐松草属	滇川唐松草	*Thalictrum finetii* B. Boivin		√	SDX0124	本次考察标本
274	毛茛科	唐松草属	长柄唐松草	*Thalictrum przewalskii* Maxim.		√	SDX0216	本次考察标本
275	毛茛科	唐松草属	东亚唐松草	*Thalictrum minus* var. *hypoleucum*（Siebold & Zucc.）Miq.				本次考察图片
276	毛茛科	唐松草属	直梗高山唐松草	*Thalictrum alpinum* Linn. var. *elatum* Ulbr.				CVH 数据库资料
277	毛茛科	铁线莲属	绿叶铁线莲	*Clematis viridis*（W. T. Wang & M. C. Chang）W. T. Wang		√		CVH 数据库资料
278	毛茛科	铁线莲属	长花铁线莲	*Clematis rehderiana* Craib			SDX0103	本次考察标本
279	毛茛科	铁线莲属	薄叶铁线莲	*Clematis gracilifolia* Roxb. ex DC. in C. S. Sargent				本次考察图片
280	毛茛科	铁线莲属	长梗灰叶铁线莲	*Clematis canescens* subsp. *viridis* W. T. Wang et M. C. Chang				CVH 数据库资料
281	毛茛科	铁线莲属	甘川铁线莲	*Clematis akebioides*（Maxim.）Veitch				林木种质资源报告
282	毛茛科	铁线莲属	甘青铁线莲	*Clematis tangutica*（Maxim.）Korsh.		√		林木种质资源报告
283	毛茛科	铁线莲属	毛萼甘青铁线莲	*Clematis tangutica* var. *pubescens* M. C. Chang et P. P. Ling				林木种质资源报告
284	毛茛科	铁线莲属	西南铁线莲	*Clematis pseudopogonandra* Finet et Gagnep.		√		林木种质资源报告
285	毛茛科	铁线莲属	狭裂薄叶铁线莲	*Clematis gracilifolia* var. *dissectifolia* W. T. Wang et M. C. Chang		√		林木种质资源报告
286	毛茛科	乌头属	褐紫乌头	*Aconitum brunneum* Hand.-Mazz.		√	SDX0262	本次考察标本
287	毛茛科	乌头属	狭裂乌头	*Aconitum refractum*（Finet & Gagnep.）Hand.-Mazz.		√	SDX0354	本次考察标本
288	毛茛科	乌头属	甘青乌头	*Aconitum tanguticum*（Maxim.）Stapf		√	SDX0416	本次考察标本
289	毛茛科	乌头属	伏毛铁棒锤	*Aconitum flavum* Hand.-Mazz.		√		CVH 数据库资料
290	毛茛科	乌头属	多根乌头	*Aconitum karakolicum* Rapaics			SDX0248	本次考察标本
291	毛茛科	星叶草属	星叶草	*Circaeaster agrestis* Maxim.				CVH 数据库资料
292	毛茛科	银莲花属	叠裂银莲花	*Anemone imbricata* Maxim.		√	SDX0481	本次考察标本
293	毛茛科	银莲花属	疏齿银莲花	*Anemone geum* subsp. *ovalifolia*（Brühl）R. P. Chaudhary			SDX0192	本次考察标本
294	毛茛科	银莲花属	草玉梅	*Anemone rivularis* Buch.-Ham. ex DC.			SDX0007	本次考察标本

序号	科名	属名	中文名	拉丁名	保护级别	是否特有性	标本引证	数据资料来源
295	毛茛科	银莲花属	条叶银莲花	*Anemone coelestina* var. *linearis*（Brühl）Ziman & B. E. Dutton				本次考察图片
296	小檗科	桃儿七属	桃儿七	*Sinopodophyllum hexandrum*（Royle）T. S. Ying	II		SDX0021	本次考察标本
297	小檗科	小檗属	鲜黄小檗	*Berberis diaphana* Maxim.		√	SDX0022	本次考察标本
298	小檗科	小檗属	察瓦龙小檗	*Berberis tsarongensis* Stapf				林木种质资源报告
299	小檗科	小檗属	川鄂小檗	*Berberis henryana* Schneid.				林木种质资源报告
300	小檗科	小檗属	川西小檗	*Berberis tischleri* Schneid.		√		林木种质资源报告
301	小檗科	小檗属	刺红珠	*Berberis dictyophylla* Franch.		√		林木种质资源报告
302	小檗科	小檗属	道孚小檗	*Berberis dawoensis* K. Meyer				林木种质资源报告
303	小檗科	小檗属	黄芦木	*Berberis amurensis* Rupr.		√		林木种质资源报告
304	小檗科	小檗属	金花小檗	*Berberis wilsoniae* Hemsley				林木种质资源报告
305	小檗科	小檗属	近似小檗	*Berberis approximata* Sprague				林木种质资源报告
306	小檗科	小檗属	拉萨小檗	*Berberis hemsleyana* Ahrendt				林木种质资源报告
307	小檗科	小檗属	炉霍小檗	*Berberis luhuoensis* Ying		√		林木种质资源报告
308	小檗科	小檗属	四川小檗	*Berberis sichuanica* Ying				林木种质资源报告
309	小檗科	小檗属	松潘小檗	*Berberis dictyoneura* Schneid.		√		林木种质资源报告
310	小檗科	小檗属	小花小檗	*Berberis minutiflora* Schneid.				林木种质资源报告
311	罂粟科	角茴香属	细果角茴香	*Hypecoum leptocarpum* Hook. f. & Thomson			SDX0116	本次考察标本
312	罂粟科	绿绒蒿属	红花绿绒蒿	*Meconopsis punicea* Maxim.	II	√	SDX0203	本次考察标本
313	罂粟科	绿绒蒿属	五脉绿绒蒿	*Meconopsis quintuplinervia* Regel		√		CVH数据库资料
314	罂粟科	绿绒蒿属	多刺绿绒蒿	*Meconopsis horridula* Hook. f. & Thomson			SDX0213	本次考察标本
315	罂粟科	绿绒蒿属	全缘叶绿绒蒿	*Meconopsis integrifolia*（Maxim.）Franch.			SDX0019	本次考察标本
316	罂粟科	绿绒蒿属	雪参	*Meconopsis horridula* var. *racemosa*（Maxim.）Prain				CVH数据库资料
317	罂粟科	秃疮花属	秃疮花	*Dicranostigma leptopodum*（Maxim.）Fedde		√	SDX0189	本次考察标本
318	罂粟科	秃疮花属	宽果秃疮花	*Dicranostigma platycarpum* C. Y. Wu & H. Chuang		√	SDX0139	本次考察标本
319	罂粟科	紫堇属	灰绿黄堇	*Corydalis adunca* Maxim.		√	SDX0100	本次考察标本
320	罂粟科	紫堇属	条裂黄堇	*Corydalis linarioides* Maxim.		√	SDX0232	本次考察标本
321	罂粟科	紫堇属	暗绿紫堇	*Corydalis melanochlora* Maxim.		√	SDX0430	本次考察标本
322	罂粟科	紫堇属	假北紫堇	*Corydalis pseudosibirica* Lidén & Z. Y. Su		√	SDX0048	本次考察标本

序号	科名	属名	中文名	拉丁名	保护级别	是否特有性	标本引证	数据资料来源
323	罂粟科	紫堇属	糙果紫堇	*Corydalis trachycarpa* Maxim.		√	SDX0352	本次考察标本
324	罂粟科	紫堇属	钩距黄堇	*Corydalis hamata* Franch.		√		CVH 数据库资料
325	罂粟科	紫堇属	金雀花黄堇	*Corydalis cytisiflora*（Fedde）Lidén ex C. Y. Wu，H. Chuang & Z. Y. Su		√		CVH 数据库资料
326	罂粟科	紫堇属	曲花紫堇	*Corydalis curviflora* Maxim. ex Hemsl.			SDX0292	本次考察标本
327	罂粟科	紫堇属	金雀花紫堇	*Corydalis cytisiflora*（Fedde）Lidén ex C. Y. Wu			SDX0237	本次考察标本
328	罂粟科	紫堇属	叠裂黄堇	*Corydalis dasyptera* Maxim.			SDX0435	本次考察标本
329	罂粟科	紫堇属	斑花黄堇	*Corydalis conspersa* Maxim.				CVH 数据库资料
330	罂粟科	紫堇属	粗糙黄堇	*Corydalis scaberula* Maxim.				CVH 数据库资料
331	十字花科	播娘蒿属	播娘蒿	*Descurainia sophia*（L.）Webb ex Prantl			SDX0271	本次考察标本
332	十字花科	垂果南芥属	垂果南芥	*Catolobus pendulus*（L.）Al−Shehbaz			SDX0485	本次考察标本
333	十字花科	大蒜芥属	垂果大蒜芥	*Sisymbrium heteromallum* C. A. Mey.				CVH 数据库资料
334	十字花科	独行菜属	独行菜	*Lepidium apetalum* Willd.			SDX0113	本次考察标本
335	十字花科	独行菜属	头花独行菜	*Lepidium capitatum* Hook. f. & Thomson			SDX0280	本次考察标本
336	十字花科	高山芥属	高山芥	*Shehbazia tibetica*（Maxim.）D. A. German				本次考察图片
337	十字花科	蔊菜属	高蔊菜	*Rorippa elata*（Hook. f. & Thomson）Hand. −Mazz.			SDX0489	本次考察标本
338	十字花科	荠属	荠	*Capsella bursa* −pastoris（L.）Medik.				本次考察图片
339	十字花科	荠属	臭荠	*Coronopus didymus*（L.）Sm.				CVH 数据库资料
340	十字花科	芹叶荠属	藏荠	*Smelowskia tibetica*（Thomson）Lipsky				CVH 数据库资料
341	十字花科	肉叶荠属	蚓果芥	*Braya humilis*（C. A. Mey.）B. L. Rob.			SDX0370	本次考察标本
342	十字花科	山萮菜属	密序山萮菜	*Eutrema heterophyllum*（W. W. Sm.）H. Hara				CVH 数据库资料
343	十字花科	山萮菜属	单花芥	*Eutrema scapiflorum*（Hook. f. & Thomson）Al−Shehbaz，G. Q. Hao & J. Quan Liu				CVH 数据库资料
344	十字花科	碎米荠属	紫花碎米荠	*Cardamine tangutorum* O. E. Schulz		√		CVH 数据库资料
345	十字花科	碎米荠属	大叶碎米荠	*Cardamine macrophylla* Willd.			SDX0445	本次考察标本
346	十字花科	糖芥属	红紫桂竹香	*Erysimum roseum*（Maxim.）Polatschek		√		CVH 数据库资料
347	十字花科	糖芥属	四川糖芥	*Erysimum benthamii* Monnet			SDX0159	本次考察标本
348	十字花科	葶苈属	苞序葶苈	*Draba ladyginii* Pohle		√	SDX0383	本次考察标本

序号	科名	属名	中文名	拉丁名	保护级别	是否特有性	标本引证	数据资料来源
349	十字花科	葶苈属	锥果葶苈	*Draba lanceolata* Royle			SDX0469	本次考察标本
350	十字花科	葶苈属	喜山葶苈	*Draba oreades* Schrenk			SDX0457	本次考察标本
351	十字花科	葶苈属	中国喜山葶苈	*Draba oreades* Schrenk var. *chinensis* O. E. Schulz. ex Limpr.				CVH 数据库资料
352	十字花科	菥蓂属	菥蓂	*Thlaspi arvense* L.			SDX0009	本次考察标本
353	景天科	费菜属	费菜	*Phedimus aizoon*（L.）'t Hart			SDX0187	本次考察标本
354	景天科	红景天属	大花红景天	*Rhodiola crenulata*（Hook. f. & Thomson）H. Ohba	II		SDX0307	本次考察标本
355	景天科	红景天属	小丛红景天	*Rhodiola dumulosa*（Franch.）S. H. Fu			SDX0382	本次考察标本
356	景天科	红景天属	狭叶红景天	*Rhodiola kirilowii*（Regel）Maxim.			SDX0064	本次考察标本
357	景天科	红景天属	大果红景天	*Rhodiola macrocarpa*（Praeger）S. H. Fu			SDX0459	本次考察标本
358	景天科	红景天属	四裂红景天	*Rhodiola quadrifida*（Pall.）Schrenk & C. A. Mey.	II		SDX0379	本次考察标本
359	景天科	红景天属	柴胡红景天	*Rhodiola bupleuroides*（Wall. ex Hook. f. & Thoms.）Fu				CVH 数据库资料
360	景天科	红景天属	德钦红景天	*Rhodiola atuntsuensis*（Praeg.）S. H. Fu				CVH 数据库资料
361	景天科	红景天属	异色红景天	*Rhodiola discolor*（Franch.）S. H. Fu				CVH 数据库资料
362	景天科	景天属	道孚景天	*Sedum glaebosum* Fröd.		√	SDX0497	本次考察标本
363	景天科	景天属	单花景天	*Sedum correptum* Fröd.			SDX0480	本次考察标本
364	景天科	景天属	大炮山景天	*Sedum erici-magnusii* Fröd.			SDX0226	本次考察标本
365	景天科	石莲属	石莲	*Sinocrassula indica*（Decne.）A. Berger				本次考察图片
366	虎耳草科	茶藨子属	瘤糖茶藨子	*Ribes himalense* var. *verruculosum*（Rehder）L. T. Lu		√	SDX0492	本次考察标本
367	虎耳草科	茶藨子属	深裂茶藨子	*Ribes tenue* var. *incisum* L. T. Lu		√		本次考察图片
368	虎耳草科	茶藨子属	青海茶藨子	*Ribes pseudofasciculatum* Hao		√		CVH 数据库资料
369	虎耳草科	茶藨子属	长刺茶藨子	*Ribes alpestre* Wall. ex Decne.			SDX0130	本次考察标本
370	虎耳草科	茶藨子属	冰川茶藨子	*Ribes glaciale* Wall.			SDX0399	本次考察标本
371	虎耳草科	茶藨子属	大刺茶藨子	*Ribes alpestre* var. *giganteum* Janczewski		√		林木种质资源报告
372	虎耳草科	茶藨子属	糖茶藨子	*Ribes himalense* Royle ex Decne.				林木种质资源报告
373	虎耳草科	茶藨子属	细枝茶藨子	*Ribes tenue* Jancz.				林木种质资源报告
374	虎耳草科	虎耳草属	景天虎耳草	*Saxifraga sediformis* Engl. et Irmsch.				CVH 数据库资料
375	虎耳草科	虎耳草属	小芽虎耳草	*Saxifraga gemmigera* var. *gemmuligera*（Engl.）J. T. Pan & Gornall		√	SDX0447	本次考察标本

续表

序号	科名	属名	中文名	拉丁名	保护级别	是否特有性	标本引证	数据资料来源
376	虎耳草科	虎耳草属	冰雪虎耳草	*Saxifraga glacialis* Harry Sm.		√	SDX0453	本次考察标本
377	虎耳草科	虎耳草属	阿墩子虎耳草	*Saxifraga atuntsiensis* W. W. Sm.		√		本次考察图片
378	虎耳草科	虎耳草属	黑虎耳草	*Saxifraga atrata* Engl.		√		CVH 数据库资料
379	虎耳草科	虎耳草属	青藏虎耳草	*Saxifraga przewalskii* Engl.		√		CVH 数据库资料
380	虎耳草科	虎耳草属	优越虎耳草	*Saxifraga egregia* Engl.		√		CVH 数据库资料
381	虎耳草科	虎耳草属	棒腺虎耳草	*Saxifraga consanguinea* W. W. Sm.			SDX0432	本次考察标本
382	虎耳草科	虎耳草属	密叶虎耳草	*Saxifraga densifoliata* Engl. & Irmsch.			SDX0339	本次考察标本
383	虎耳草科	虎耳草属	异叶虎耳草	*Saxifraga diversifolia* Wall. ex Ser.			SDX0484	本次考察标本
384	虎耳草科	虎耳草属	珠芽虎耳草	*Saxifraga granulifera* Harry Sm.			SDX0263	本次考察标本
385	虎耳草科	虎耳草属	唐古特虎耳草	*Saxifraga tangutica* Engl.			SDX0314	本次考察标本
386	虎耳草科	虎耳草属	篦齿虎耳草	*Saxifraga umbellulata* var. *pectinata* (C. Marquand etAiry Shaw) J. T. Pan			SDX0266	本次考察标本
387	虎耳草科	虎耳草属	黑蕊虎耳草	*Saxifraga melanocentra* Franch.				CVH 数据库资料
388	虎耳草科	虎耳草属	山地虎耳草	*Saxifraga montana* H. Smith				CVH 数据库资料
389	虎耳草科	金腰属	裸茎金腰	*Chrysosplenium nudicaule* Bunge			SDX0429	本次考察标本
390	虎耳草科	金腰属	单花金腰	*Chrysosplenium uniflorum* Maxim.				CVH 数据库资料
391	虎耳草科	山梅花属	毛柱山梅花	*Philadelphus subcanus* Koehne		√		林木种质资源报告
392	虎耳草科	亭阁草属	叉枝亭阁草	*Micranthes divaricata* (Engl. & Irmsch.) Losinsk.			SDX0024	本次考察标本
393	虎耳草科	亭阁草属	黑蕊亭阁草	*Micranthes melanocentra* (Franch.) Losinsk.			SDX0426	本次考察标本
394	蔷薇科	龙牙草属	龙牙草	*Agrimonia pilosa* Ledeb.				本次考察图片
395	蔷薇科	龙牙草属	黄龙尾	*Agrimonia pilosa* Ledeb. var. *nepalensis* (D. Don) Nakai		√		CVH 数据库资料
396	蔷薇科	蕨麻属	蕨麻	*Argentina anserina* (L.) Rydb.			SDX0107	本次考察标本
397	蔷薇科	蕨麻属	康定蕨麻	*Argentina stenophylla* var. *emergens* (Cardot) Y. H. Tong & N. H. Xia			SDX0501	本次考察标本
398	蔷薇科	蕨麻属	银叶蕨麻	*Argentina leuconota* (D. Don) Soják		√		CVH 数据库资料
399	蔷薇科	李属	川西樱桃	*Prunus trichostoma* Koehne in Sarg.			SDX0395	本次考察标本
400	蔷薇科	李属	光核桃	*Prunus mira* (Koehne) Yüet Lu				林木种质资源报告
401	蔷薇科	李属	梅	*Prunus mume* Siebold & Zucc.				林木种质资源报告
402	蔷薇科	李属	山杏	*Prunus sibirica* L.				林木种质资源报告
403	蔷薇科	李属	毛樱桃	*Prunus tomentosa* (Thunb.) Wall.		√		林木种质资源报告

序号	科名	属名	中文名	拉丁名	保护级别	是否特有性	标本引证	数据资料来源
404	蔷薇科	李属	微毛樱桃	*Prunus clarofolia*（Schneid.）Yüet Li				林木种质资源报告
405	蔷薇科	李属	细齿樱桃	*Prunus serrula*（Franch.）Yüet Li				林木种质资源报告
406	蔷薇科	枸子属	匍匐枸子	*Cotoneaster adpressus* Bois			SDX0058	本次考察标本
407	蔷薇科	枸子属	钝叶枸子	*Cotoneaster hebephyllus* Diels		√		CVH 数据库资料
408	蔷薇科	枸子属	水枸子	*Cotoneaster multiflorus* Bge.				CVH 数据库资料
409	蔷薇科	枸子属	细枝枸子	*Cotoneaster tenuipes* Rehder & Wilson				CVH 数据库资料
410	蔷薇科	枸子属	尖叶枸子	*Cotoneaster acuminatus* Lindl.				林木种质资源报告
411	蔷薇科	枸子属	麻核枸子	*Cotoneaster foveolatus* Rehd. et Wils.				林木种质资源报告
412	蔷薇科	枸子属	毛叶水枸子	*Cotoneaster submultiflorus* Popov				林木种质资源报告
413	蔷薇科	枸子属	木帚枸子	*Cotoneaster dielsianus* Pritz.				林木种质资源报告
414	蔷薇科	枸子属	小叶枸子	*Cotoneaster microphyllus* Wall. ex Lindl.				林木种质资源报告
415	蔷薇科	金露梅属	金露梅	*Dasiphora fruticosa*（L.）Rydb.		√	SDX0005	本次考察标本
416	蔷薇科	金露梅属	银露梅	*Dasiphora glabra*（G. Lodd.）Soják		√	SDX0054	本次考察标本
417	蔷薇科	金露梅属	白毛金露梅	*Potentilla fruticosa* var. *albicans* Rehd. & Wils.				林木种质资源报告
418	蔷薇科	金露梅属	白毛银露梅	*Dasiphora mandshurica*（Maxim.）Juz.				林木种质资源报告
419	蔷薇科	金露梅属	伏毛金露梅	*Dasiphora arbuscula*（D. Don）Soják				林木种质资源报告
420	蔷薇科	金露梅属	小叶金露梅	*Dasiphora parvifolia*（Fisch. ex Lehm.）Juz.				林木种质资源报告
421	蔷薇科	莓陵菜属	毛果莓陵菜	*Fragariastrum eriocarpum*（Wall. ex Lehm.）Kechaykin & Shmakov		√	SDX0260	本次考察标本
422	蔷薇科	路边青属	柔毛路边青	*Geum japonicum* var. *chinense* F. Bolle				本次考察图片
423	蔷薇科	路边青属	路边青	*Geum aleppicum* Jacq.				CVH 数据库资料
424	蔷薇科	苹果属	变叶海棠	*Malus bhutanica*（W. W. Sm.）J. B. Phipps		√		林木种质资源报告
425	蔷薇科	委陵菜属	裂叶华西委陵菜	*Potentilla potaninii* var. *compsophylla*（Hand.-Mazz.）Yüet Li		√		CVH 数据库资料
426	蔷薇科	委陵菜属	楔叶委陵菜	*Potentilla cuneata* Wall. ex Lehm.			SDX0212	本次考察标本
427	石竹科	委陵菜属	华西委陵菜	*Potentilla potaninii* Wolf				CVH 数据库资料
428	蔷薇科	委陵菜属	钉柱委陵菜	*Potentilla saundersiana* Royle		√	SDX0088	本次考察标本
429	蔷薇科	委陵菜属	矮生二裂委陵菜	*Potentilla bifurca* var. *humilior* Rupr. et Osten-Sacken				CVH 数据库资料
430	蔷薇科	委陵菜属	大萼委陵菜	*Potentilla conferta* Bunge				CVH 数据库资料
431	蔷薇科	委陵菜属	多裂委陵菜	*Potentilla multifida* Baker & S. Moore				CVH 数据库资料

序号	科名	属名	中文名	拉丁名	保护级别	是否特有性	标本引证	数据资料来源
432	蔷薇科	委陵菜属	伏毛银露梅	*Potentilla glabra* Lodd. var. *veitchii* (Wils.) Hand.－Mazz.				CVH 数据库资料
433	蔷薇科	委陵菜属	柔毛委陵菜	*Potentilla griffithii* Hook. f.				CVH 数据库资料
434	蔷薇科	委陵菜属	腺粒委陵菜	*Potentilla granulosa* Yüet Li				CVH 数据库资料
435	蔷薇科	蔷薇属	华西蔷薇	*Rosa moyesii* Hemsley & Wilson				CVH 数据库资料
436	蔷薇科	蔷薇属	小叶蔷薇	*Rosa willmottiae* Hemsl.		√	SDX0462	本次考察标本
437	蔷薇科	蔷薇属	扁刺蔷薇	*Rosa sweginzowii* Koehne				CVH 数据库资料
438	蔷薇科	蔷薇属	峨眉蔷薇	*Rosa omeiensis* Rolfe		√		CVH 数据库资料
439	蔷薇科	蔷薇属	扁刺峨眉蔷薇	*Rosa omeiensis* f. *pteracantha* Rehd. et Wils.				林木种质资源报告
440	蔷薇科	蔷薇属	川滇蔷薇	*Rosa soulieana* Crép.				林木种质资源报告
441	蔷薇科	蔷薇属	玫瑰	*Rosa rugosa* Thunb.				林木种质资源报告
442	蔷薇科	蔷薇属	细梗蔷薇	*Rosa graciliflora* Rehd. et Wils.				林木种质资源报告
443	蔷薇科	悬钩子属	毛果悬钩子	*Rubus ptilocarpus* T. T. Yu & L. T. Lu		√	SDX0250	本次考察标本
444	蔷薇科	悬钩子属	白叶莓	*Rubus innominatus* S. Moore				林木种质资源报告
445	蔷薇科	悬钩子属	黑腺美饰悬钩子	*Rubus subornatus* var. *melanadenus* Focke		√		林木种质资源报告
446	蔷薇科	地榆属	矮地榆	*Sanguisorba filiformis* (Hook. f.) Hand.－Mazz.				本次考察图片
447	蔷薇科	山莓草属	隐瓣山莓草	*Sibbaldia aphanopetala* Hand.－Mazz.				本次考察图片
448	蔷薇科	鲜卑花属	窄叶鲜卑花	*Sibiraea angustata* (Rehder) Hand.－Mazz.			SDX0020	本次考察标本
449	蔷薇科	珍珠梅属	珍珠梅	*Sorbaria sorbifolia* (L.) A. Br.				林木种质资源报告
450	蔷薇科	花楸属	陕甘花楸	*Sorbus koehneana* Schneid.				林木种质资源报告
451	蔷薇科	花楸属	西康花楸	*Sorbus prattii* Koehne		√		林木种质资源报告
452	蔷薇科	花楸属	西南花楸	*Sorbus rehderiana* Koehne				林木种质资源报告
453	蔷薇科	马蹄黄属	马蹄黄	*Spenceria ramalana* Trimen		√	SDX0119	本次考察标本
454	蔷薇科	绣线菊属	川滇绣线菊	*Spiraea schneideriana* Rehder in Sarg.			SDX0488	本次考察标本
455	蔷薇科	绣线菊属	蒙古绣线菊	*Spiraea lasiocarpa* Karelin & Kirilov		√		CVH 数据库资料
456	蔷薇科	绣线菊属	细枝绣线菊	*Spiraea myrtilloides* Rehder		√		CVH 数据库资料
457	蔷薇科	绣线菊属	高山绣线菊	*Spiraea alpina* Pall.		√		林木种质资源报告
458	蔷薇科	绣线菊属	毛叶绣线菊	*Spiraea mollifolia* Rehd.				林木种质资源报告
459	蔷薇科	无尾果属	无尾果	*Coluria longifolia* Maxim.				CVH 数据库资料

序号	科名	属名	中文名	拉丁名	保护级别	是否特有性	标本引证	数据资料来源
460	豆科	臭草属	甘肃臭草	*Melica przewalskyi* Roshev.		√		CVH 数据库资料
461	豆科	高山豆属	高山豆	*Tibetia himalaica*（Baker）H. P. Tsui			SDX0081	本次考察标本
462	豆科	黄花木属	黄花木	*Piptanthus nepalensis*（Hook.）D. Don				林木种质资源报告
463	豆科	黄芪属	丛生黄耆	*Astragalus confertus* Benth. ex Bunge				CVH 数据库资料
464	豆科	黄芪属	松潘黄耆	*Astragalus sungpanensis* Pet.－Stib.				CVH 数据库资料
465	豆科	黄耆属	梭果黄芪	*Astragalus ernestii* H. F. Comber		√	SDX0401	本次考察标本
466	豆科	黄耆属	云南黄芪	*Astragalus yunnanensis* Franch.		√	SDX0234	本次考察标本
467	豆科	黄耆属	黑紫花黄耆	*Astragalus przewalskii* Bunge		√		CVH 数据库资料
468	豆科	黄耆属	苦黄芪	*Astragalus kialensis* N. D. Simpson		√		CVH 数据库资料
469	豆科	黄耆属	苦黄耆	*Astragalus kialensis* Simps.		√		CVH 数据库资料
470	豆科	黄耆属	类变色黄芪	*Astragalus pseudoversicolor* Y. C. Ho		√		CVH 数据库资料
471	豆科	黄耆属	头序黄芪	*Astragalus handelii* Tsai & Yu		√		CVH 数据库资料
472	豆科	黄耆属	地八角	*Astragalus bhotanensis* Baker			SDX0350	本次考察标本
473	豆科	黄耆属	多花黄芪	*Astragalus floridulus* Podlech			SDX0355	本次考察标本
474	豆科	黄耆属	多枝黄耆	*Astragalus polycladus* Bur. et Franch.				CVH 数据库资料
475	豆科	黄耆属	黑穗黄芪	*Astragalus melanostachys* Benth. ex Bunge				CVH 数据库资料
476	豆科	黄耆属	色达黄芪	*Astragalus sedaensis* Y. C. Ho				CVH 数据库资料
477	豆科	黄耆属	肾形子黄芪	*Astragalus skythropos* Bunge				CVH 数据库资料
478	豆科	黄耆属	西北黄芪	*Astragalus fenzelianus* Peter－Stibal				CVH 数据库资料
479	豆科	黄耆属	西北黄耆	*Astragalus fenzelianus* Pet.－Stib.				CVH 数据库资料
480	豆科	黄耆属	异长齿黄耆	*Astragalus monbeigii* Simps.				CVH 数据库资料
481	豆科	黄耆属	云南黄耆	*Astragalus yunnanensis* Franch.				CVH 数据库资料
482	豆科	黄耆属	宽爪黄芪	*Astragalus latiunguiculatus* Y. C. Ho		√		CVH 数据库资料
483	豆科	黄耆属	色达黄耆	*Astragalus sedaensis* Y. C. Ho				CVH 数据库资料
484	豆科	岩黄芪属	唐古特岩黄耆	*Hedysarum tanguticum* B. Fedtsch.				CVH 数据库资料
485	豆科	棘豆属	黄花棘豆	*Oxytropis ochrocephala* Bunge		√		CVH 数据库资料
486	豆科	棘豆属	宽瓣棘豆	*Oxytropis platysema* Schrenk				CVH 数据库资料
487	豆科	棘豆属	黑萼棘豆	*Oxytropis melanocalyx* Bunge		√		本次考察图片
488	豆科	棘豆属	云南棘豆	*Oxytropis yunnanensis* Franch.		√		CVH 数据库资料
489	豆科	棘豆属	甘肃棘豆	*Oxytropis kansuensis* Bunge			SDX0072	本次考察标本
490	豆科	棘豆属	黄毛棘豆	*Oxytropis ochrantha* Turcz.			SDX0093	本次考察标本

序号	科名	属名	中文名	拉丁名	保护级别	是否特有性	标本引证	数据资料来源
491	豆科	棘豆属	白毛棘豆	*Oxytropis ochrantha* Turcz. var. *albopilosa* P. C. Li				CVH 数据库资料
492	豆科	锦鸡儿属	二色锦鸡儿	*Caragana bicolor* Kom.		√	SDX0152	本次考察标本
493	豆科	锦鸡儿属	甘青锦鸡儿	*Caragana tangutica* Maxim ex Kom.				CVH 数据库资料
494	豆科	锦鸡儿属	变色锦鸡儿	*Caragana versicolor* Benth.				林木种质资源报告
495	豆科	锦鸡儿属	川西锦鸡儿	*Caragana erinacea* Kom.				林木种质资源报告
496	豆科	锦鸡儿属	鬼箭锦鸡儿	*Caragana jubata*（Pall.）Poir.				林木种质资源报告
497	豆科	锦鸡儿属	青甘锦鸡儿	*Caragana tangutica* Maxim. ex Kom.				林木种质资源报告
498	豆科	锦鸡儿属	青海锦鸡儿	*Caragana chinghaiensis* Liou f.				林木种质资源报告
499	豆科	蔓黄芪属	蔓黄芪	*Phyllolobium chinense* Fisch. ex DC.				本次考察图片
500	豆科	苜蓿属	小苜蓿	*Medicago minima*（L.）Bartal.			SDX0155	本次考察标本
501	豆科	苜蓿属	花苜蓿	*Medicago ruthenica*（L.）Trautv.			SDX0316	本次考察标本
502	豆科	苜蓿属	青海苜蓿	*Medicago archiducis*－nicolai Sirjaev				CVH 数据库资料
503	豆科	山黧豆属	欧山黧豆	*Lathyrus palustris* Linn.				CVH 数据库资料
504	豆科	山燕麦属	藏异燕麦	*Helictotrichon tibeticum*（Roshev.）Holub				CVH 数据库资料
505	豆科	扇穗茅属	寡穗茅	*Littledalea przevalskyi* Tzvel.		√		CVH 数据库资料
506	豆科	岩黄芪属	唐古特岩黄芪	*Hedysarum tanguticum* B. Fedtsch.		√	SDX0293	本次考察标本
507	豆科	野决明属	高山野决明	*Thermopsis alpina* Ledeb.				CVH 数据库资料
508	豆科	野决明属	光叶黄华	*Thermopsis licentiana* E. Peter				CVH 数据库资料
509	豆科	野豌豆属	西南野豌豆	*Vicia nummularia* Hand.－Mazz.		√		CVH 数据库资料
510	豆科	野豌豆属	广布野豌豆	*Vicia cracca* L.			SDX0161	本次考察标本
511	豆科	野豌豆属	歪头菜	*Vicia unijuga* A. Br.			SDX0071	本次考察标本
512	牻牛儿苗科	老鹳草属	甘青老鹳草	*Geranium pylzowianum* Maxim.		√	SDX0012	本次考察标本
513	牻牛儿苗科	老鹳草属	反瓣老鹳草	*Geranium refractum* Edgew. & Hook. f.		√	SDX0240	本次考察标本
514	牻牛儿苗科	老鹳草属	草地老鹳草	*Geranium pratense* L.			SDX0344	本次考察标本
515	牻牛儿苗科	老鹳草属	鼠掌老鹳草	*Geranium sibiricum* Linn.				CVH 数据库资料
516	亚麻科	亚麻属	宿根亚麻	*Linum perenne* L.			SDX0251	本次考察标本
517	亚麻科	亚麻属	野亚麻	*Linum stelleroides* Planch.				CVH 数据库资料
518	芸香科	花椒属	微柔毛花椒	*Zanthoxylum pilosulum* Rehd. et Wils.		√		林木种质资源报告

序号	科名	属名	中文名	拉丁名	保护级别	是否特有性	标本引证	数据资料来源
519	远志科	远志属	西伯利亚远志	*Polygala sibirica* L.			SDX0082	本次考察标本
520	大戟科	大戟属	甘肃大戟	*Euphorbia kansuensis* Prokh.		√		CVH 数据库资料
521	大戟科	大戟属	大戟	*Euphorbia pekinensis* Rupr.				CVH 数据库资料
522	大戟科	大戟属	泽漆	*Euphorbia helioscopia* L.			SDX0147	本次考察标本
523	大戟科	大戟属	甘青大戟	*Euphorbia micractina* Boiss.			SDX0402	本次考察标本
524	水马齿科	水马齿属	水马齿	*Callitriche palustris* L.			SDX0418	本次考察标本
525	水马齿科	水马齿属	线叶水马齿	*Callitriche hermaphroditica* L.				本次考察图片
526	卫矛科	梅花草属	高山梅花草	*Parnassia cacuminum* Hand. -Mazz.		√	SDX0437	本次考察标本
527	卫矛科	梅花草属	三脉梅花草	*Parnassia trinervis* Drude		√	SDX0023	本次考察标本
528	卫矛科	梅花草属	绿花梅花草	*Parnassia viridiflora* Batalin		√	SDX0385	本次考察标本
529	卫矛科	卫矛属	小卫矛	*Euonymus nanoides* Loes. et Rehd.		√		林木种质资源报告
530	槭树科	槭属	红花槭	*Acer rubrum* L.		√		林木种质资源报告
531	槭树科	槭属	鸡爪槭	*Acer palmatum* Thunb.				林木种质资源报告
532	凤仙花科	凤仙花属	川西凤仙花	*Impatiens apsotis* Hook. f.		√	SDX0478	本次考察标本
533	鼠李科	勾儿茶属	云南勾儿茶	*Berchemia yunnanensis* Franch.				林木种质资源报告
534	鼠李科	鼠李属	刺鼠李	*Rhamnus dumetorum* C. K. Schneider		√		CVH 数据库资料
535	鼠李科	鼠李属	甘青鼠李	*Rhamnus tangutica* Ja. Vassiliev		√		CVH 数据库资料
536	鼠李科	鼠李属	淡黄鼠李	*Rhamnus flavescens* Y. L. Chen et P. K. Chou		√		林木种质资源报告
537	藤黄科	金丝桃属	突脉金丝桃	*Hypericum przewalskii* Maxim		√	SDX0087	本次考察标本
538	藤黄科	金丝桃属	黄海棠	*Hypericum ascyron* Linn.				CVH 数据库资料
539	柽柳科	水柏枝属	具鳞水柏枝	*Myricaria squamosa* Desv.			SDX0222	本次考察标本
540	堇菜科	堇菜属	鳞茎堇菜	*Viola bulbosa* Maxim.			SDX0466	本次考察标本
541	瑞香科	狼毒属	狼毒	*Stellera chamaejasme* L.			SDX0056	本次考察标本
542	瑞香科	荛花属	革叶荛花	*Wikstroemia scytophylla* Diels				林木种质资源报告
543	瑞香科	瑞香属	唐古特瑞香	*Daphne tangutica* Maxim.				林木种质资源报告
544	胡颓子科	胡颓子属	沙枣	*Elaeagnus angustifolia* L.				林木种质资源报告
545	胡颓子科	沙棘属	西藏沙棘	*Hippophae tibetana* Schltdl.			SDX0364	本次考察标本
546	胡颓子科	沙棘属	沙棘	*Hippophae rhamnoides* Linn.				CVH 数据库资料
547	胡颓子科	沙棘属	中国沙棘	*Hippophae rhamnoides* subsp. sinensis Rousi		√		林木种质资源报告
548	柳叶菜科	柳兰属	柳兰	*Chamerion angustifolium* (L.) Holub			SDX0137	本次考察标本

序号	科名	属名	中文名	拉丁名	保护级别	是否特有性	标本引证	数据资料来源
549	柳叶菜科	柳叶菜属	毛脉柳叶菜	*Epilobium amurense* Hausskn.			SDX0205	本次考察标本
550	柳叶菜科	柳叶菜属	柳叶菜	*Epilobium hirsutum* Linn.				CVH 数据库资料
551	柳叶菜科	柳叶菜属	沼生柳叶菜	*Epilobium palustre* Linn.				CVH 数据库资料
552	杉叶藻科	杉叶藻属	杉叶藻	*Hippuris vulgaris* L.			SDX0414	本次考察标本
553	五加科	五加属	狭叶五加	*Eleutherococcus wilsonii*（Harms）Nakai				林木种质资源报告
554	伞形科	矮泽芹属	矮泽芹	*Chamaesium paradoxum* H. Wolff		√	SDX0444	本次考察标本
555	伞形科	矮泽芹属	小矮泽芹	*Chamaesium spatuliferum* var. *minor* Shan et S. L. Liou				CVH 数据库资料
556	伞形科	凹乳芹属	西藏凹乳芹	*Vicatia thibetica* de Boiss.				CVH 数据库资料
557	伞形科	北藁本属	长茎藁本	*Ligusticum thomsonii* C. B. Clarke			SDX0185	本次考察标本
558	伞形科	柴胡属	黄花鸭跖柴胡	*Bupleurum commelynoideum* var. *flaviflorum* Shan et Y. Li		√		CVH 数据库资料
559	伞形科	柴胡属	三辐柴胡	*Bupleurum triradiatum* Adams ex Hoffm.				CVH 数据库资料
560	伞形科	柴胡属	紫花鸭跖柴胡	*Bupleurum commelynoideum* H. Boissieu			SDX0313	本次考察标本
561	伞形科	柴胡属	窄竹叶柴胡	*Bupleurum marginatum* var. *stenophyllum*（H. Wolff）R. H. Shan & Yin Li			SDX0184	本次考察标本
562	伞形科	柴胡属	匍枝柴胡	*Bupleurum dalhousieanum*（Clarke）K.-Pol.				CVH 数据库资料
563	伞形科	大瓣芹属	裂叶大瓣芹	*Semenovia malcolmii*（Hemsl. & H. Pearson）Pimenov				CVH 数据库资料
564	伞形科	滇藁本属	喜马拉雅滇藁本	*Hymenidium hookeri*（C. B. Clarke）Pimenov & Kljuykov				本次考察图片
565	伞形科	独活属	短毛独活	*Heracleum moellendorffii* Hance			SDX0186	本次考察标本
566	伞形科	独活属	裂叶独活	*Heracleum millefolium* Diels				CVH 数据库资料
567	伞形科	峨参属	峨参	*Anthriscus sylvestris*（L.）Hoffm.			SDX0268	本次考察标本
568	伞形科	峨参属	刺果峨参	*Anthriscus sylvestris* subsp. *nemorosa*（Bieb.）Koso-Pol.				CVH 数据库资料
569	伞形科	藁本属	抽莛藁本	*Ligusticum scapiforme* Wolff				CVH 数据库资料
570	伞形科	葛缕子属	葛缕子	*Carum carvi* L.			SDX0045	本次考察标本
571	伞形科	葛缕子属	田葛缕子	*Carum buriaticum* Turcz.				本次考察图片
572	伞形科	葛缕子属	细葛缕子	*Carum carvi* f. *gracile*（Lindl.）Wolff				CVH 数据库资料
573	伞形科	棱子芹属	粗茎棱子芹	*Pleurospermum wilsonii* H. Boissieu				CVH 数据库资料
574	伞形科	窃衣属	小窃衣	*Torilis japonica*（Houtt.）DC.			SDX0165	本次考察标本

序号	科名	属名	中文名	拉丁名	保护级别	是否特有性	标本引证	数据资料来源
575	伞形科	西风芹属	粗糙西风芹	*Seseli squarrulosum* R. H. Shan & M. L. Sheh		√	SDX0080	本次考察标本
576	伞形科	小芹属	紫茎小芹	*Sinocarum coloratum* (Diels) H. Wolff ex F. T. Pu			SDX0261	本次考察标本
577	伞形科	芫荽属	芫荽	*Coriandrum sativum* Linn.				CVH 数据库资料
578	杜鹃花科	杜鹃花属	雪层杜鹃	*Rhododendron nivale* Hook. f.			SDX0322	本次考察标本
579	杜鹃花科	杜鹃花属	粉白杜鹃	*Rhododendron hypoglaucum* Hemsl.				林木种质资源报告
580	杜鹃花科	杜鹃花属	毛蕊杜鹃	*Rhododendron websterianum* Rehd. et Wils.				林木种质资源报告
581	杜鹃花科	吊钟花属	毛叶吊钟花	*Enkianthus deflexus* (Griff.) C. K. Schneid.				CVH 数据库资料
582	报春花科	报春花属	圆瓣黄花报春	*Primula orbicularis* Hemsl.		√		CVH 数据库资料
583	报春花科	报春花属	金川粉报春	*Primula fangii* F. H. Chen & C. M. Hu		√	SDX0077	本次考察标本
584	报春花科	报春花属	多脉报春	*Primula polyneura* Franch.		√	SDX0235	本次考察标本
585	报春花科	报春花属	紫罗兰报春	*Primula purdomii* Craib		√	SDX0209	本次考察标本
586	报春花科	报春花属	偏花报春	*Primula secundiflora* Franch.		√	SDX0390	本次考察标本
587	报春花科	报春花属	黄花粉叶报春	*Primula flava* Maxim.			SDX0267	本次考察标本
588	报春花科	报春花属	苞芽粉报春	*Primula gemmifera* Batalin			SDX0319	本次考察标本
589	报春花科	报春花属	钟花报春	*Primula sikkimensis* Hook.			SDX0028	本次考察标本
590	报春花科	点地梅属	石莲叶点地梅	*Androsace integra* (Maxim.) Hand.-Mazz.		√	SDX0095	本次考察标本
591	报春花科	点地梅属	西藏点地梅	*Androsace mariae* Kanitz		√	SDX0129	本次考察标本
592	报春花科	点地梅属	雅江点地梅	*Androsace yargongensis* Petitm.		√	SDX0450	本次考察标本
593	报春花科	点地梅属	刺叶点地梅	*Androsace spinulifera* (Franch.) R. Knuth		√		本次考察图片
594	报春花科	点地梅属	高葶点地梅	*Androsace elatior* Pax & K. Hoffm.		√		CVH 数据库资料
595	报春花科	点地梅属	四川点地梅	*Androsace sutchuenensis* Franch.		√		CVH 数据库资料
596	报春花科	点地梅属	细蔓点地梅	*Androsace cuscutiformis* Franch.		√		CVH 数据库资料
597	报春花科	点地梅属	直立点地梅	*Androsace erecta* Maxim.			SDX0108	本次考察标本
598	报春花科	羽叶点地梅属	羽叶点地梅	*Pomatosace filicula* Maxim.	II	√	SDX0277	本次考察标本
599	白花丹科	鸡娃草属	鸡娃草	*Plumbagella micrantha* (Ledeb.) Spach			SDX0449	本次考察标本
600	木樨科	丁香属	野桂花	*Syringa yunnanensis* Franch.		√		CVH 数据库资料

141

序号	科名	属名	中文名	拉丁名	保护级别	是否特有性	标本引证	数据资料来源
601	木樨科	丁香属	四川丁香	*Syringa sweginzowii* Koehne & Lingelsh.				林木种质资源报告
602	木樨科	丁香属	小叶巧玲花	*Syringa pubescens* subsp. microphylla		√		林木种质资源报告
603	木樨科	丁香属	云南丁香	*Syringa yunnanensis* Franch.				林木种质资源报告
604	木樨科	丁香属	紫丁香	*Syringa oblata* Lindl.				林木种质资源报告
605	木樨科	连翘属	连翘	*Forsythia suspensa*（Thunb.）Vahl				林木种质资源报告
606	龙胆科	扁蕾属	扁蕾	*Gentianopsis barbata*（Froel.）Ma			SDX0044	本次考察标本
607	龙胆科	扁蕾属	湿生扁蕾	*Gentianopsis paludosa*（Hook. f.）Ma			SDX0253	本次考察标本
608	龙胆科	喉毛花属	蓝钟喉毛花	*Comastoma cyananthiflorum*（Franch. ex Hemsl.）Holub		√		CVH 数据库资料
609	龙胆科	喉毛花属	镰萼喉毛花	*Comastoma falcatum*（Turcz. ex Kar. & Kir.）Toyok.			SDX0419	本次考察标本
610	龙胆科	喉毛花属	喉毛花	*Comastoma pulmonarium*（Turcz.）Toyok.			SDX0247	本次考察标本
611	龙胆科	花锚属	卵萼花锚	*Halenia elliptica* D. Don			SDX0134	本次考察标本
612	龙胆科	花锚属	椭圆叶花锚	*Halenia elliptica* D. Don				CVH 数据库资料
613	龙胆科	肋柱花属	大花肋柱花	*Lomatogonium macranthum*（Diels et Gilg）Fern.				CVH 数据库资料
614	龙胆科	肋柱花属	肋柱花	*Lomatogonium carinthiacum*（Wulf.）Reichb.				CVH 数据库资料
615	龙胆科	龙胆属	蓝玉簪龙胆	*Gentiana veitchiorum* Hemsl.		√		CVH 数据库资料
616	龙胆科	龙胆属	刺芒龙胆	*Gentiana aristata* Maxim.		√	SDX0249	本次考察标本
617	龙胆科	龙胆属	粗茎秦艽	*Gentiana crassicaulis* Duthie ex Burkill		√	SDX0206	本次考察标本
618	龙胆科	龙胆属	针叶龙胆	*Gentiana heleonastes* H. Smith		√	SDX0363	本次考察标本
619	龙胆科	龙胆属	六叶龙胆	*Gentiana hexaphylla* Maxim. ex Kusn.		√	SDX0468	本次考察标本
620	龙胆科	龙胆属	钟花龙胆	*Gentiana nanobella* C. Marquand		√	SDX0228	本次考察标本
621	龙胆科	龙胆属	岷县龙胆	*Gentiana purdomii* C. Marquand		√	SDX0207	本次考察标本
622	龙胆科	龙胆属	东俄洛龙胆	*Gentiana tongolensis* Franch.		√	SDX0467	本次考察标本
623	龙胆科	龙胆属	反折花龙胆	*Gentiana choanantha* Marq.		√		CVH 数据库资料
624	龙胆科	龙胆属	黄白龙胆	*Gentiana prattii* Kusnezow		√		CVH 数据库资料
625	龙胆科	龙胆属	毛花龙胆	*Gentiana pubiflora* T. N. Ho		√		CVH 数据库资料
626	龙胆科	龙胆属	匙叶龙胆	*Gentiana spathulifolia* Maxim. ex Kusnez.		√		CVH 数据库资料
627	龙胆科	龙胆属	钟花达乌里秦艽	*Gentiana dahurica* var. campanulata T. N. Ho		√		CVH 数据库资料
628	龙胆科	龙胆属	肾叶龙胆	*Gentiana crassuloides* Bureau & Franch.			SDX0470	本次考察标本
629	龙胆科	龙胆属	麻花艽	*Gentiana straminea* Maxim.			SDX0069	本次考察标本

序号	科名	属名	中文名	拉丁名	保护级别	是否特有性	标本引证	数据资料来源
630	龙胆科	龙胆属	蓝白龙胆	*Gentiana leucomelaena* Maxim. ex Kusn.				本次考察图片
631	龙胆科	龙胆属	达乌里秦艽	*Gentiana dahurica* Fisch.				CVH 数据库资料
632	龙胆科	龙胆属	华丽龙胆	*Gentiana sino —ornata* Balf. f.				CVH 数据库资料
633	龙胆科	龙胆属	云雾龙胆	*Gentiana nubigena* Edgew.				CVH 数据库资料
634	龙胆科	獐牙菜属	华北獐牙菜	*Swertia wolfangiana* Grüning		√		CVH 数据库资料
635	龙胆科	獐牙菜属	四数獐牙菜	*Swertia tetraptera* Maxim.			SDX0255	本次考察标本
636	龙胆科	辐花属	辐花	*Lomatogoniopsis alpina* T. N. Ho et S. W. Liu	II			泥拉坝总规
637	夹竹桃科	白前属	大理白前	*Vincetoxicum forrestii* (Schltr.) C. Y. Wu & D. Z. Li			SDX0127	本次考察标本
638	紫草科	附地菜属	钝萼附地菜	*Trigonotis amblyosepala* Nak. et Kitag.		√		CVH 数据库资料
639	紫草科	附地菜属	附地菜	*Trigonotis peduncularis* (Trevis.) Benth. ex Baker & S. Moore			SDX0070	本次考察标本
640	紫草科	琉璃草属	小花琉璃草	*Cynoglossum lanceolatum* Forssk. in Forssk. & Niebuhr			SDX0472	本次考察标本
641	紫草科	微孔草属	微孔草	*Microula sikkimensis* (C. B. Clarke) Hemsl.			SDX0014	本次考察标本
642	紫草科	微孔草属	甘青微孔草	*Microula pseudotrichocarpa* W. T. Wang				CVH 数据库资料
643	唇形科	绵参属	绵参	*Eriophyton wallichii* Benth.				CVH 数据库资料
644	唇形科	水苏属	粗齿破布草	*Stachys kouyangensis* var. *franchetiana* (Vaniot) Dunn				CVH 数据库资料
645	唇形科	糙苏属	独一味	*Phlomoides rotata* (Benth. ex Hook. f.) Mathiesen			SDX0305	本次考察标本
646	唇形科	糙苏属	刺毛糙苏	Phlomoides setifera (Bureau & Franch.) Kamelin & Makhm.				CVH 数据库资料
647	唇形科	风轮菜属	风轮菜	*Clinopodium chinense* (Benth.) Kuntze			SDX0196	本次考察标本
648	唇形科	黄芩属	连翘叶黄芩	*Scutellaria hypericifolia* H. Lév.			SDX0115	本次考察标本
649	唇形科	筋骨草属	美花圆叶筋骨草	*Ajuga ovalifolia* var. *calantha* (Diels) C. Y. Wu et C. Chen		√		CVH 数据库资料
650	唇形科	筋骨草属	白苞筋骨草	*Ajuga lupulina* Maxim.			SDX0084	本次考察标本
651	唇形科	筋骨草属	圆叶筋骨草	*Ajuga ovalifolia* Bureau & Franch.			SDX0243	本次考察标本
652	唇形科	筋骨草属	美花	*Ajuga ovalifolia* Bureau & Franch. var. *calantha* (Diels) C. Y. Wu et C. Chen				CVH 数据库资料
653	唇形科	鳞果草属	西藏鳞果草	*Achyrospermum wallichianum* (Benth.) Benth. ex Hook. f.				CVH 数据库资料
654	唇形科	锦鸡儿属	密叶锦鸡儿	*Caragana densa* Kom.		√		CVH 数据库资料

序号	科名	属名	中文名	拉丁名	保护级别	是否特有性	标本引证	数据资料来源
655	唇形科	荆芥属	康藏荆芥	*Nepeta prattii* H. Lév.		√	SDX0055	本次考察标本
656	唇形科	牛至属	牛至	*Origanum vulgare* L.			SDX0126	本次考察标本
657	唇形科	青兰属	白花枝子花	*Dracocephalum heterophyllum* Benth.			SDX0436	本次考察标本
658	唇形科	青兰属	甘青青兰	*Dracocephalum tanguticum* Maxim.			SDX0123	本次考察标本
659	唇形科	鼠尾草属	黄鼠狼花	*Salvia tricuspis* Franch.		√		CVH 数据库资料
660	唇形科	鼠尾草属	康定鼠尾草	*Salvia prattii* Hemsl.		√		CVH 数据库资料
661	唇形科	鼠尾草属	甘西鼠尾草	*Salvia przewalskii* Maxim.			SDX0122	本次考察标本
662	唇形科	鼠尾草属	黏毛鼠尾草	*Salvia roborowskii* Maxim.			SDX0086	本次考察标本
663	唇形科	水苏属	西南水苏	*Stachys kouyangensis*（Vaniot）Dunn			SDX0490	本次考察标本
664	唇形科	香茶菜属	道孚香茶菜	*Isodon dawoensis*（Hand.－Mazz.）H. Hara		√	SDX0132	本次考察标本
665	唇形科	香茶菜属	川藏香茶菜	*Isodon pharicus*（Prain）Murata				林木种质资源报告
666	唇形科	香茶菜属	小叶香茶菜	*Isodon parvifolius*（Batalin）H. Hara				林木种质资源报告
667	唇形科	香薷属	密花香薷	*Elsholtzia densa* Benth.			SDX0034	本次考察标本
668	唇形科	香薷属	光叶鸡骨柴	*Elsholtzia fruticosa* var. *glabrifolia*				林木种质资源报告
669	唇形科	香薷属	鸡骨柴	*Elsholtzia fruticosa*（D. Don）Rehd.		√		林木种质资源报告
670	唇形科	野芝麻属	宝盖草	*Lamium amplexicaule* L.			SDX0171	本次考察标本
671	唇形科	莸属	光果莸	*Caryopteris tangutica* Maxim.		√		CVH 数据库资料
672	唇形科	鼬瓣花属	鼬瓣花	*Galeopsis bifida* Boenn.			SDX0374	本次考察标本
673	茄科	马尿脬属	马尿泡	*Przewalskia tangutica* Maxim.		√		CVH 数据库资料
674	茄科	马尿脬属	马尿脬	*Przewalskia tangutica* Maxim.			SDX0384	本次考察标本
675	茄科	茄参属	青海茄参	*Mandragora chinghaiensis* Kuang et A. M. Lu				CVH 数据库资料
676	茄科	山莨菪属	赛莨菪	*Scopolia carniolicoides* C. Y. Wu & C. Chen		√		CVH 数据库资料
677	茄科	山莨菪属	山莨菪	*Anisodus tanguticus*（Maxim.）Pascher			SDX0272	本次考察标本
678	玄参科	幌菊属	幌菊	*Ellisiophyllum pinnatum*（Wall. ex Benth.）Makino			SDX0208	本次考察标本
679	玄参科	婆婆纳属	唐古拉婆婆纳	*Veronica vandellioides* Maxim.		√	SDX0039	本次考察标本
680	玄参科	婆婆纳属	两裂婆婆纳	*Veronica biloba* L.			SDX0410	本次考察标本
681	玄参科	婆婆纳属	长果婆婆纳	*Veronica ciliata* Fisch.			SDX0431	本次考察标本
682	玄参科	婆婆纳属	水苦荬	*Veronica undulata* Wall. ex Jack in Roxb.			SDX0200	本次考察标本
683	玄参科	婆婆纳属	卷毛婆婆纳	*Veronica teucrium* subsp. *altaica* Watzl				CVH 数据库资料

续表

序号	科名	属名	中文名	拉丁名	保护级别	是否特有性	标本引证	数据资料来源
684	玄参科	婆婆纳属	毛果婆婆纳	*Veronica eriogyne* H. Winkl.				CVH 数据库资料
685	玄参科	兔耳草属	短筒兔耳草	*Lagotis brevituba* Maxim.		√	SDX0424	本次考察标本
686	玄参科	兔耳草属	短穗兔耳草	*Lagotis brachystachya* Maxim.		√		CVH 数据库资料
687	玄参科	肉果草属	粗毛肉果草	*Lancea hirsuta* Bonati		√		CVH 数据库资料
688	玄参科	肉果草属	肉果草	*Lancea tibetica* Hook. f. & Thomson				本次考察图片
689	玄参科	水茫草属	水茫草	*Limosella aquatica* L.			SDX0366	本次考察标本
690	玄参科	玄参属	大花玄参	*Scrophularia delavayi* Franch.		√	SDX0438	本次考察标本
691	玄参科	醉鱼草属	大叶醉鱼草	*Buddleja davidii* Franch.				本次考察图片
692	玄参科	鞭打绣球属	鞭打绣球	*Hemiphragma heterophyllum* Wall.				CVH 数据库资料
693	玄参科	马先蒿属	巴塘马先蒿	*Pedicularis batangensis* Bureau & Franch.		√	SDX0197	本次考察标本
694	玄参科	马先蒿属	二齿马先蒿	*Pedicularis bidentata* Maxim.		√	SDX0013	本次考察标本
695	玄参科	马先蒿属	短唇马先蒿	*Pedicularis brevilabris* Franch.		√	SDX0408	本次考察标本
696	玄参科	马先蒿属	极丽马先蒿	*Pedicularis decorissima* Diels		√	SDX0016	本次考察标本
697	玄参科	马先蒿属	多花马先蒿	*Pedicularis floribunda* Franch.		√	SDX0176	本次考察标本
698	玄参科	马先蒿属	拟篦齿马先蒿	*Pedicularis pectinatiformis* Bonati		√	SDX0046	本次考察标本
699	玄参科	马先蒿属	大唇拟鼻花马先蒿	*Pedicularis rhinanthoides* subsp. labellata (Jacq.) P. C. Tsoong		√	SDX0003	本次考察标本
700	玄参科	马先蒿属	半扭卷马先蒿	*Pedicularis semitorta* Maxim.		√	SDX0287	本次考察标本
701	玄参科	马先蒿属	毛舟马先蒿	*Pedicularis trichocymba* H. L. Li		√	SDX0131	本次考察标本
702	玄参科	马先蒿属	斗叶马先蒿	*Pedicularis cyathophylla* Franch.		√		本次考察图片
703	玄参科	马先蒿属	大萼马先蒿	*Pedicularis pseudosteiningeri* Bonati		√		CVH 数据库资料
704	玄参科	马先蒿属	红毛马先蒿	*Pedicularis rhodotricha* Maxim.		√		CVH 数据库资料
705	玄参科	马先蒿属	甲拉马先蒿	*Pedicularis kialensis* Franch.		√		CVH 数据库资料
706	玄参科	马先蒿属	扭喙马先蒿	*Pedicularis streptorhyncha* Tsoong		√		CVH 数据库资料
707	玄参科	马先蒿属	刺齿马先蒿	*Pedicularis armata* Maxim.			SDX0210	本次考察标本
708	玄参科	马先蒿属	碎米蕨叶马先蒿	*Pedicularis cheilanthifolia* Schrenk			SDX0420	本次考察标本
709	玄参科	马先蒿属	凸额马先蒿	*Pedicularis cranolopha* Maxim.			SDX0060	本次考察标本
710	玄参科	马先蒿属	密穗马先蒿	*Pedicularis densispica* Franch. ex Maxim.			SDX0118	本次考察标本
711	玄参科	马先蒿属	甘肃马先蒿	*Pedicularis kansuensis* Maxim.			SDX0495	本次考察标本
712	玄参科	马先蒿属	绒舌马先蒿	*Pedicularis lachnoglossa* Hook. f.			SDX0353	本次考察标本

序号	科名	属名	中文名	拉丁名	保护级别	是否特有性	标本引证	数据资料来源
713	玄参科	马先蒿属	管状长花马先蒿	*Pedicularis longiflora* var. *tubiformis* (Klotzsch) P. C. Tsoong			SDX0149	本次考察标本
714	玄参科	马先蒿属	琴盔马先蒿	*Pedicularis lyrata* Prain			SDX0063	本次考察标本
715	玄参科	马先蒿属	茸背马先蒿	*Pedicularis oliveriana* Prain			SDX0090	本次考察标本
716	玄参科	马先蒿属	青藏马先蒿	*Pedicularis przewalskii* Maxim.			SDX0442	本次考察标本
717	玄参科	马先蒿属	欧亚马先蒿	*Pedicularis oederi* Vahl				本次考察图片
718	玄参科	马先蒿属	四川马先蒿	*Pedicularis szetschuanica* Maxim.				本次考察图片
719	玄参科	马先蒿属	管花马先蒿	*Pedicularis siphonantha* Don				CVH 数据库资料
720	玄参科	松蒿属	细裂叶松蒿	*Phtheirospermum tenuisectum* Bureau & Franch.			SDX0083	本次考察标本
721	玄参科	小米草属	小米草	*Euphrasia pectinata* Ten.			SDX0042	本次考察标本
722	玄参科	小米草属	芒小米草	*Euphrasia maximowiczii* Wettst.				CVH 数据库资料
723	紫葳科	角蒿属	四川波罗花	*Incarvillea beresovskii* Batalin		√	SDX0136	本次考察标本
724	紫葳科	角蒿属	密生波罗花	*Incarvillea compacta* Maxim.		√	SDX0053	本次考察标本
725	车前科	车前属	平车前	*Plantago depressa* Willd.			SDX0047	本次考察标本
726	茜草科	筋骨草属	美花筋骨草	*Ajuga ovalifolia* var. *calantha* Bur. et Franch.				CVH 数据库资料
727	茜草科	拉拉藤属	楔叶葎	*Galium asperifolium* Wall. in Roxb.			SDX0110	本次考察标本
728	茜草科	拉拉藤属	硬毛拉拉藤	*Galium boreale* var. *ciliatum* Nakai			SDX0092	本次考察标本
729	茜草科	拉拉藤属	拉拉藤	*Galium spurium* L.			SDX0040	本次考察标本
730	茜草科	拉拉藤属	北方拉拉藤	*Galium boreale* L.				本次考察图片
731	川续断科	川续断属	大头续断	*Dipsacus chinensis* Batalin		√	SDX0148	本次考察标本
732	川续断科	刺续断属	白花刺续断	*Acanthocalyx alba*（Hand.－Mazz.）M. J. Cannon				本次考察图片
733	川续断科	刺参属	圆萼刺参	*Morina chinensis* Y. Y. Pai		√	SDX0236	本次考察标本
734	川续断科	刺参属	绿花刺参	*Morina chlorantha* Diels		√		CVH 数据库资料
735	败酱科	甘松属	匙叶甘松	*Nardostachys jatamansi*（D. Don）DC.	II			本次考察图片
736	忍冬科	忍冬属	红脉忍冬	*Lonicera nervosa* Maxim.		√	SDX0180	本次考察标本
737	忍冬科	忍冬属	刚毛忍冬	*Lonicera hispida* Pall. ex Roem. & Schult.			SDX0143	本次考察标本
738	忍冬科	忍冬属	岩生忍冬	*Lonicera rupicola* Hook. f. & Thomson			SDX0475	本次考察标本
739	忍冬科	忍冬属	毛花忍冬	*Lonicera trichosantha* Bureau & Franch.			SDX0347	本次考察标本
740	忍冬科	忍冬属	红花岩生忍冬	*Lonicera rupicola* var. *syringantha*		√		林木种质资源报告

序号	科名	属名	中文名	拉丁名	保护级别	是否特有性	标本引证	数据资料来源
741	忍冬科	忍冬属	华西忍冬	*Lonicera webbiana* Wall. ex DC.		√		林木种质资源报告
742	忍冬科	忍冬属	蓝果忍冬	*Lonicera caerulea* L.		√		林木种质资源报告
743	忍冬科	忍冬属	小叶忍冬	*Lonicera microphylla*				林木种质资源报告
744	忍冬科	忍冬属	管花忍冬	*Lonicera tubuliflora* Rehd.		√		CVH数据库资料
745	忍冬科	莛子藨属	莛子藨	*Triosteum pinnatifidum* Maxim.				CVH数据库资料
746	忍冬科	缬草属	毛果缬草	*Valeriana hirticalyx* L. C. Chiu		√	SDX0482	本次考察标本
747	忍冬科	缬草属	秀丽缬草	*Valeriana venusta* L. Q. Qiu		√		CVH数据库资料
748	忍冬科	缬草属	缬草	*Valeriana officinalis* L.			SDX0001	本次考察标本
749	忍冬科	翼首花属	匙叶翼首花	*Bassecoia hookeri* (C. B. Clarke) V. Mayer & Ehrend.				本次考察图片
750	五福花科	五福花属	五福花	*Adoxa moschatellina* Linn.				CVH数据库资料
751	桔梗科	党参属	灰毛党参	*Codonopsis canescens* Nannf.		√	SDX0302	本次考察标本
752	桔梗科	党参属	脉花党参	*Codonopsis foetens* subsp. *nervosa* (Chipp) D. Y. Hong		√	SDX0278	本次考察标本
753	桔梗科	风铃草属	钻裂风铃草	*Campanula aristata* Wall.			SDX0295	本次考察标本
754	桔梗科	辐冠参属	薄叶辐冠参	*Pseudocodon vinciflorus* subsp. *vinciflorus*				CVH数据库资料
755	桔梗科	蓝钟花属	大萼蓝钟花	*Cyananthus macrocalyx* Franch.			SDX0320	本次考察标本
756	桔梗科	蓝钟花属	灰毛蓝钟花	*Cyananthus incanus* Hook. f. & Thoms.				CVH数据库资料
757	桔梗科	蓝钟花属	蓝钟花	*Cyananthus hookeri* C. B. Clarke				CVH数据库资料
758	桔梗科	蓝钟花属	小菱叶蓝钟花	*Cyananthus microrhombeus* C. Y. Wu				CVH数据库资料
759	桔梗科	沙参属	川藏沙参	*Adenophora liliifolioides* Pax & Hoffm.		√	SDX0214	本次考察标本
760	桔梗科	沙参属	丝裂沙参	*Adenophora capillaris* Hemsl.			SDX0121	本次考察标本
761	桔梗科	沙参属	喜马拉雅沙参	*Adenophora himalayana* Feer				本次考察图片
762	菊科	垂头菊属	褐毛垂头菊	*Cremanthodium brunneopilosum* S. W. Liu		√	SDX0204	本次考察标本
763	菊科	垂头菊属	狭舌垂头菊	*Cremanthodium stenoglossum* Y. Ling & S. W. Liu		√	SDX0309	本次考察标本
764	菊科	垂头菊属	矮垂头菊	*Cremanthodium humile* Maxim.			SDX0318	本次考察标本
765	菊科	垂头菊属	条叶垂头菊	*Cremanthodium lineare* Maxim.			SDX0211	本次考察标本
766	菊科	垂头菊属	车前状垂头菊	*Cremanthodium ellisii* (Hook. f.) S. Kitamura				CVH数据库资料
767	菊科	大丁草属	大丁草	*Leibnitzia anandria* (L.) Turcz.			SDX0073	本次考察标本
768	菊科	多榔菊属	西藏多榔菊	*Doronicum calotum* (Diels) Q. Yuan		√	SDX0217	本次考察标本

序号	科名	属名	中文名	拉丁名	保护级别	是否特有性	标本引证	数据资料来源
769	菊科	多榔菊属	狭舌多榔菊	*Doronicum stenoglossum* Maxim.		√	SDX0448	本次考察标本
770	菊科	飞廉属	节毛飞廉	*Carduus acanthoides* L.			SDX0050	本次考察标本
771	菊科	飞廉属	丝毛飞廉	*Carduus crispus* Linn.				CVH 数据库资料
772	菊科	飞蓬属	飞蓬	*Erigeron acris* L.			SDX0146	本次考察标本
773	菊科	风毛菊属	球花雪莲	*Saussurea globosa* F. H. Chen		√	SDX0499	本次考察标本
774	菊科	风毛菊属	红叶雪兔子	*Saussurea paxiana* Diels		√	SDX0308	本次考察标本
775	菊科	风毛菊属	打箭风毛菊	*Saussurea tatsienensis* Franch.		√	SDX0242	本次考察标本
776	菊科	风毛菊属	褐花雪莲	*Saussurea phaeantha* Maxim.		√		本次考察图片
777	菊科	风毛菊属	川滇风毛菊	*Saussurea wardii* J. Anthony		√		本次考察图片
778	菊科	风毛菊属	林生风毛菊	*Saussurea sylvatica* Maxim.		√		CVH 数据库资料
779	菊科	风毛菊属	云状雪兔子	*Saussurea aster* Hemsl.			SDX0078	本次考察标本
780	菊科	风毛菊属	禾叶风毛菊	*Saussurea graminea* Dunn			SDX0335	本次考察标本
781	菊科	风毛菊属	风毛菊	*Saussurea japonica* (Thunb.) DC.			SDX0198	本次考察标本
782	菊科	风毛菊属	水母雪兔子	*Saussurea medusa* Maxim.	Ⅱ		SDX0340	本次考察标本
783	菊科	风毛菊属	小花风毛菊	*Saussurea parviflora* (Poir.) DC.			SDX0215	本次考察标本
784	菊科	风毛菊属	膜鞘雪莲	*Saussurea pilinophylla* Diels ex H. Limpr.			SDX0422	本次考察标本
785	菊科	风毛菊属	弯齿风毛菊	*Saussurea przewalskii* Maxim.			SDX0326	本次考察标本
786	菊科	风毛菊属	星状雪兔子	*Saussurea stella* Maxim.			SDX0289	本次考察标本
787	菊科	风毛菊属	锥叶风毛菊	*Saussurea wernerioides* Sch. Bip. ex Hook. f.			SDX0460	本次考察标本
788	菊科	风毛菊属	昂头风毛菊	*Saussurea sobarocephala* Diels				CVH 数据库资料
789	菊科	风毛菊属	巴塘风毛菊	*Saussurea limprichtii* Diels				CVH 数据库资料
790	菊科	风毛菊属	牛耳风毛菊	*Saussurea woodiana* Hemsl.				CVH 数据库资料
791	菊科	风毛菊属	三指雪兔子	*Saussurea tridactyla* Sch. -Bip. ex Hook. f.				CVH 数据库资料
792	菊科	风毛菊属	狮牙草状风毛菊	*Saussurea leontodontoides* (DC.) Sch.				CVH 数据库资料
793	菊科	风毛菊属	药山风毛菊	*Saussurea bodinieri* H. Lév.				CVH 数据库资料
794	菊科	风毛菊属	直鳞禾叶风毛菊	*Saussurea graminea* var. *ortholepis* Hand. -Mazz.				CVH 数据库资料
795	菊科	风毛菊属	重齿风毛菊	*Saussurea katochaete* Maxim.				CVH 数据库资料
796	菊科	风毛菊属	锯叶风毛菊	*Saussurea semifasciata* Hand. -Mazz.		√		CVH 数据库资料

序号	科名	属名	中文名	拉丁名	保护级别	是否特有性	标本引证	数据资料来源
797	菊科	狗舌草属	橙舌狗舌草	*Tephroseris rufa*（Hand. − Mazz.）B. Nord.			SDX0133	本次考察标本
798	菊科	蒿属	川西腺毛蒿	*Artemisia occidentalisichuanensis* Y. R. Ling & S. Y. Zhao		√	SDX0049	本次考察标本
799	菊科	蒿属	矮沙蒿	*Artemisia desertorum* Spreng. var. *foetida*（Jacq. ex DC.）Ling et Y. R. Ling		√		CVH 数据库资料
800	菊科	蒿属	东俄洛沙蒿	*Artemisia desertorum* var. *tongolensi* Pamp.		√		CVH 数据库资料
801	菊科	蒿属	青藏蒿	*Artemisia duthreuil* −de−rhinsi Kraschen.		√		CVH 数据库资料
802	菊科	蒿属	沙蒿	*Artemisia desertorum* Spreng.			SDX0125	本次考察标本
803	菊科	蒿属	臭蒿	*Artemisia hedinii* Ostenf. in Hedin			SDX0502	本次考察标本
804	菊科	蒿属	大籽蒿	*Artemisia sieversiana* Ehrhart ex Willd.			SDX0369	本次考察标本
805	菊科	蒿属	小球花蒿	*Artemisia moorcroftiana* Wall. ex DC.				CVH 数据库资料
806	菊科	黄鹌菜属	川西黄鹌菜	*Youngia prattii*（Babc.）Babc. & Stebbins		√		本次考察图片
807	菊科	黄缨菊属	黄缨菊	*Xanthopappus subacaulis* C. Winkl.		√		本次考察图片
808	菊科	火绒草属	银叶火绒草	*Leontopodium souliei* Beauverd		√		本次考察图片
809	菊科	火绒草属	香芸火绒草	*Leontopodium haplophylloides* Hand. −Mazz.		√		CVH 数据库资料
810	菊科	火绒草属	戟叶火绒草	*Leontopodium dedekensii*（Bureau & Franch.）Beauverd			SDX0109	本次考察标本
811	菊科	火绒草属	矮火绒草	*Leontopodium nanum*（Hook. f. & Thomson ex C. B. Clarke）Hand. −Mazz.			SDX0434	本次考察标本
812	菊科	火绒草属	华火绒草	*Leontopodium sinense* Hemsl.			SDX0010	本次考察标本
813	菊科	火绒草属	长叶火绒草	Leontopodium junpeianum Kitam.				CVH 数据库资料
814	菊科	蓟属	葵花大蓟	*Cirsium souliei*（Franch.）Mattf.			SDX0329	本次考察标本
815	菊科	菊蒿属	川西小黄菊	*Tanacetum tatsienense*（Bureau & Franch.）K. Bremer & Humphries			SDX0239	本次考察标本
816	菊科	绢毛苣属	空桶参	*Soroseris erysimoides*（Hand. −Mazz.）C. Shih			SDX0425	本次考察标本
817	菊科	绢毛苣属	皱叶绢毛苣	*Soroseris hookeriana*（C. B. Clarke）Stebbins			SDX0421	本次考察标本
818	菊科	绢毛苣属	金沙绢毛菊	*Soroseris gillii*（S. Moore）Stebbins				CVH 数据库资料
819	菊科	绢毛苣属	绢毛苣	*Soroseris glomerata*（Decne.）Stebbins				CVH 数据库资料
820	菊科	苦苣菜属	长裂苦苣菜	*Sonchus brachyotus* DC.				CVH 数据库资料

序号	科名	属名	中文名	拉丁名	保护级别	是否特有性	标本引证	数据资料来源
821	菊科	麻花头属	无茎麻花头	*Klasea lyratifolia* (Schrenk) L. Martins				CVH 数据库资料
822	菊科	毛冠菊属	狭舌毛冠菊	*Nannoglottis gynura* (C. Winkl.) Ling et Y. L. Cnen				CVH 数据库资料
823	菊科	毛连菜属	日本毛连菜	*Picris japonica* Thunb.			SDX0151	本次考察标本
824	菊科	蒲公英属	白花蒲公英	*Taraxacum albiflos* Kirschner & Štěpánek		√	SDX0038	本次考察标本
825	菊科	蒲公英属	川甘蒲公英	*Taraxacum lugubre* Dahlst.		√	SDX0018	本次考察标本
826	菊科	蒲公英属	红角蒲公英	*Taraxacum luridum* G. E. Haglund				本次考察图片
827	菊科	蒲公英属	蒲公英	*Taraxacum mongolicum* Hand. —Mazz.				CVH 数据库资料
828	菊科	千里光属	风毛菊状千里光	*Senecio saussureoides* Hand. —Mazz.		√	SDX0343	本次考察标本
829	菊科	千里光属	异羽千里光	*Senecio diversipinnus* Ling				CVH 数据库资料
830	菊科	鼠曲草属	秋鼠曲草	*Pseudognaphalium hypoleucum* (DC.) Hilliard & B. L. Burtt				CVH 数据库资料
831	菊科	天名精属	高原天名精	*Carpesium lipskyi* C. Winkl.		√	SDX0015	本次考察标本
832	菊科	橐吾属	穗序橐吾	*Ligularia subspicata* (Bur. et Franch.) Hand. —Mazz.		√		CVH 数据库资料
833	菊科	橐吾属	浅齿橐吾	*Ligularia potaninii* (C. Winkl.) Y. Ling		√	SDX0500	本次考察标本
834	菊科	橐吾属	掌叶橐吾	*Ligularia przewalskii* (Maxim.) Diels		√		本次考察图片
835	菊科	橐吾属	褐毛橐吾	*Ligularia purdomii* (Turrill) Chitt.		√		本次考察图片
836	菊科	橐吾属	缘毛橐吾	*Ligularia liatroides* (C. Winkler) Hand. —Mazz.		√		CVH 数据库资料
837	菊科	橐吾属	箭叶橐吾	*Ligularia sagitta* (Maxim.) Mattf.			SDX0393	本次考察标本
838	菊科	橐吾属	黄帚橐吾	*Ligularia virgaurea* (Maxim.) Mattf.			SDX0245	本次考察标本
839	菊科	香青属	云南香青	*Anaphalis yunnanensis* (Franch.) Diels				CVH 数据库资料
840	菊科	香青属	黄腺香青	*Anaphalis aureo*-punctata Lingelsheim & Borza		√		CVH 数据库资料
841	菊科	香青属	铃铃香青	*Anaphalis hancockii* Maxim.		√		CVH 数据库资料
842	菊科	香青属	蜀西香青	*Anaphalis souliei* Diels		√		CVH 数据库资料
843	菊科	香青属	纤枝香青	*Anaphalis gracilis* Hand. —Mazz.		√		CVH 数据库资料
844	菊科	香青属	淡黄香青	*Anaphalis flavescens* Hand. —Mazz.			SDX0494	本次考察标本
845	菊科	香青属	二色香青	*Anaphalis bicolor* (Franch.) Diels				本次考察图片
846	菊科	香青属	木里香青	*Anaphalis muliensis* (Hand. —Mazz.) Hand. —Mazz.				CVH 数据库资料
847	菊科	亚菊属	细裂亚菊	*Ajania przewalskii* Poljakov		√	SDX0091	本次考察标本

序号	科名	属名	中文名	拉丁名	保护级别	是否特有性	标本引证	数据资料来源
848	菊科	亚菊属	柳叶亚菊	*Ajania salicifolia*（Mattf. ex Rehder & Kobuski）Poljakov		√	SDX0229	本次考察标本
849	菊科	亚菊属	细叶亚菊	*Ajania tenuifolia*（Jacq.）Tzvel.		√		CVH 数据库资料
850	菊科	岩参属	川甘岩参	*Cicerbita roborowskii*（Maxim.）Beauverd		√		CVH 数据库资料
851	菊科	紫菀属	东俄洛紫菀	*Aster tongolensis* Franch.		√		CVH 数据库资料
852	菊科	紫菀属	云南紫菀	*Aster yunnanensis* Franch.		√		CVH 数据库资料
853	菊科	紫菀属	长梗紫菀	*Aster dolichopodus* Y. Ling		√		CVH 数据库资料
854	菊科	紫菀属	萎软紫菀	*Aster flaccidus* Bunge				CVH 数据库资料
855	菊科	紫菀属	夏河云南紫菀	*Aster yunnanensis* Franch. var. *labrangensis*（Hand.－Mazz.）Ling				CVH 数据库资料
856	菊科	紫菀属	圆齿狗娃花	*Aster crenatifolius* Hand.－Mazz.				CVH 数据库资料
857	菊科	紫菀属	重冠紫菀	*Aster diplostephioides*（DC.）C. B. Clarke				CVH 数据库资料
858	菊科	紫菀属	柳叶小舌紫菀	*Aster albescens* var. *salignus* Hand.－Mazz.				林木种质资源报告

苔藓植物名录

序号	科名	属名	中文正名	拉丁名	标本引证
1	叉苔科	叉苔属	钩毛叉苔	*Metzgeria hamata* Lindb.	CVH 数据库资料
2	耳叶苔科	耳叶苔属	陕西耳叶苔	*Frullania schensiana* C. Massal.	CVH 数据库资料
3	耳叶苔科	耳叶苔属	云南耳叶苔	*Frullania yunnanensis* Steph.	CVH 数据库资料
4	光萼苔科	青藓属	多褶青藓	*Brachythecium buchananii*（Hook.）Jaeg.	CVH 数据库资料
5	光萼苔科	光萼苔属	丛生光萼苔	*Porella caespitans*（Steph.）S. Hatt.	CVH 数据库资料
6	光萼苔科	光萼苔属	耳叶光萼苔	*Porella frullanioides*（Steph.）J. X. Luo	CVH 数据库资料
7	光萼苔科	光萼苔属	高山光萼苔	*Porella oblongifolia* S. Hatt.	CVH 数据库资料
8	光萼苔科	光萼苔属	基齿光萼苔	*Porella madagascariensis*（Nees & Mont.）Trevis.	CVH 数据库资料
9	光萼苔科	光萼苔属	疏刺光萼苔	*Porella spinulosa*（Steph.）S. Hatt.	CVH 数据库资料
10	光萼苔科	光萼苔属	卷叶光萼苔	*Porella revoluta*（Lehm. & Lindenb.）Trevis.	CVH 数据库资料
11	光萼苔科	光萼苔属	中华光萼苔	*Porella chinensis*（Steph.）S. Hatt.	CVH 数据库资料
12	光萼苔科	光萼苔属	密叶光萼苔	*Porella densifolia*（Steph.）S. Hatt.	CVH 数据库资料
13	合叶苔科	裂叶苔属	皱叶裂叶苔	*Lophozia incisa*（Schrad.）Dumort.	CVH 数据库资料
14	剪叶苔科	剪叶苔属	格氏剪叶苔	*Herbertus giraldianus*（Steph.）W. E. Nicholson	CVH 数据库资料
15	睫毛苔科	睫毛苔属	睫毛苔	*Blepharostoma trichophyllum*（L.）Dumort.	CVH 数据库资料
16	裂叶苔科	卷叶苔属	卷叶苔	*Anasrepta orcadensis*（Hook）Schiffn.	CVH 数据库资料
17	瘤冠苔科	花萼苔属	网纹花萼苔	*Asterella yoshingana*（Horik.）Horik.	CVH 数据库资料

序号	科名	属名	中文正名	拉丁名	标本引证
18	拟大萼苔科	拟大萼苔属	小叶拟大萼苔	*Cephaloziella microphylla*（Steph.）Douin	CVH 数据库资料
19	皮叶苔科	皮叶苔属	皮叶苔	*Targionia hypophylla* L.	CVH 数据库资料
20	小叶苔科	小叶苔属	多脊小叶苔	*Fossombronia wondraczekii*（Cord.）Dum.	CVH 数据库资料
21	小叶苔科	小叶苔属	密格小叶苔	*Fossombronia foveolata* Lindb	CVH 数据库资料
22	隐蒴苔科	对耳苔属	秋圆叶苔	*Syzygiella autumnalis*（DC.）K. Feldberg, Váňa, Hentschel & Heinrichs	CVH 数据库资料
23	疣冠苔科	薄地钱属	喜马拉雅薄地钱	*Cryptomitrium himalayense* Kashyap	CVH 数据库资料
24	疣冠苔科	石地钱属	石地钱	*Reboulia hemisphaerica*（L.）Raddi	CVH 数据库资料
25	疣冠苔科	紫背苔属	无纹紫背苔	*Plagiochasma intermedium* Lindenb. & Gottsche	CVH 数据库资料
26	羽苔科	羽苔属	延叶羽苔	*Plagiochila semidecurrens*（Lehm. & Lindenb.）Lindenb.	CVH 数据库资料
27	指叶苔科	鞭苔属	三齿鞭苔	*Bazzania tricrenata*（Wahlenb.）Lindb.	CVH 数据库资料
28	指叶苔科	鞭苔属	双齿鞭苔	*Bazzania bidentula*（Steph.）Steph.	CVH 数据库资料
29	指叶苔科	指叶苔属	指叶苔	*Lepidozia reptans*（L.）Dumort.	CVH 数据库资料
30	钱苔科	钱苔属	钱苔	*Riccia glauca* L.	CVH 数据库资料
31	地钱科	背托苔属	背托苔	*Preissia quadrata*（Scop.）Nees	CVH 数据库资料
32	地钱科	地钱属	粗裂地钱	*Marchantia paleacea* Bertol.	CVH 数据库资料
33	白齿藓科	白齿藓属	长叶白齿藓	*Leucodon subulatus* Broth.	CVH 数据库资料
34	白齿藓科	白齿藓属	偏叶白齿藓	*Leucodon secundus*（Harv.）Mitt.	CVH 数据库资料
35	白齿藓科	鼠尾藓属	鼠尾藓	*Myuroclada maximowiczii*（Borszcz.）Steere et Schof.	CVH 数据库资料
36	白发藓科	白氏藓属	喜马拉雅白氏藓	*Brothera himalayana* Broth.	CVH 数据库资料
37	白发藓科	白氏藓属	白氏藓	*Brothera leana*（Sull.）Müll. Hal.	CVH 数据库资料
38	白发藓科	青毛藓属	丛叶青毛藓	*Dicranodontium caespitosum*（Mitt.）Paris	CVH 数据库资料
39	白发藓科	曲柄藓属	鞭枝曲柄藓	*Campylopus longigemmatus* C. Gao	CVH 数据库资料
40	薄罗藓科	多毛藓属	弯叶多毛藓	*Lescuraea incurvata*（Hedw.）Lawt.	CVH 数据库资料
41	薄罗藓科	假细罗藓属	瓦叶假细罗藓	*Pseudoleskeella tectorum*（Funck ex Brid.）Kindb. in Broth.	CVH 数据库资料
42	薄罗藓科	细罗藓属	细罗藓	*Leskeella nervosa*（Brid.）Loesk.	CVH 数据库资料
43	丛藓科	薄齿藓属	齿叶薄齿藓	*Leptodontium handelii* Thér.	CVH 数据库资料
44	丛藓科	薄齿藓属	厚壁薄齿藓	*Leptodontium warnstorfii* M. Fleisch.	CVH 数据库资料
45	丛藓科	赤藓属	高山赤藓	*Syntrichia sinensis* Ochyra	CVH 数据库资料
46	丛藓科	赤藓属	山赤藓	*Syntrichia ruralis*（Hedw.）F. Weber & D. Mohr	CVH 数据库资料
47	丛藓科	赤藓属	长尖赤藓	*Syntrichia longimucronata*（X. J. Li）R. H. Zander	CVH 数据库资料

序号	科名	属名	中文正名	拉丁名	标本引证
48	丛藓科	丛本藓属	丛本藓	*Anoectangium aestivum*（Hedw.）Mitt.	CVH 数据库资料
49	丛藓科	丛本藓属	绿丛本藓	*Anoectangium euchloron*（Schw? gr.）Mitt.	CVH 数据库资料
50	丛藓科	对齿藓属	短叶对齿藓	*Didymodon tectorus*（Müll. Hal.）Saito	CVH 数据库资料
51	丛藓科	对齿藓属	反叶对齿藓	*Didymodon ferrugineus* M. O. Hill	CVH 数据库资料
52	丛藓科	对齿藓属	黑对齿藓	*Didymodon nigrescens* K. Saito	CVH 数据库资料
53	丛藓科	对齿藓属	长尖对齿藓	*Didymodon ditrichoides*（Broth.）X. J. Li & S. He	CVH 数据库资料
54	丛藓科	对齿藓属	北地对齿藓	*Didymodon fallax*（Hedw.）R. H. Zander	CVH 数据库资料
55	丛藓科	红叶藓属	云南红叶藓	*Bryoerythrophyllum yunnanense*（Herzog）P. C. Chen	CVH 数据库资料
56	丛藓科	净口藓属	净口藓	*Gymnostomum calcareum* Nees & Hornsch.	CVH 数据库资料
57	丛藓科	净口藓属	铜绿净口藓	*Gymnostomum aeruginosum* Sm.	CVH 数据库资料
58	丛藓科	链齿藓属	泛生链齿藓	*Desmatodon laureri*（Schultz）Bruch & Schimp.	CVH 数据库资料
59	丛藓科	拟买氏藓属	剑叶藓	*Merceyopsis sikkimensis*（Müll. Hal.）Broth. & Dixon	CVH 数据库资料
60	丛藓科	扭口藓属	大扭口藓	*Barbula gigantea* Funck	CVH 数据库资料
61	丛藓科	扭口藓属	短叶扭口藓	*Barbula tectorum* Müll. Hal.	CVH 数据库资料
62	丛藓科	扭口藓属	反叶扭口藓	*Barbula reflexa*（Brid.）Brid.	CVH 数据库资料
63	丛藓科	扭口藓属	黑扭口藓	*Barbula nigrescens* Mitt.	CVH 数据库资料
64	丛藓科	扭口藓属	剑叶扭口藓	*Barbula rufidula* Müll. Hal.	CVH 数据库资料
65	丛藓科	扭口藓属	拟溪边扭口藓	*Barbula subrivicola* P. C. Chen	CVH 数据库资料
66	丛藓科	扭口藓属	扭口藓	*Barbula unguiculata* Hedw.	CVH 数据库资料
67	丛藓科	扭口藓属	溪边扭口藓	*Barbula rivicola* Broth.	CVH 数据库资料
68	丛藓科	扭口藓属	狭叶扭口藓	*Barbula subcontorta* Broth.	CVH 数据库资料
69	丛藓科	扭口藓属	长尖扭口藓	*Barbula ditrichoides* Broth.	CVH 数据库资料
70	丛藓科	扭口藓属	长肋扭口藓	*Barbula longicostata* X. J. Li	CVH 数据库资料
71	丛藓科	扭口藓属	北地扭口藓	*Barbula fallax* Hedw.	CVH 数据库资料
72	丛藓科	墙藓属	泛生墙藓	*Tortula muralis* Hedw.	CVH 数据库资料
73	丛藓科	墙藓属	中华墙藓	*Tortula sinensis*（Müll. Hal.）Broth.	CVH 数据库资料
74	丛藓科	忍冬属	唐古特忍冬	*Lonicera tangutica* Maxim.	CVH 数据库资料
75	丛藓科	湿地藓属	四川湿地藓	*Hyophila setschwanica*（Broth.）Hilp. ex P. C. Chen	CVH 数据库资料
76	丛藓科	酸土藓属	酸土藓	*Oxystegus cylindricus*（Brid.）Hilp.	CVH 数据库资料
77	丛藓科	小石藓属	小石藓	*Weissia controversa* Hedw.	CVH 数据库资料
78	丛藓科	密疣藓属	密疣藓	*Vinealobryum vineale*（Brid.）R. H. Zander	CVH 数据库资料
79	大帽藓科	大帽藓属	大帽藓	*Encalypta ciliata* Hedw.	CVH 数据库资料

序号	科名	属名	中文正名	拉丁名	标本引证
80	大帽藓科	大帽藓属	尖叶大帽藓	*Encalypta rhaptocarpa* Schwägr.	CVH 数据库资料
81	大帽藓科	大帽藓属	西伯利亚大帽藓	*Encalypta sibirica* (Weinm.) Warnst.	CVH 数据库资料
82	对叶藓科	对叶藓属	对叶藓	*Distichium capillaceum* (Hedw.) Bruch & Schimp.	CVH 数据库资料
83	凤尾藓科	凤尾藓属	卷叶凤尾藓	*Fissidens dubius* P. Beauv.	CVH 数据库资料
84	凤尾藓科	凤尾藓属	小凤尾藓	*Fissidens bryoides* Hedw.	CVH 数据库资料
85	壶藓科	并齿藓属	并齿藓	*Tetraplodon mnioides* (Hedw.) B. S. G.	CVH 数据库资料
86	壶藓科	并齿藓属	狭叶并齿藓	*Tetraplodon angustatus* (Hedw.) B. S. G.	CVH 数据库资料
87	灰藓科	粗枝藓属	密枝粗枝藓	*Gollania turgens* (Müll. Hal.) Ando	CVH 数据库资料
88	灰藓科	灰藓属	大灰藓	*Hypnum plumaeforme* Wils.	CVH 数据库资料
89	灰藓科	灰藓属	灰藓	*Hypnum cupressiforme* L. ex Hedw.	CVH 数据库资料
90	灰藓科	灰藓属	卷叶灰藓	*Hypnum revolutum* (Mitt.) Lindb.	CVH 数据库资料
91	灰藓科	灰藓属	弯叶灰藓	*Hypnum hamulosum* B. S. G.	CVH 数据库资料
92	灰藓科	灰藓属	长蒴灰藓	*Hypnum macrogynum* Besch.	CVH 数据库资料
93	灰藓科	毛梳藓属	毛梳藓	*Ptilium crista−castrensis* (Hedw.) De Not.	CVH 数据库资料
94	灰藓科	同叶藓属	纤枝同叶藓	*Isopterygium minutirameum* (C. Muell.) Jaeg.	CVH 数据库资料
95	假细罗藓科	寒原荠属	寒原荠	*Aphragmus oxycarpus* (Hook. f. et Thoms.) Jafri	CVH 数据库资料
96	金发藓科	花旗杆属	花旗杆	*Dontostemon dentatus* (Bunge) Ledeb.	CVH 数据库资料
97	金发藓科	小金发藓属	疣小金发藓	*Pogonatum urnigerum* (Hedw.) P. Beauv.	CVH 数据库资料
98	金发藓科	小金发藓属	全缘小金发藓	*Pogonatum perichaetiale* (Mont.) Jaeg.	CVH 数据库资料
99	金发藓科	小金发藓属	小口小金发藓	*Pogonatum microstomum* (Schwaegr.) Brid.	CVH 数据库资料
100	锦藓科	腐木藓属	腐木藓	*Heterophyllium affine* Fleisch.	CVH 数据库资料
101	锦藓科	小锦藓属	赤茎小锦藓	*Brotherella erythrocaulis* (Mitt.) Fleisch.	CVH 数据库资料
102	绢藓科	绢藓属	横生绢藓	*Entodon prorepens* (Mitt.) Jaeg.	CVH 数据库资料
103	蔓藓科	粗蔓藓属	反叶粗蔓藓	*Meteoriopsis reclinata* (C. Muell.) Fleisch.	CVH 数据库资料
104	蔓藓科	蔓藓属	粗枝蔓藓	*Meteorium subpolytrichum* (Besch.) Broth.	CVH 数据库资料
105	蔓藓科	毛扭藓属	卵叶毛扭藓	*Aerobryidium aureo−nitens* Broth.	CVH 数据库资料
106	蔓藓科	气藓属	气藓	*Aerobryum speciosum* Doz. et Molk.	CVH 数据库资料
107	木灵藓科	显孔藓属	中国显孔藓	*Lewinskya hookeri* (Wilson ex Mitt.) F. Lara, Garilleti & Goffinet	CVH 数据库资料
108	木灵藓科	显孔藓属	暗色显孔藓	*Lewinskya sordida* (Sull. & Lesq.) F. Lara, Garilleti & Goffinet	CVH 数据库资料
109	泥炭藓科	泥炭藓属	广舌泥炭藓	*Sphagnum russowii* Warnst.	CVH 数据库资料
110	泥炭藓科	泥炭藓属	暖地泥炭藓	*Sphagnum junghuhnianum* Dozy & Molk.	CVH 数据库资料

序号	科名	属名	中文正名	拉丁名	标本引证
111	泥炭藓科	泥炭藓属	中位泥炭藓	*Sphagnum magellanicum* Brid.	CVH 数据库资料
112	泥炭藓科	泥炭藓属	白齿泥炭藓	*Sphagnum girgensohnii* Russow	CVH 数据库资料
113	平藓科	平藓属	平藓	*Neckera pennata* Hedw.	CVH 数据库资料
114	青藓科	青藓属	斜枝青藓	*Brachythecium campylothallum* C. Muell.	CVH 数据库资料
115	青藓科	缩叶藓属	多枝缩叶藓	*Ptychomitrium gardneri* Lesq.	CVH 数据库资料
116	青藓科	同蒴藓属	无疣同蒴藓	*Homalothecium laevisetum* Lac.	CVH 数据库资料
117	曲尾藓科	拟白发藓属	拟白发藓	*Paraleucobryum enerve* (Thed.) Loeske	CVH 数据库资料
118	曲尾藓科	拟白发藓属	长叶拟白发藓	*Paraleucobryum longifolium* (Ehrh. ex Hedw.) Loeske	CVH 数据库资料
119	缩叶藓科	缩叶藓属	齿边缩叶藓	*Ptychomitrium dentatum* (Mitt.) Jaeg.	CVH 数据库资料
120	缩叶藓科	缩叶藓属	扭叶缩叶藓	*Ptychomitrium tortula* (Harv.) Jaeg.	CVH 数据库资料
121	缩叶藓科	疣灯藓属	鞭枝疣灯藓	*Trachycystis flagellaris* (Sull. & Lesq.) Lindb.	CVH 数据库资料
122	提灯藓科	匐灯藓属	侧枝匐灯藓	*Plagiomnium plagiomnium* T. Kop.	CVH 数据库资料
123	提灯藓科	匐灯藓属	尖叶匐灯藓	*Plagiomnium acutum* (Lindb.) T. Kop.	CVH 数据库资料
124	提灯藓科	匐灯藓属	阔边匐灯藓	*Plagiomnium ellipticum* T. Kop.	CVH 数据库资料
125	提灯藓科	匐灯藓属	全缘匐灯藓	*Plagiomnium integrum* T. Kop.	CVH 数据库资料
126	提灯藓科	匐灯藓属	皱叶匐灯藓	*Plagiomnium arbusculum* T. Kop.	CVH 数据库资料
127	提灯藓科	毛灯藓属	具丝毛灯藓	*Rhizomnium tuomikoskii* T. Kop.	CVH 数据库资料
128	提灯藓科	毛灯藓属	扇叶毛灯藓	*Rhizomnium hattorii* T. Kop.	CVH 数据库资料
129	提灯藓科	丝瓜藓属	丝瓜藓	*Pohlia elongata* Hedw.	CVH 数据库资料
130	提灯藓科	提灯藓属	具缘提灯藓	*Mnium marginatum* P. Beauv	CVH 数据库资料
131	提灯藓科	提灯藓属	平肋提灯藓	*Mnium laevinerve* Card.	CVH 数据库资料
132	提灯藓科	提灯藓属	长叶提灯藓	*Mnium lycopodioiodes* Schwacgr.	CVH 数据库资料
133	提灯藓科	疣灯藓属	树形疣灯藓	*Trachycystis ussuriensis* (Maack & Regel) T. J. Kop.	CVH 数据库资料
134	提灯藓科	疣灯藓属	疣灯藓	*Trachycystis microphylla* Lindb.	CVH 数据库资料
135	羽藓科	叉羽藓属	叉羽藓	*Leptopterigynandrum austro-alpinum* C. Muell.	CVH 数据库资料
136	羽藓科	叉羽藓属	全缘叉羽藓	*Leptopterigynandrum subintegrum* (Mitt.) Broth.	CVH 数据库资料
137	羽藓科	叉羽藓属	小叉羽藓	*Leptopterigynandrum brevirete* Dixon	CVH 数据库资料
138	羽藓科	锦丝藓属	锦丝藓	*Actinothuidium hookeri* (Mitt.) Broth.	CVH 数据库资料
139	羽藓科	麻羽藓属	多疣麻羽藓	*Claopodium pellucinervis* (Mitt.) Best	CVH 数据库资料
140	羽藓科	牛舌藓属	牛舌藓	*Anomodon viticulosus* (Hedw.) Hook. et Tayl.	CVH 数据库资料
141	羽藓科	牛舌藓属	小牛舌藓	*Anomodon minor* Lindb.	CVH 数据库资料
142	羽藓科	小羽藓属	细叶小羽藓	*Haplocladium microphyllum* (Hedw.) Broth.	CVH 数据库资料

序号	科名	属名	中文正名	拉丁名	标本引证
143	羽藓科	羽藓属	大羽藓	*Thuidium cymbifolium*（Dozy & Molk.）Dozy & Molk.	CVH 数据库资料
144	羽藓科	羽藓属	短肋羽藓	*Thuidium kanedae* Sak.	CVH 数据库资料
145	真藓科	大叶藓属	暖地大叶藓	*Rhodobryum giganteum* Par.	CVH 数据库资料
146	真藓科	大叶藓属	狭边大叶藓	*Rhodobryum ontariense* Kindb.	CVH 数据库资料
147	真藓科	广口藓属	白色广口藓	*Pohlia wahlenbergii* Andr	CVH 数据库资料
148	真藓科	银藓属	银藓	*Anomobryum filiforme* Solms	CVH 数据库资料
149	真藓科	羽藓属	绿羽藓	*Thuidium assimile*（Mitt.）A. Jaeger	CVH 数据库资料
150	真藓科	真藓属	丛生真藓	*Bryum caespiticium* Hedw.	CVH 数据库资料
151	真藓科	真藓属	黄色真藓	*Bryum pallescens* Schleich. ex Schwaegr.	CVH 数据库资料
152	真藓科	真藓属	灰黄真藓	*Bryum pallens* Sw.	CVH 数据库资料
153	真藓科	真藓属	银叶真藓	*Bryum argenteum* Hedw.	CVH 数据库资料
154	真藓科	真藓属	真藓	*Bryum argenteum* Hedw.	CVH 数据库资料
155	皱蒴藓科	皱蒴藓属	沼泽皱蒴藓	*Aulacomnium androgynum* Schwaegr.	CVH 数据库资料
156	珠藓科	珠藓属	单齿珠藓	*Bartramia leptodenta* Wils.	CVH 数据库资料
157	珠藓科	珠藓属	毛叶珠藓	*Bartramia subpellucida* Mitt.	CVH 数据库资料
158	紫萼藓科	葫芦藓属	葫芦藓	*Funaria hygrometrica* Hedw.	CVH 数据库资料
159	紫萼藓科	连轴藓属	粗疣连轴藓	*Schistidium strictum*（Turn.）Loeske ex O. Maert.	CVH 数据库资料
160	紫萼藓科	山羽藓属	山羽藓	*Abietinella abietina*（Hedw.）Fleisch.	CVH 数据库资料
161	紫萼藓科	紫萼藓属	韩氏紫萼藓	*Grimmia handelii* Broth.	CVH 数据库资料
162	紫萼藓科	紫萼藓属	尖顶紫萼藓	*Grimmia apiculata* Hornsch.	CVH 数据库资料
163	紫萼藓科	紫萼藓属	近缘紫萼藓	*Grimmia affinis* Hornsch.	CVH 数据库资料
164	紫萼藓科	紫萼藓属	阔叶紫萼藓	*Grimmia laevigata*（Brid.）Brid.	CVH 数据库资料
165	紫萼藓科	紫萼藓属	卵叶紫萼藓	*Grimmia ovalis*（Hedw.）Lindb.	CVH 数据库资料
166	紫萼藓科	紫萼藓属	毛尖紫萼藓	*Grimmia pilifera* P. Beauv.	CVH 数据库资料

2. 色达县陆生哺乳动物名录

目名	科名	种名	拉丁名	保护级别	数据来源
劳亚食虫目	鼩鼱科	藏鼩鼱	*Sorex thibetanus*		2、3
劳亚食虫目	鼩鼱科	陕西鼩鼱	*Sorex sinalis*		2、3
劳亚食虫目	鼩鼱科	小纹背鼩鼱	*Sorex bedfordiae*		1
劳亚食虫目	鼩鼱科	云南鼩鼱	*Sorex excelsus*		4
劳亚食虫目	鼩鼱科	斯氏缺齿鼩	*Chodsigoa smithii*		4
灵长目	猴科	猕猴	*Macaca mulatta*	Ⅱ	1

续表

目名	科名	种名	拉丁名	保护级别	数据来源
食肉目	熊科	黑熊	*Ursus thibetanus*	II	3
食肉目	熊科	棕熊	*Ursus arctos*	II	2、3
食肉目	犬科	狼	*Canis lupus*	II	1
食肉目	犬科	赤狐	*Vulpes vulpes*	II	1
食肉目	犬科	藏狐	*Vulpes ferrilata*	II	1
食肉目	鼬科	黄喉貂	*Martes flavigula*	II	1
食肉目	鼬科	香鼬	*Mustela altaica*		1
食肉目	鼬科	黄鼬	*Mustela sibirica*		1
食肉目	鼬科	亚洲狗獾	*Meles leucurus*		1
食肉目	鼬科	猪獾	*Arctonyx collaris*		1
食肉目	鼬科	欧亚水獭	*Lutra lutra*	II	2
食肉目	猫科	荒漠猫	*Felis bieti*	I	1
食肉目	猫科	豹猫	*Prionailurus bengalensis*	II	1
食肉目	猫科	兔狲	*Otocolobus manul*	II	3
食肉目	猫科	猞猁	*Lynx lynx*	II	1
食肉目	猫科	雪豹	*Panthera uncia*	I	2、3
鲸偶蹄目	猪科	野猪	*Sus scrofa*		1
鲸偶蹄目	麝科	马麝	*Moschus chrysogaster*	I	1
鲸偶蹄目	鹿科	西藏马鹿	*Cervus wallichii*	I	1
鲸偶蹄目	鹿科	白唇鹿	*Przewalskium albirostris*	I	5
鲸偶蹄目	鹿科	狍	*Capreolus pygargus*		1
鲸偶蹄目	鹿科	毛冠鹿	*Elaphodus cephalophus*	II	1
鲸偶蹄目	鹿科	水鹿	*Rusa unicolor*	II	1
鲸偶蹄目	牛科	藏原羚	*Procapra picticaudata*	II	1
鲸偶蹄目	牛科	岩羊	*Pseudois nayaur*	II	1
鲸偶蹄目	牛科	中华鬣羚	*Capricornis milneedwardsii*	II	1
鲸偶蹄目	牛科	中华斑羚	*Naemorhedus griseus*	II	1
啮齿目	松鼠科	喜马拉雅旱獭	*Marmota himalayana*		1
啮齿目	松鼠科	赤腹松鼠	*Callosciurus erythraeus*		2、3
啮齿目	松鼠科	隐纹花松鼠	*Tamiops swinhoei*		2
啮齿目	松鼠科	珀氏长吻松鼠	*Dremomys pernyi*		2
啮齿目	鼹形鼠科	高原鼢鼠	*Eospalax baileyi*		2
啮齿目	蹶鼠科	中国蹶鼠	*Sicista concolor*		2、3
啮齿目	林跳鼠科	四川林跳鼠	*Eozapus setchuanus*		1
啮齿目	仓鼠科	青海松田鼠	*Neodon fuscus*		3

目名	科名	种名	拉丁名	保护级别	数据来源
啮齿目	仓鼠科	长尾仓鼠	*Cricetulus longicaudatus*		3
啮齿目	仓鼠科	高原松田鼠	*Neodon irene*		2、3
啮齿目	鼠科	大耳姬鼠	*Apodemus latronum*		2、3
啮齿目	鼠科	中华姬鼠	*Apodemus draco*		2、3
啮齿目	鼠科	高山姬鼠	*Apodemus chevrieri*		2、3、4
啮齿目	鼠科	大林姬鼠	*Apodemus peninsulae*		4
啮齿目	鼠科	褐家鼠	*Rattus norvegicus*		4
啮齿目	鼠科	黄胸鼠	*Rattus tanezumi*		4
啮齿目	鼠科	北社鼠	*Niviventer confucianus*		4
啮齿目	鼠科	小家鼠	*Mus musculus*		4
兔形目	鼠兔科	高原鼠兔	*Ochotona curzoniae*		1
兔形目	鼠兔科	间颅鼠兔	*Ochotona cansus*		2、3、4
兔形目	鼠兔科	川西鼠兔	*Ochotona gloveri*		2、3
兔形目	鼠兔科	藏鼠兔	*Ochotona thibetana*		2、3、4
兔形目	兔科	高原兔	*Lepus oiostolus*		1

数据来源：1为本次实地调查；2为《四川泥拉坝湿地自然保护区综合科学考察报告》数据记录；3为《色达县年龙自然保护区综合科学考察报告》数据记录；4为《四川色达果根塘省级湿地公园总体规划》数据记录；5为新闻报道。

3．色达县鸟类名录

目名	科名	科拉丁名	种中文名	种拉丁名	保护级别	数据来源
鸡形目	雉科	Phasianidae	斑尾榛鸡	*Tetrastes sewerzowi*	Ⅰ	2
鸡形目	雉科	Phasianidae	红喉雉鹑	*Tetraophasis obscurus*	Ⅰ	2
鸡形目	雉科	Phasianidae	藏雪鸡	*Tetraogallus tibetanus*	Ⅱ	1
鸡形目	雉科	Phasianidae	高原山鹑	*Perdix hodgsoniae*		1
鸡形目	雉科	Phasianidae	环颈雉	*Phasianus colchicus*		4
鸡形目	雉科	Phasianidae	血雉	*Ithaginis cruentus*	Ⅱ	1
鸡形目	雉科	Phasianidae	白马鸡	*Crossoptilon crossoptilon*	Ⅱ	1
鸡形目	雉科	Phasianidae	蓝马鸡	*Crossoptilon auritum*	Ⅱ	3
雁形目	鸭科	Anatidae	斑头雁	*Anser indicus*		2
雁形目	鸭科	Anatidae	赤麻鸭	*Tadorna ferruginea*		1
雁形目	鸭科	Anatidae	绿头鸭	*Anas platyrhynchos*		1
雁形目	鸭科	Anatidae	绿翅鸭	*Anas crecca*		1
雁形目	鸭科	Anatidae	琵嘴鸭	*Spatula clypeata*		1
雁形目	鸭科	Anatidae	斑嘴鸭	*Anas zonorhyncha*		4

续表

目名	科名	科拉丁名	种中文名	种拉丁名	保护级别	数据来源
雁形目	鸭科	Anatidae	花脸鸭	*Sibirionetta formosa*	Ⅱ	1
雁形目	鸭科	Anatidae	普通秋沙鸭	*Mergus merganser*		1
雁形目	鸭科	Anatidae	中华秋沙鸭	*Mergus squamatus*	Ⅰ	4
鸽形目	鸠鸽科	Columbidae	岩鸽	*Columba rupestris*		1
鸽形目	鸠鸽科	Columbidae	雪鸽	*Columba leuconota*		2
鸽形目	鸠鸽科	Columbidae	山斑鸠	*Streptopelia orientalis*		1
鸽形目	鸠鸽科	Columbidae	灰斑鸠	*Streptopelia decaocto*		2
鸽形目	鸠鸽科	Columbidae	火斑鸠	*Streptopelia tranquebarica*		2
鸽形目	鸠鸽科	Columbidae	珠颈斑鸠	*Streptopelia chinensis*		2
夜鹰目	雨燕科	Apodidae	白腰雨燕	*Apus pacificus*		1
夜鹰目	雨燕科	Apodidae	小白腰雨燕	*Apus nipalensis*		2、3
鹃形目	杜鹃科	Cuculidae	大杜鹃	*Cuculus canorus*		1
鹤形目	秧鸡科	Rallidae	白胸苦恶鸟	*Amaurornis phoenicurus*		2
鹤形目	秧鸡科	Rallidae	白骨顶	*Fulica atra*		2
鹤形目	鹤科	Gruidae	黑颈鹤	*Grus nigricollis*	Ⅰ	1
鸻形目	鹮嘴鹬科	Ibidorhynchidae	鹮嘴鹬	*Ibidorhyncha struthersii*	Ⅱ	2
鸻形目	鸻科	Charadriidae	凤头麦鸡	*Vanellus vanellus*		1
鸻形目	鸻科	Charadriidae	蒙古沙鸻	*Charadrius mongolus*		2
鸻形目	鹬科	Scolopacidae	红脚鹬	*Tringa totanus*		1
鸻形目	鹬科	Scolopacidae	青脚鹬	*Tringa nebularia*		4
鸻形目	鹬科	Scolopacidae	青脚滨鹬	*Calidris temminckii*		1
鸻形目	鹬科	Scolopacidae	白腰草鹬	*Tringa ochropus*		4
鸻形目	鹬科	Scolopacidae	丘鹬	*Scolopax rusticola*		4
鸻形目	鸥科	Laridae	棕头鸥	*Chroicocephalus brunnicephalus*		2
鸻形目	鸥科	Laridae	渔鸥	*Ichthyaetus ichthyaetus*		2
鸻形目	鸥科	Laridae	普通燕鸥	*Sterna hirundo*		2、4
鹳形目	鹳科	Ciconiidae	黑鹳	*Ciconia nigra*	Ⅰ	5
鲣鸟目	鸬鹚科	Phalacrocoracidae	普通鸬鹚	*Phalacrocorax carbo*		2、4
鹈形目	鹭科	Ardeidae	池鹭	*Ardeola bacchus*		2、3
鹈形目	鹭科	Ardeidae	牛背鹭	*Bubulcus ibis*		2
鹈形目	鹭科	Ardeidae	大白鹭	*Ardea alba*		2、3
鹰形目	鹰科	Accipitridae	胡兀鹫	*Gypaetus barbatus*	Ⅰ	1
鹰形目	鹰科	Accipitridae	高山兀鹫	*Gyps himalayensis*	Ⅱ	1
鹰形目	鹰科	Accipitridae	秃鹫	*Aegypius monachus*	Ⅰ	2、3
鹰形目	鹰科	Accipitridae	草原雕	*Aquila nipalensis*	Ⅰ	1

续表

目名	科名	科拉丁名	种中文名	种拉丁名	保护级别	数据来源
鹰形目	鹰科	Accipitridae	金雕	*Aquila chrysaetos*	Ⅰ	2、3
鹰形目	鹰科	Accipitridae	赤腹鹰	*Accipiter soloensis*	Ⅱ	2、3
鹰形目	鹰科	Accipitridae	雀鹰	*Accipiter nisus*	Ⅱ	1
鹰形目	鹰科	Accipitridae	苍鹰	*Accipiter gentilis*	Ⅱ	2、3
鹰形目	鹰科	Accipitridae	白尾鹞	*Circus cyaneus*	Ⅱ	1
鹰形目	鹰科	Accipitridae	黑鸢	*Milvus migrans*	Ⅱ	1
鹰形目	鹰科	Accipitridae	大鵟	*Buteo hemilasius*	Ⅱ	1
鹰形目	鹰科	Accipitridae	普通鵟	*Buteo japonicus*	Ⅱ	2、3
鹰形目	鹰科	Accipitridae	喜山鵟	*Buteo refectus*	Ⅱ	1
鸮形目	鸱鸮科	Strigidae	纵纹腹小鸮	*Athene noctua*	Ⅱ	2、3
犀鸟目	戴胜科	Upupidae	戴胜	*Upupa epops*		1
佛法僧目	翠鸟科	Alcedinidae	普通翠鸟	*Alcedo atthis*		2、3
啄木鸟目	啄木鸟科	Picidae	蚁䴕	*Jynx torquilla*		2
啄木鸟目	啄木鸟科	Picidae	棕腹啄木鸟	*Dendrocopos hyperythrus*		1
啄木鸟目	啄木鸟科	Picidae	大斑啄木鸟	*Dendrocopos major*		1
啄木鸟目	啄木鸟科	Picidae	三趾啄木鸟	*Picoides tridactylus*	Ⅱ	2
啄木鸟目	啄木鸟科	Picidae	黑啄木鸟	*Dryocopus martius*	Ⅱ	2
啄木鸟目	啄木鸟科	Picidae	灰头绿啄木鸟	*Picus canus*		2
隼形目	隼科	Falconidae	红隼	*Falco tinnunculus*	Ⅱ	1
隼形目	隼科	Falconidae	猎隼	*Falco cherrug*	Ⅰ	1
隼形目	隼科	Falconidae	游隼	*Falco peregrinus*	Ⅱ	2、3
雀形目	山椒鸟科	Campephagidae	长尾山椒鸟	*Pericrocotus ethologus*		2
雀形目	伯劳科	Laniidae	虎纹伯劳	*Lanius tigrinus*		2
雀形目	伯劳科	Laniidae	棕背伯劳	*Lanius schach*		2
雀形目	伯劳科	Laniidae	灰背伯劳	*Lanius tephronotus*		1
雀形目	伯劳科	Laniidae	红尾伯劳	*Lanius cristatus*		4
雀形目	鸦科	Corvidae	黑头噪鸦	*Perisoreus internigrans*	Ⅰ	2、3
雀形目	鸦科	Corvidae	喜鹊	*Pica pica*		1
雀形目	鸦科	Corvidae	红嘴山鸦	*Pyrrhocorax pyrrhocorax*		1
雀形目	鸦科	Corvidae	黄嘴山鸦	*Pyrrhocorax graculus*		2、3
雀形目	鸦科	Corvidae	达乌里寒鸦	*Corvus dauuricus*		2、3
雀形目	鸦科	Corvidae	小嘴乌鸦	*Corvus corone*		1
雀形目	鸦科	Corvidae	大嘴乌鸦	*Corvus macrorhynchos*		1
雀形目	鸦科	Corvidae	渡鸦	*Corvus corax*		1
雀形目	山雀科	Paridae	黑冠山雀	*Perirarus rubidiventris*		1

目名	科名	科拉丁名	种中文名	种拉丁名	保护级别	数据来源
雀形目	山雀科	Paridae	煤山雀	*Perirarus ater*		2
雀形目	山雀科	Paridae	褐冠山雀	*Lophophanes dichrous*		1
雀形目	山雀科	Paridae	白眉山雀	*Poecile superciliosus*	II	2
雀形目	山雀科	Paridae	沼泽山雀	*Poecile palustris*		4
雀形目	山雀科	Paridae	四川褐头山雀	*Poecile weigoldicus*		1
雀形目	山雀科	Paridae	地山雀	*Pseudopodoces humilis*		1
雀形目	山雀科	Paridae	大山雀	*Parus cinereus*		1
雀形目	山雀科	Paridae	绿背山雀	*Parus monticolus*		2
雀形目	百灵科	Alaudidae	长嘴百灵	*Melanocorypha maxima*		1
雀形目	百灵科	Alaudidae	短趾百灵	*Alaudala cheleensis*		1
雀形目	百灵科	Alaudidae	小云雀	*Alauda gulgula*		1
雀形目	百灵科	Alaudidae	角百灵	*Eremophila alpestris*		1
雀形目	燕科	Hirundinidae	崖沙燕	*Riparia riparia*		2、3
雀形目	燕科	Hirundinidae	淡色崖沙燕	*Riparia diluta*		1
雀形目	燕科	Hirundinidae	家燕	*Hirundo rustica*		2、3
雀形目	燕科	Hirundinidae	金腰燕	*Cecropis daurica*		4
雀形目	燕科	Hirundinidae	岩燕	*Ptyonoprogne rupestris*		1
雀形目	燕科	Hirundinidae	烟腹毛脚燕	*Delichon dasypus*		1
雀形目	柳莺科	Phylloscopidae	褐柳莺	*Phylloscopus fuscatus*		3、4
雀形目	柳莺科	Phylloscopidae	华西柳莺	*Phylloscopus occisinensis*		1
雀形目	柳莺科	Phylloscopidae	棕眉柳莺	*Phylloscopus armandii*		1
雀形目	柳莺科	Phylloscopidae	橙斑翅柳莺	*Phylloscopus pulcher*		1
雀形目	柳莺科	Phylloscopidae	四川柳莺	*Phylloscopus forresti*		1
雀形目	柳莺科	Phylloscopidae	淡眉柳莺	*Phylloscopus humei*		2
雀形目	柳莺科	Phylloscopidae	暗绿柳莺	*Phylloscopus trochiloides*		3、4
雀形目	柳莺科	Phylloscopidae	乌嘴柳莺	*Phylloscopus magnirostris*		2
雀形目	柳莺科	Phylloscopidae	西南冠纹柳莺	*Phylloscopus reguloides*		1
雀形目	长尾山雀科	Aegithalidae	黑眉长尾山雀	*Aegithalos bonvaloti*		2
雀形目	长尾山雀科	Aegithalidae	花彩雀莺	*Leptopoecile sophiae*		2
雀形目	长尾山雀科	Aegithalidae	凤头雀莺	*Leptopoecile elegans*		1
雀形目	莺鹛科	Sylviidae	中华雀鹛	*Fulvetta striaticollis*	II	2
雀形目	莺鹛科	Sylviidae	褐头雀鹛	*Fulvetta cinereiceps*		2
雀形目	绣眼鸟科	Zosteropidae	白领凤鹛	*Yuhina diademata*		2
雀形目	绣眼鸟科	Zosteropidae	暗绿绣眼鸟	*Zosterops japonicus*		2
雀形目	噪鹛科	Leiothrichidae	矛纹草鹛	*Babax lanceolatus*		2

目名	科名	科拉丁名	种中文名	种拉丁名	保护级别	数据来源
雀形目	噪鹛科	Leiothrichidae	大噪鹛	*Garrulax maximus*	Ⅱ	1
雀形目	噪鹛科	Leiothrichidae	山噪鹛	*Garrulax davidi*		2
雀形目	噪鹛科	Leiothrichidae	橙翅噪鹛	*Trochalopteron elliotii*	Ⅱ	1
雀形目	旋木雀科	Certhiidae	霍氏旋木雀	*Certhia hodgsoni*		2
雀形目	旋木雀科	Certhiidae	高山旋木雀	*Certhia himalayana*		2
雀形目	䴓科	Sittidae	黑头䴓	*Sitta villosa*		2
雀形目	䴓科	Sittidae	白脸䴓	*Sitta leucopsis*		2
雀形目	鹪鹩科	Troglodytidae	鹪鹩	*Troglodytes troglodytes*		2、3
雀形目	河乌科	Cinclidae	河乌	*Cinclus cinclus*		1
雀形目	河乌科	Cinclidae	褐河乌	*Cinclus pallasii*		2、3、4
雀形目	椋鸟科	Sturnidae	丝光椋鸟	*Spodiopsar sericeus*		1
雀形目	椋鸟科	Sturnidae	灰椋鸟	*Spodiopsar cineraceus*		1
雀形目	鸫科	Turdidae	长尾地鸫	*Zoothera dixoni*		2、3
雀形目	鸫科	Turdidae	灰头鸫	*Turdus rubrocanus*		1
雀形目	鸫科	Turdidae	棕背黑头鸫	*Turdus kessleri*		1
雀形目	鹟科	Muscicapidae	白须黑胸歌鸲	*Calliope tschebaiewi*		1
雀形目	鹟科	Muscicapidae	红胁蓝尾鸲	*Tarsiger cyanurus*		2、3
雀形目	鹟科	Muscicapidae	蓝眉林鸲	*Tarsiger rufilatus*		1
雀形目	鹟科	Muscicapidae	白喉红尾鸲	*Phoenicuropsis schisticeps*		1
雀形目	鹟科	Muscicapidae	蓝额红尾鸲	*Phoenicuropsis frontalis*		1
雀形目	鹟科	Muscicapidae	赭红尾鸲	*Phoenicurus ochruros*		1
雀形目	鹟科	Muscicapidae	黑喉红尾鸲	*Phoenicurus hodgsoni*		1
雀形目	鹟科	Muscicapidae	北红尾鸲	*Phoenicurus auroreus*		1
雀形目	鹟科	Muscicapidae	红腹红尾鸲	*Phoenicurus erythrogastrus*		1
雀形目	鹟科	Muscicapidae	红尾水鸲	*Rhyacornis fuliginosa*		1
雀形目	鹟科	Muscicapidae	白顶溪鸲	*Chaimarrornis leucocephalus*		1
雀形目	鹟科	Muscicapidae	黑喉石？涂G	*Saxicola maurus*		1
雀形目	鹟科	Muscicapidae	蓝矶鸫	*Monticola solitarius*		2、3
雀形目	鹟科	Muscicapidae	锈胸蓝姬鹟	*Ficedula sordida*		1
雀形目	鹟科	Muscicapidae	橙胸姬鹟	*Ficedula strophiata*		2、3
雀形目	戴菊科	Regulidae	戴菊	*Regulus regulus*		2
雀形目	花蜜鸟科	Nectariniidae	蓝喉太阳鸟	*Aethopyga gouldiae*		2
雀形目	岩鹨科	Prunellidae	鸲岩鹨	*Prunella rubeculoides*		1
雀形目	岩鹨科	Prunellidae	棕胸岩鹨	*Prunella strophiata*		2
雀形目	岩鹨科	Prunellidae	褐岩鹨	*Prunella fulvescens*		1

续表

目名	科名	科拉丁名	种中文名	种拉丁名	保护级别	数据来源
雀形目	岩鹨科	Prunellidae	栗背岩鹨	*Prunella immaculata*		2
雀形目	雀科	Passeridae	家麻雀	*Passer domesticus*		2、3
雀形目	雀科	Passeridae	山麻雀	*Passer cinnamomeus*		2、3
雀形目	雀科	Passeridae	麻雀	*Passer montanus*		1
雀形目	雀科	Passeridae	石雀	*Petronia petronia*		2
雀形目	雀科	Passeridae	褐翅雪雀	*Montifringilla adamsi*		1
雀形目	雀科	Passeridae	白腰雪雀	*Onychostruthus taczanowskii*		1
雀形目	雀科	Passeridae	棕颈雪雀	*Pyrgilauda ruficollis*		1
雀形目	鹡鸰科	Motacillidae	黄头鹡鸰	*Motacilla citreola*		1
雀形目	鹡鸰科	Motacillidae	灰鹡鸰	*Motacilla cinerea*		2、3、4
雀形目	鹡鸰科	Motacillidae	白鹡鸰	*Motacilla alba*		1
雀形目	鹡鸰科	Motacillidae	树鹨	*Anthus hodgsoni*		1
雀形目	鹡鸰科	Motacillidae	粉红胸鹨	*Anthus roseatus*		1
雀形目	燕雀科	Fringillidae	白斑翅拟蜡嘴雀	*Mycerobas carnipes*		2
雀形目	燕雀科	Fringillidae	灰头灰雀	*Pyrrhula erythaca*		2
雀形目	燕雀科	Fringillidae	林岭雀	*Leucosticte nemoricola*		1
雀形目	燕雀科	Fringillidae	高山岭雀	*Leucosticte brandti*		2
雀形目	燕雀科	Fringillidae	普通朱雀	*Carpodacus erythrinus*		2、4
雀形目	燕雀科	Fringillidae	红眉朱雀	*Carpodacus pulcherrimus*		1
雀形目	燕雀科	Fringillidae	曙红朱雀	*Carpodacus waltoni*		1
雀形目	燕雀科	Fringillidae	拟大朱雀	*Carpodacus rubicilloides*		4
雀形目	燕雀科	Fringillidae	长尾雀	*Carpodacus sibiricus*		2
雀形目	燕雀科	Fringillidae	斑翅朱雀	*Carpodacus trifasciatus*		1
雀形目	燕雀科	Fringillidae	白眉朱雀	*Carpodacus dubius*		1
雀形目	燕雀科	Fringillidae	金翅雀	*Chloris sinica*		1
雀形目	燕雀科	Fringillidae	黄嘴朱顶雀	*Linaria flavirostris*		1
雀形目	鹀科	Emberizidae	白头鹀	*Emberiza leucocephalos*		1
雀形目	鹀科	Emberizidae	灰眉岩鹀	*Emberiza godlewskii*		1
雀形目	鹀科	Emberizidae	黄喉鹀	*Emberiza elegans*		2

　　数据来源：1 为本次实地调查；2 为《四川泥拉坝湿地自然保护区综合科学考察报告》数据记录；3 为《色达县年龙自然保护区综合科学考察报告》数据记录；4 为《四川色达果根塘省级湿地公园总体规划》数据记录；5 为新闻报道。

4. 色达县两栖类和爬行类名录

目名	科名	属名	中文名	拉丁名	保护级别	数据来源
有尾目	小鲵科	山溪鲵属	西藏山溪鲵	*Batrachuperus tibetanus*	II	2、3
无尾目	角蟾科	齿突蟾属	西藏齿突蟾	*Scutiger boulengeri*		2、3、4
无尾目	角蟾科	齿突蟾属	刺胸猫眼蟾	*Scutiger mammatus*		2、3、4
无尾目	蛙科	林蛙属	高原林蛙	*Rana kukunoris*		1
无尾目	叉舌蛙科	倭蛙属	倭蛙	*Nanorana pleskei*		1
无尾目	蛙科	湍蛙属	四川湍蛙	*Amolops mantzorum*		4
无尾目	蟾蜍科	蟾蜍属	西藏蟾蜍	*Bufo tibetanus*		1
有鳞目	鬣蜥科	沙蜥属	青海沙蜥	*Phrynocephalus vlanglii*		2、3
有鳞目	石龙子科	滑蜥属	秦岭滑蜥	*Scincella tsinlingensis*		2、3
有鳞目	石龙子科	滑蜥属	康定滑蜥	*Scincella potanini*		4
有鳞目	蝰科	亚洲腹属	高原蝮	*Gloydius strauchi*		2、3

数据来源：1为本次实地调查；2为《四川泥拉坝湿地自然保护区综合科学考察报告》数据记录；3为《色达县年龙自然保护区综合科学考察报告》数据记录；4为《四川色达果根塘省级湿地公园总体规划》数据记录。

5. 色达县昆虫名录

序号	目名	科名	种名	拉丁名	保护级别
1	半翅目	蝉科	黑翅草蝉	*Mogannia formosana*	
2	半翅目	蝽科	稻绿蝽	*Nezara viridula*	
3	半翅目	蝽科	绒红蝽	*Melamphaus faber*	
4	半翅目	飞虱科	灰飞虱	*Laodelphax striatellus*	
5	半翅目	飞虱科	褐飞虱	*Nilaparvata lugens*	
6	半翅目	角蝉科	三刺角蝉	*Tricentrus* sp.	
7	半翅目	盲蝽科	苜蓿盲蝽	*Adelphocoris lineolatus*	
8	鳞翅目	蝙蝠蛾科	虫草蝙蝠蛾	*Hepialus armoricanus*	
9	鳞翅目	蝙蝠蛾科	大卫氏蝙蝠	*Endoclita davidi*	
10	鳞翅目	谷蛾科	制衣蛾	*Tinea pellionella*	
11	鳞翅目	菜蛾科	小菜蛾	*Plutella xylostella*	
12	鳞翅目	尺蛾科	新波唯尺蛾	*Amnesicoma neoundulosa*	
13	鳞翅目	尺蛾科	云纹绿尺蛾	*Comibaena pictipennis*	
14	鳞翅目	尺蛾科	雪尾尺蛾	*Ourapteryx nivea*	
15	鳞翅目	尺蛾科	黑云尺蛾	*Apocleora rimosa*	
16	鳞翅目	尺蛾科	前涤尺蛾	*Dysstroma korbi*	

序号	目名	科名	种名	拉丁名	保护级别
17	鳞翅目	尺蛾科	淡纹桦色尺蛾	*Eupithecia clavifera*	
18	鳞翅目	尺蛾科	齿缘四点尺蛾	*Gonodontis bidentata*	
19	鳞翅目	尺蛾科	伪钩镰翅绿尺蛾	*Tanaorhinus reciprocata*	
20	鳞翅目	刺蛾科	梨娜刺蛾	*Narosoideus flavidorsalis*	
21	鳞翅目	刺蛾科	中国绿刺蛾	*Parasa sinica*	
22	鳞翅目	刺蛾科	窄黄缘绿刺蛾	*Parasa consocia*	
23	鳞翅目	刺蛾科	肖媚绿刺蛾	*Parasa pseudorepanda*	
24	鳞翅目	灯蛾科	大丽灯蛾	*Aglaomorpha histrio*	
25	鳞翅目	灯蛾科	乳白斑灯蛾	*Areas galactina*	
26	鳞翅目	灯蛾科	绿斑金苔蛾	*Chrysorabdia bivitta*	
27	鳞翅目	灯蛾科	八点灰灯蛾	*Creatonotos transiens*	
28	鳞翅目	灯蛾科	路雪苔蛾	*Cyana adita*	
29	鳞翅目	灯蛾科	血红雪苔蛾	*Cyana sanguinea*	
30	鳞翅目	灯蛾科	筛土苔蛾	*Eilema cribrata*	
31	鳞翅目	灯蛾科	点望灯蛾	*Lemyra stigmata*	
32	鳞翅目	灯蛾科	梅尔望灯蛾	*Lemyra melli*	
33	鳞翅目	灯蛾科	火焰望灯蛾	*Lemyra flammeola*	
34	鳞翅目	灯蛾科	优美苔蛾	*Miltochrista striata*	
35	鳞翅目	灯蛾科	红斑美苔蛾	*Miltochrista fuscozonata*	
36	鳞翅目	灯蛾科	净污灯蛾	*Spilarctia alba*	
37	鳞翅目	毒蛾科	若尔盖草原毛虫	*Gynaephora ruoergensis*	
38	鳞翅目	毒蛾科	白斑黄毒蛾	*Euproctis khasi*	
39	鳞翅目	毒蛾科	青海草原毛虫	*Gynaephora qinghaiensis*	
40	鳞翅目	毒蛾科	线茸毒蛾	*Calliteara grotei*	
41	鳞翅目	毒蛾科	肾毒蛾	*Cifuna locuples*	
42	鳞翅目	毒蛾科	露毒蛾	*Daplasa irrorata*	
43	鳞翅目	毒蛾科	梯带黄毒蛾	*Euproctis montis*	
44	鳞翅目	毒蛾科	豆盗毒蛾	*Euproctis piperita*	
45	鳞翅目	毒蛾科	白线棕毒蛾	*Ilema jankowskii*	
46	鳞翅目	螟蛾科	稻切叶野螟	*Psara licarsisalis*	
47	鳞翅目	螟蛾科	草地螟	*Loxostege sticticalis*	
48	鳞翅目	螟蛾科	白蜡绢野螟	*Diaphania nigropunctalis*	
49	鳞翅目	螟蛾科	棉卷叶野螟	*Sylepta derogata*	
50	鳞翅目	螟蛾科	柄脉脊翅野螟	*Paranacoleia lophophoralis*	
51	鳞翅目	螟蛾科	绿翅绢野螟	*Diaphania angustalis*	

序号	目名	科名	种名	拉丁名	保护级别
52	鳞翅目	螟蛾科	芬氏羚野螟	*Pseudebulea fentoni*	
53	鳞翅目	螟蛾科	白斑黑野螟	*Pygospila tyres*	
54	鳞翅目	夜蛾科	镰须夜蛾	*Zanclognatha tarsipennalis*	
55	鳞翅目	夜蛾科	弗峦夜蛾	*Conistra fletcheri*	
56	鳞翅目	夜蛾科	中影单跗夜蛾	*Hipoepa fractalis*	
57	鳞翅目	夜蛾科	黏虫	*Mythimna separata*	
58	鳞翅目	夜蛾科	旋秀夜蛾	*Apamea crenata*	
59	鳞翅目	夜蛾科	异秀夜蛾	*Apamea farva*	
60	鳞翅目	夜蛾科	异灿夜蛾	*Aucha variegata*	
61	鳞翅目	夜蛾科	沙杰夜蛾	*Auchmis saga*	
62	鳞翅目	夜蛾科	淡折线金翅夜蛾	*Autographa buraetica*	
63	鳞翅目	夜蛾科	美金翅夜蛾	*Caloplusia hochenwarthi*	
64	鳞翅目	夜蛾科	白斑兜夜蛾	*Calymnia restituta*	
65	鳞翅目	夜蛾科	鹏灰夜蛾	*Polia goliath*	
66	鳞翅目	夜蛾科	冬麦异夜蛾	*Protexarnis confinis*	
67	鳞翅目	夜蛾科	棘翅夜蛾	*Scoliopteryx libatrix*	
68	鳞翅目	夜蛾科	紫棕扇夜蛾	*Sineugraphe exusta*	
69	鳞翅目	绢蝶科	君主绢蝶	*Parnassius imperator*	国家二级
70	鳞翅目	粉蝶科	马丁绢粉蝶	*Aporia martineti*	
71	鳞翅目	粉蝶科	杜贝粉蝶	*Peries dubernardi*	
72	鳞翅目	粉蝶科	菜粉蝶	*Pieris rapae*	
73	鳞翅目	粉蝶科	橙黄豆粉蝶	*Colias fieldii*	
74	鳞翅目	灰蝶科	多眼灰蝶	*Polgommaus* cos	
75	鳞翅目	灰蝶科	喇灿灰蝶	*Agriades lamasem*	
76	鳞翅目	蛱蝶科	阿尔网蛱蝶	*Melitaea arcesia*	
77	鳞翅目	蛱蝶科	镁斑豹蛱蝶	*Argynnis clara*	
78	鳞翅目	蛱蝶科	华西宝蛱蝶	*Boloria palila*	
79	鳞翅目	蛱蝶科	西藏麻蛱蝶	*Nymphalis ladakensis*	
80	鳞翅目	眼蝶亚科	丛林链眼蝶	*Lopingu duncorm*	
81	鳞翅目	眼蝶亚科	阿芬眼蝶	*Aphanavus huperamus*	
82	鳞翅目	眼蝶亚科	牧女珍眼蝶	*Coenonympha amaryllis*	
83	鳞翅目	眼蝶亚科	西门珍眼蝶	*Cononymph smenowi*	
84	脉翅目	草蛉科	中华草蛉	*Chrysoperla sinica*	
85	膜翅目	蚁科	红火蚁	*Solenopsis invicta*	
86	膜翅目	蚁科	黑蚂蚁	*Polyrhachis vicina*	

序号	目名	科名	种名	拉丁名	保护级别
87	膜翅目	蜜蜂科	中华蜜蜂	*Apis cerana*	
88	膜翅目	蜜蜂科	亚伯熊蜂	*Bombus sibiricus*	
89	膜翅目	蜜蜂科	凸污熊蜂	*Bombus convexus*	
90	膜翅目	蜜蜂科	克什米尔熊蜂	*Bombus kashmirensis*	
91	膜翅目	蜜蜂科	拉达克熊蜂	*Bombus ladakhensi*	
92	膜翅目	蜜蜂科	红束熊蜂	*Bombus rufofasciatus*	
93	膜翅目	蜜蜂科	盗熊蜂	*Bombus filchnerae*	
94	膜翅目	蜜蜂科	饰带熊蜂	*Bombus lemniscatus*	
95	膜翅目	蜜蜂科	小雅熊蜂	*Bombus lepidus*	
96	鞘翅目	金龟子科	蜣螂	*Geotrupidae* sp.	
97	鞘翅目	天牛科	冷杉小天牛	*Molorchus minor*	
98	鞘翅目	芫菁科	豆芫菁	*Epicauta gorhami*	
99	鞘翅目	芫菁科	中华豆芫菁	*Epicauta chinensis*	
100	鞘翅目	叶甲科	中华萝藦叶甲	*Chrysochus chinensis*	
101	鞘翅目	叶甲科	绿翅脊萤叶甲	*Geinula jacobsoni*	
102	鞘翅目	叶甲科	愈纹萤叶甲	*Galeruca reichardti*	
103	鞘翅目	花金龟科	花金龟	*Cetoniidae* sp.	
104	鞘翅目	鳃金龟科	鳃金龟	*Melolonthidae* sp.	
105	鞘翅目	葬甲科	尼负葬甲	*Nicrophorus nepalensis*	
106	双翅目	大蚊科	橙翅毛黑大蚊	*Hexatoma*（*Eriocera*）sp.	
107	双翅目	大蚊科	沼大蚊	*Helius* sp.	
108	双翅目	丽蝇科	红头丽蝇	*Calliphora vicina*	
109	双翅目	丽蝇科	大头金蝇	*Chrysomya megacephala*	
110	双翅目	虻科	中华斑虻	*Chrysops sinensis*	
111	双翅目	虻科	华虻	*Tabanus mandarinus*	
112	双翅目	虻科	中华麻虻	*Haematopota sinensis*	
113	双翅目	虻科	亮斑扁角水虻	*Hermetia illucens*	
114	双翅目	食虫虻科	食虫虻	*Asilidae* sp.	
115	双翅目	食虫虻科	中华盗虻	*Cophinopoda chinensis*	
116	双翅目	食蚜蝇科	斑翅蚜蝇	*Dideopsis aegrota*	
117	双翅目	胃蝇科	马蝇	*Gasterophilus intestinalis*	
118	双翅目	蝇科	厩腐蝇	*Muscina stabulans*	
119	双翅目	蝇科	牧场腐蝇	*Muscina pascuorum*	
120	双翅目	蝇科	丝光绿蝇	*Lucilia sericata*	
121	双翅目	蝇科	瘤胫厕蝇	*Fannia scalaris*	

序号	目名	科名	种名	拉丁名	保护级别
122	双翅目	蝇科	蝇	*Muscidae* sp.	
123	直翅目	斑翅蝗科	疣蝗	*Trilophidia annulata*	
124	直翅目	斑翅蝗科	黑条小车蝗	*Oedaleus decorus*	
125	直翅目	斑翅蝗科	大垫尖翅蝗	*Epacromius coerulipes*	
126	直翅目	斑翅蝗科	短星翅蝗	*Calliptamus abbreviatus*	
127	直翅目	斑翅蝗科	东亚飞蝗	*Locusta migratoria*	
128	襀翅目	网虫襀科	网虫襀	*Perlodidae* sp.	

注：昆虫数据来源全部为实地调查。

6. 色达县大型真菌名录

	目中文名	科中文名	种中文名	种拉丁名	经济价值
1	斑痣盘菌目	地锤菌科		*Cudonia* sp.	
2	斑痣盘菌目	地锤菌科	黄地勺菌	*Spathularia flavida*	
3	盘菌目	马鞍菌科	假反卷马鞍菌	*Helvella pseudoreflexa*	毒菌
4	盘菌目	羊肚菌科		*Morchella* sp.	食药用菌
5	盘菌目	侧盘菌科	优雅侧盘菌	*Otidea concinna*	
6	肉座菌目	线虫草科	冬虫夏草	*Ophiocordyceps sinensis*	食药用菌
7	伞菌目	—	小杯伞	*Clitocybula lacerata*	
8	伞菌目	—	椭孢漏斗伞近似种	*Infundibulicybe* aff. *ellipsospora*	
9	伞菌目	—	深凹漏斗伞	*Infundibulicybe gibba*	食用、毒菌
10	伞菌目	—	紫丁香蘑	*Lepista nuda*	食药用菌
11	伞菌目	—	白柄铦囊蘑近似种	*Melanoleuca* aff. *leucopoda*	
12	伞菌目	—	萎垂白近香蘑	*Paralepista flaccida*	食用菌
13	伞菌目	—	粉褶假斜盖伞	*Pseudoclitopilus rhodoleucus*	
14	伞菌目	—		*Pseudoomphalina* sp.	
15	伞菌目	蘑菇科		*Agaricus andrewii*	
16	伞菌目	蘑菇科	长柄蘑菇	*Agaricus dolichocaulis*	
17	伞菌目	蘑菇科		*Agaricus hupohanae*	
18	伞菌目	蘑菇科	锐鳞环柄菇	*Echinoderma asperum*	毒菌
19	伞菌目	蘑菇科	冠状环柄菇	*Lepiota cristata*	毒菌
20	伞菌目	鹅膏菌科		*Amanita arctica*	
21	伞菌目	鹅膏菌科	褐烟色鹅膏菌	*Amanita brunneofuliginea*	
22	伞菌目	鹅膏菌科	灰豹斑鹅膏	*Amanita griseopantherina*	毒菌
23	伞菌目	鹅膏菌科	污白疣盖鹅膏菌	*Amanita pallidoverruca*	

	目中文名	科中文名	种中文名	种拉丁名	经济价值
24	伞菌目	鹅膏菌科	褐黄鹅膏菌	*Amanita umbrinolutea*	
25	伞菌目	乳头蘑科	壮丽松苞菇	*Catathelasma imperiale*	食用菌
26	伞菌目	杯伞科	韦伯杯伞近缘种	*Clitocybe* cf. *vibecina*	
27	伞菌目	杯伞科	香杯伞	*Clitocybe odora*	食药用菌
28	伞菌目	杯伞科	落叶杯伞	*Clitocybe phyllophila*	毒菌
29	伞菌目	丝膜菌科	紫褐托柄丝膜菌	*Calonarius calojanthinus*	
30	伞菌目	丝膜菌科	小粘柄丝膜菌近似种	*Cortinarius* aff. *delibutus*	
31	伞菌目	丝膜菌科		*Cortinarius* aff. *murinascens*	
32	伞菌目	丝膜菌科	宽盖丝膜菌	*Cortinarius badiolatus*	
33	伞菌目	丝膜菌科	蓝丝膜菌	*Cortinarius caerulescens*	
34	伞菌目	丝膜菌科	犬丝膜菌	*Cortinarius caninus*	
35	伞菌目	丝膜菌科	黄棕丝膜菌	*Cortinarius cinnamomeus*	食药用、毒菌
36	伞菌目	丝膜菌科		*Cortinarius dolabratus*	
37	伞菌目	丝膜菌科	紫红丝膜菌	*Cortinarius rufo－olivaceus*	
38	伞菌目	丝膜菌科		*Cortinarius subfuscoperonatus*	
39	伞菌目	丝膜菌科		*Cortinarius subrubrovelatus*	
40	伞菌目	丝膜菌科	常见丝膜菌	*Cortinarius trivialis*	食用、毒菌
41	伞菌目	丝膜菌科	黄褶丝膜菌	*Cortinarius xantholamellatus*	
42	伞菌目	粉褶蕈科	梭孢斜盖伞	*Clitopilus fusiformis*	
43	伞菌目	粉褶蕈科		*Entoloma alvarense*	
44	伞菌目	粉褶蕈科		*Entoloma catalaunicum*	
45	伞菌目	粉褶蕈科	库氏粉褶菌	*Entoloma cocles*	
46	伞菌目	粉褶蕈科		*Entoloma griseorugulosum*	
47	伞菌目	粉褶蕈科	光亮粉褶蕈	*Entoloma* sp.	
48	伞菌目		半卵形斑褶菇	*Panaeolus semiovatus*	毒菌
49	伞菌目	蜡伞科	绯红湿伞	*Hygrocybe coccinea*	食用菌
50	伞菌目	蜡伞科	变黑湿伞	*Hygrocybe conica*	药用、毒菌
51	伞菌目	蜡伞科	环柄蜡伞	*Hygrophorus annulatus*	食用菌
52	伞菌目	蜡伞科	褐盖蜡伞	*Hygrophorus brunneiceps*	
53	伞菌目	蜡伞科	变红蜡伞	*Hygrophorus erubescens*	食用菌
54	伞菌目	蜡伞科	乳白蜡伞	*Hygrophorus hedrychii*	
55	伞菌目	蜡伞科	皱灰盖杯伞	*Spodocybe rugosiceps*	
56	伞菌目	层腹菌科	纹缘盔孢伞	*Galerina marginata*	毒菌
57	伞菌目	层腹菌科	橘黄裸伞	*Gymnopilus junonius*	
58	伞菌目	层腹菌科	安氏粘滑菇	*Hebeloma aanenii*	

	目中文名	科中文名	种中文名	种拉丁名	经济价值
59	伞菌目	层腹菌科		*Hebeloma laterinum*	药用菌
60	伞菌目	层腹菌科		*Hebeloma* sp.	
61	伞菌目	丝盖伞科	粗鳞丝盖伞	*Inocybe calamistrata*	毒菌
62	伞菌目	丝盖伞科	土味丝盖伞	*Inocybe geophylla*	毒菌
63	伞菌目	丝盖伞科		*Inosperma* aff. *lanatodiscum*	
64	伞菌目	丝盖伞科	地生茸盖丝盖伞	*Mallocybe terrigena*	
65	伞菌目	马勃科	网纹马勃	*Lycoperdon perlatum*	食药用菌
66	伞菌目	马勃科	龟裂马勃	*Lycoperdon utriforme*	食药用菌
67	伞菌目	离褶伞科	白褐丽蘑	*Calocybe gangraenosa*	食用菌
68	伞菌目	离褶伞科		*Clitolyophyllum* sp.	
69	伞菌目	离褶伞科	荷叶离褶伞	*Lyophyllum decastes*	食药用菌
70	伞菌目	离褶伞科	烟熏离褶伞	*Lyophyllum infumatum*	
71	伞菌目	离褶伞科	白褐离褶伞	*Lyophyllum leucophaeatum*	
72	伞菌目	离褶伞科		*Tephrocybe ozes*	
73	伞菌目	小菇科	红顶小菇	*Mycena acicula*	
74	伞菌目	小菇科	沟纹小菇	*Mycena filopes*	
75	伞菌目	小菇科	洁小菇	*Mycena pura*	药用、毒菌
76	伞菌目	类脐菇科	群生拟金钱菌	*Collybiopsis confluens*	食药用菌
77	伞菌目	类脐菇科	群生裸脚菇	*Gymnopus confluens*	食药用菌
78	伞菌目	类脐菇科	逆型裸脚菇	*Gymnopus contrarius*	
79	伞菌目	类脐菇科	密褶裸脚菇	*Gymnopus densilamellatus*	
80	伞菌目	类脐菇科	栎裸脚菇	*Gymnopus dryophilus*	食用、毒菌
81	伞菌目	类脐菇科		*Gymnopus* sp.	
82	伞菌目	类脐菇科	斑盖红金钱菌	*Rhodocollybia maculata*	食用菌
83	伞菌目	泡头菌科	高卢蜜环菌	*Armillaria gallica*	食药用菌
84	伞菌目	泡头菌科	淡色冬菇	*Flammulina rossica*	食药用菌
85	伞菌目	侧耳科	花瓣状亚侧耳	*Hohenbuehelia petaloides*	食药用菌
86	伞菌目	小脆柄菇科	黄白脆柄菇	*Candolleomyces candolleanus*	药用、毒菌
87	伞菌目	小脆柄菇科	辐毛小鬼伞	*Coprinellus radians*	药用
88	伞菌目	小脆柄菇科	墨汁拟鬼伞	*Coprinopsis atramentaria*	食药用、毒菌
89	伞菌目	菌瘿伞科	疣盖囊皮伞	*Cystoderma granulosum*	
90	伞菌目	菌瘿伞科	白黄卷毛菇	*Floccularia albolanaripes*	食用菌
91	伞菌目	菌瘿伞科	黄绿卷毛菇	*Floccularia luteovirens*	食用菌
92	伞菌目	菌瘿伞科		*Floccularia* sp.	
93	伞菌目	球盖菇科	喜粪黄囊菇	*Deconica coprophila*	毒菌

续表

	目中文名	科中文名	种中文名	种拉丁名	经济价值
94	伞菌目	球盖菇科	亚砖红垂幕菇	*Hypholoma sublateritium*	药用菌
95	伞菌目	球盖菇科	泡状鳞伞	*Pholiota spumosa*	食药用菌
96	伞菌目	球盖菇科		*Stropharia* sp.	
97	伞菌目	口蘑科	大白桩菇	*Leucopaxillus giganteus*	食药用、毒菌
98	伞菌目	口蘑科		*Tricholoma boudieri*	药用、毒菌
99	伞菌目	口蘑科	中华灰褐纹口蘑	*Tricholoma sinoportentosum*	食用菌
100	伞菌目	口蘑科	红鳞口蘑	*Tricholoma vaccinum*	食药用菌
101	伞菌目	口蘑科	凸顶口蘑	*Tricholoma virgatum*	食药用菌
102	木耳目	—	焰耳	*Guepinia helvelloides*	食用菌
103	木耳目	木耳科	西藏木耳	*Auricularia tibetica*	食用菌
104	牛肝菌目	牛肝菌科	网盖牛肝菌	*Boletus reticuloceps*	食用菌
105	牛肝菌目	牛肝菌科	辣红孔牛肝菌	*Chalciporus piperatus*	
106	牛肝菌目	牛肝菌科	褐疣柄牛肝菌	*Leccinum scabrum*	食用、毒菌
107	牛肝菌目	牛肝菌科	红孔新牛肝菌	*Neoboletus rubriporus*	食用菌
108	牛肝菌目	牛肝菌科	红牛肝菌	*Porphyrellus porphyrosporus*	食用菌
109	牛肝菌目	牛肝菌科	锈色绒盖牛肝菌	*Xerocomus ferrugineus*	
110	牛肝菌目	牛肝菌科		*Xerocomus* sp.	
111	牛肝菌目	拟蜡伞科	橙黄拟蜡伞	*Hygrophoropsis aurantiaca*	食药用、毒菌
112	牛肝菌目	乳牛肝菌科	灰乳牛肝菌	*Suillus viscidus*	食药用菌
113	鸡油菌目	齿菌科	皱锁瑚菌	*Clavulina rugosa*	食用菌
114	钉菇目	棒瑚菌科	平截棒瑚菌	*Clavariadelphus truncatus*	食药用菌
115	钉菇目	钉菇科	东方钉菇	*Gomphus orientalis*	食用、毒菌
116	钉菇目	钉菇科	冷杉暗锁瑚菌	*Phaeoclavulina abietina*	食用菌
117	钉菇目	钉菇科	离生枝瑚菌	*Ramaria distinctissima*	食用菌
118	钉菇目	钉菇科	淡紫枝瑚菌	*Ramaria pallidolilacina*	食用菌
119	刺革菌目	刺革菌科	喜马拉雅松孔迷孔菌	*Porodaedalea himalayensis*	药用菌
120	多孔菌目	拟层孔菌科	桦剥拟层孔菌	*Fomitopsis betulina*	药用菌
121	多孔菌目	多孔菌科	粗糙拟迷孔菌	*Daedaleopsis confragosa*	
122	多孔菌目	多孔菌科	栎线齿菌	*Grammothele quercina*	
123	多孔菌目	多孔菌科	黄褐黑斑根孔菌	*Picipes badius*	
124	多孔菌目	多孔菌科	东方栓菌	*Trametes orientalis*	药用菌
125	多孔菌目	多孔菌科	毛栓菌	*Trametes trogii*	药用菌
126	多孔菌目	小密孔菌科	光小密孔菌	*Pycnoporellus fulgens*	药用菌
127	红菇目	地花菌科		*Albatrellus* sp.	
128	红菇目	地花菌科	西藏地花菌	*Albatrellus tibetanus*	食用菌

	目中文名	科中文名	种中文名	种拉丁名	经济价值
129	红菇目	红菇科	白灰乳菇	*Lactarius albidocinereus*	
130	红菇目	红菇科	高山毛脚乳菇	*Lactarius alpinihirtipes*	
131	红菇目	红菇科	棕红乳菇	*Lactarius badiosanguineus*	
132	红菇目	红菇科	云杉乳菇	*Lactarius deterrimus*	食药用菌
133	红菇目	红菇科	橄榄褐乳菇	*Lactarius olivaceoumbrinus*	食用、毒菌
134	红菇目	红菇科	橄榄色乳菇	*Lactarius olivinus*	
135	红菇目	红菇科	假红汁乳菇	*Lactarius pseudohatsudake*	食用菌
136	红菇目	红菇科	毛头乳菇	*Lactarius torminosus*	毒菌
137	红菇目	红菇科	烟色红菇	*Russula adusta*	食药用菌
138	红菇目	红菇科	暗绿红菇	*Russula atroaeruginea*	食用菌
139	红菇目	红菇科	亚臭红菇近缘种	*Russula cf. subfoetens*	
140	红菇目	红菇科	蓝黄红菇	*Russula cyanoxantha*	食药用菌
141	红菇目	红菇科	美味红菇	*Russula delica*	食药用菌
142	红菇目	红菇科	近喜马拉雅山红菇	*Russula indohimalayana*	
143	红菇目	红菇科	四川红菇	*Russula sichuanensis*	
144	红菇目	红菇科	辛迪红菇	*Russula thindii*	
145	拟韧革菌目	拟韧革菌科	匙状拟韧革菌	*Stereopsis humphreyi*	
146	革菌目	烟白齿菌科	蓝柄亚齿菌	*Hydnellum suaveolens*	
147	革菌目	烟白齿菌科	翘鳞肉齿菌	*Sarcodon imbricatus*	食药用菌
148	花耳目	花耳科	角质胶角耳	*Calocera cornea*	
149	银耳目	耳包革科	金耳	*Naematelia aurantialba*	食药用菌

7. 色达县鱼类名录

物种	来源	保护级别	长江上游特有鱼类	红皮书/物种红色名录
一、鲤形目 CYPRINIFORMES				
（一）鲤科 Cyprinidae				
裂腹鱼亚科 Schizothoracinae				
1. 齐口裂腹鱼 *Schizothorax （Schizothorax） prenanti*	文献		+	
2. 重口裂腹鱼 *Schizothorax （Racoma） davidi*	文献	国家二级/省重		
3. 厚唇裸重唇鱼 *Gymondiptychus pachycheilus*	采集	国家二级		
4. 软刺裸裂尻 *Schizopygopsis malacanthus*	采集		+	
5. 大渡软刺裸裂尻 *Schizopygopsis malacanthus chengi*	采集		+	
（二）鳅科 Cobitidae				

物种	来源	保护级别	长江上游特有鱼类	红皮书/物种红色名录
条鳅亚科 Nemacheilinae				
6. 东方高原鳅 *Triplophysa orientalis*	采集			
7. 梭形高原鳅 *Triplophysa leptosoma*	采集		+	
8. 细尾高原鳅 *Triplophysa stenura*				
二、鲇形目 SILURIFORMES				
(三) 鮡科 Sisoridae				
9. 青石爬鮡 *Euchiloglanis davidi*		国家二级/省重	+	易危/CR
10. 黄石爬鮡 *Euchiloglanis kishinouyei*			+	濒危/EN

8. 色达县浮游植物名录

门	属	种	拉丁名
硅藻门	波缘藻	草鞋形波缘藻	*Cymatopleura solea*
硅藻门	波缘藻	波缘藻	*Cymatopleura* sp.
硅藻门	菱板藻	两尖菱板藻	*Hantzschia amphioxys*
硅藻门	菱形藻	类 S 状菱形藻	*Nitzschia sigmoidea*
硅藻门	菱形藻	菱形藻	*Nitzschia* sp.
硅藻门	菱形藻	菱形藻	*Nitzschia* sp.
硅藻门	卵形藻	扁圆卵形藻	*Cocconeis placentula*
硅藻门	卵形藻	虱形卵形藻	*Cocconeis pediculus*
硅藻门	窗纹藻	窗纹藻	*Epithemia* sp.
硅藻门	脆杆藻	钝脆杆藻	*Fragilaria capucina*
硅藻门	脆杆藻	脆杆藻	*Fragilaria* sp.
硅藻门	脆杆藻	脆杆藻	*Fragilaria* sp.
硅藻门	脆杆藻	脆杆藻	*Fragilaria* sp.
硅藻门	等片藻	延长等片藻细弱变种	*Diatoma elongatum* var. *tenuis*
硅藻门	等片藻	等片藻	*Diatoma* sp.
硅藻门	短缝藻	短缝藻	*Eunotia* sp.
硅藻门	蛾眉藻	弧形蛾眉藻	*Ceratoneis arcus*
硅藻门	蛾眉藻	弧形蛾眉藻双头变种	*C. arcus* var. *amphioxys*
硅藻门	蛾眉藻	蛾眉藻	*Ceratoneis* sp.
硅藻门	沟链藻	沟链藻	*Aulacoseira* sp.
硅藻门	沟链藻	沟链藻	*Aulacoseira* sp.
硅藻门	内丝藻	内丝藻	*Encyonema* sp.

门	属	种	拉丁名
硅藻门	内丝藻	内丝藻	*Encyonema* sp.
硅藻门	桥弯藻	切断桥弯藻	*Cymbella excisa*
硅藻门	桥弯藻	粗糙桥弯藻	*Cymbella aspera*
硅藻门	桥弯藻	桥弯藻	*Cymbella* sp.
硅藻门	桥弯藻	桥弯藻	*Cymbella* sp.
硅藻门	曲壳藻	披针形曲壳藻	*Achnanthes lanceilata*
硅藻门	曲壳藻	曲壳藻	*Achnanthes* sp.
硅藻门	曲壳藻	曲壳藻	*Achnanthes* sp.
硅藻门	瑞氏藻	波状瑞氏藻	*Reimeria sinuata*
硅藻门	扇形藻	环状扇形藻	*Meridion circulare*
硅藻门	双壁藻	卵圆双壁藻	*Diploneis ovalis*
硅藻门	双菱藻	双菱藻	*Surirella* sp.
硅藻门	双眉藻	卵圆双眉藻	*Amphora ovalis*
硅藻门	双楔藻	双生双楔藻	*Didymosphenia geminata*
硅藻门	弯肋藻	弯肋藻	*Cymbopleura* sp.
硅藻门	弯肋藻	弯肋藻	*Cymbopleura* sp.
硅藻门	弯楔藻	弯形弯楔藻	*Rhoicosphenia curvata*
硅藻门	异极藻	赫迪异极藻	*Gomphonema angustatum*
硅藻门	异极藻	异极藻	*Gomphonema* sp.
硅藻门	异极藻	异极藻	*Gomphonema* sp.
硅藻门	羽纹藻	羽纹藻	*Pinnularia* sp.
硅藻门	羽纹藻	羽纹藻	*Pinnularia* sp.
硅藻门	针杆藻	肘状针杆藻	*Synedra ulna*
硅藻门	针杆藻	两头针杆藻	*Synedra amphicephala*
硅藻门	针杆藻	尖针杆藻	*Synedra acus*
硅藻门	真卵形藻	弯曲真卵形藻	*Eucocconeis flexella*
硅藻门	直链藻	变异直链藻	*Melosira varians*
硅藻门	舟形藻	舟形藻	*Navicula* sp.
硅藻门	舟形藻	舟形藻	*Navicula* sp.
硅藻门	舟形藻	舟形藻	*Navicula* sp.
绿藻门	单针藻	奇异单针藻	*Monographidium mirabile*
绿藻门	绿球藻	绿球藻	*Chlorococcum* sp.
绿藻门	十字藻	十字藻	*Crucigenia* sp.
绿藻门	丝藻	丝藻	*Ulothrix* sp.
绿藻门	丝藻	丝藻	*Ulothrix* sp.

门	属	种	拉丁名
绿藻门	小球藻	小球藻	*Chlorella vulgaris*
绿藻门	小桩藻	小桩藻	*Characium* sp.
绿藻门	栅藻	栅藻	*Scenedesmus* sp.
绿藻门	转板藻	转板藻	*Mougeotia* sp.
绿藻门	转板藻	转板藻	*Mougeotia* sp.
蓝藻门	颤藻	颤藻	*Oscillatoria* sp.
蓝藻门	颤藻	颤藻	*Oscillatoria* sp.
蓝藻门	颤藻	颤藻	*Oscillatoria* sp.
蓝藻门	鞘丝藻	顾氏鞘丝藻	*Lyngbya kuetzingii*
蓝藻门	鞘丝藻	马氏鞘丝藻	*Lyngbya martensiana*
隐藻门	蓝隐藻	具尾蓝隐藻	*Chroomonas caudata*
隐藻门	隐藻	卵形隐藻	*Cryptomonas ovata*
金藻门	金粒藻	金粒藻	*Chrysococcus* sp.

9. 色达县浮游动物名录

类别	纲	目	属	种名	拉丁名
原生动物	叶足纲	表壳目	表壳虫属	表壳虫	*Arcella* sp.
原生动物	叶足纲	表壳目	表壳虫属	盘状表壳虫	*Arcella discoides*
原生动物	叶足纲	表壳目	砂壳虫属	球形砂壳虫	*Difflugia globulosa*
原生动物	叶足纲	表壳目	匣壳虫属	无棘匣壳虫	*Centropyxis ecormis*
原生动物	叶足纲	表壳目	匣壳虫属	匣壳虫	*Centropyxis* spp.
原生动物	叶足纲	表壳目	匣壳虫属	旋匣壳虫	*Centropyxis aerophila*
原生动物	叶足纲	表壳目	匣壳虫属	针棘匣壳虫	*Centropyxis aculeata*
原生动物	寡膜纲	缘毛目	钟虫属	钟虫	*Vorticella* sp.
轮虫	轮虫纲	单巢目	鞍甲轮属	鞍甲轮虫	*Lepadella* sp.
轮虫	轮虫纲	单巢目	多肢轮属	针簇多肢轮虫	*Polyarthra trigla*
轮虫	轮虫纲	单巢目	龟甲轮属	矩形龟甲轮虫	*Keratella quadrata*
轮虫	轮虫纲	单巢目	龟甲轮属	无棘龟甲轮虫	*Keratella tecta*
轮虫	轮虫纲	单巢目	龟纹轮属	裂痕龟纹轮虫	*Anuraeopsis fissa*
轮虫	轮虫纲	单巢目	鬼轮属	方块鬼轮虫	*Trichotria tetractis*
轮虫	轮虫纲	单巢目	腔轮属	新月腔轮虫	*Lecane lunaris*
轮虫	轮虫纲	单巢目	腔轮属	月形腔轮虫	*Lecane luna*
轮虫	轮虫纲	单巢目	须足轮属	须足轮虫	*Euchlanis* sp.
轮虫	轮虫纲	单巢目	叶轮属	浮尖削叶轮虫	*Notholca acuminata* var. *limnetica*

类别	纲	目	属	种名	拉丁名
轮虫	轮虫纲	单巢目	叶轮属	鳞状叶轮虫	*Notholca squamula*
轮虫	轮虫纲	单巢目	异尾轮属	长刺异尾轮虫	*Trichocerca longiseta*
轮虫	轮虫纲	双巢目	间盘轮属	尖刺间盘轮虫	*Dissotrocha aculeata*
轮虫	轮虫纲	单巢目	巨头轮属	巨头轮虫	*Cephalodella* sp.
轮虫	轮虫纲	单巢目	巨头轮属	凸背巨头轮虫	*Cephalodella gibba*
轮虫	轮虫纲	双巢目	轮虫属	轮虫	*Rotaria* spp.
枝角类	甲壳纲	异足目	尖额溞属	尖额溞	*Alona* sp.
枝角类	甲壳纲	异足目	盘肠溞属	盘肠溞	*Chydorus* sp.
桡足类	甲壳纲	剑水蚤目		剑水蚤幼体	*Cyclopoida larva*
桡足类	甲壳纲	猛水蚤目		猛水蚤	Harpacticidae
桡足类	甲壳纲			无节幼体	Nauplius

10. 大型底栖无脊椎动物名录

编号	物种	拉丁名	样点分布											
			0102	0029	0041	0051	0008	0014	0026	0084	0073	0048	0079	0068
一、	节肢动物门	Arthropod												
（一）	昆虫纲	Isecta												
	蜉蝣目	Ephemerida												
	蜉蝣科	Ephemeridae												
1	蜉蝣	*Ephemeroptera* sp.			+									
	二翼蜉科	Baetidae												
2	二翼蜉	*Siphlonurus* sp.			+									
	扁蜉科	Ecdyuridae												
3	扁蜉	*Ecdyrus* sp.	+	+	+	+	+	+	+	+		+	+	+
	四节蜉科	Baetidae			+									
4	四节蜉	*Baetis* sp.		+										
	小蜉科	Ephemerella												
5	小蜉	*Ephemerellidae* sp.			+		+		+					
	双翅目	Diptera												
	摇蚊科	Chironomidae												
6	摇蚊幼虫	*Tendipes* sp.		+	+			+						
	大蚊科	Tipulidae												
7	大蚊幼虫	*Tiplua* sp.			+									
8	双大蚊幼虫	*Dicranota* sp.											+	

编号	物种	拉丁名	样点分布											
			0102	0029	0041	0051	0008	0014	0026	0084	0073	0048	0079	0068
	毛翅目	Trichoptera												
	纹石蚕科	Hydopsychidae												
9	纹石蚕	*Hydropsyche* sp.	+								+	+		
	襀翅目	Plecoptera												
	大石蝇科	Pteronaircidae												
10	大石蝇	*Pteronarcidae* sp.	+			+						+		
	石蝇科	Perlidae												
11	石蝇	*Perla* sp.	+											
（二）	软甲纲	Malacostraca												
	端足目	Amphipoda												
	钩虾科	Gammaridae												
12	钩虾	*Gammarid* sp.		+		+	+	+	+	+	+	+	+	+

11. 色达县周丛藻类名录

门	属	拉丁名
蓝藻门	颤藻	*Oscillatoria* spp.
蓝藻门	眉藻	*Calothrix* sp.
蓝藻门	平裂藻	*Merismopedia* sp.
蓝藻门	鞘丝藻	*Lyngbya* spp.
蓝藻门	色球藻	*Chroococcus* sp.
蓝藻门	胶须藻	*Rivularia* sp.
蓝藻门	鱼腥藻	*Anabaena* sp.
蓝藻门	粘球藻	*Gloeocapsa* spp.
硅藻门	脆杆藻	*Fragilaria* spp.
硅藻门	等片藻	*Diatoma* spp.
硅藻门	蛾眉藻	*Ceratoneis* spp.
硅藻门	沟链藻	*Aulacoseira* spp.
硅藻门	菱形藻	*Nitzschia* spp.
硅藻门	卵形藻	*Cocconeis* spp.
硅藻门	内丝藻	*Encyonema* spp.
硅藻门	桥弯藻	*Cymbella* spp.
硅藻门	曲壳藻	*Achnanthes* spp.
硅藻门	瑞氏藻	*Reimeria* sp.

门	属	拉丁名
硅藻门	扇形藻	*Meridion* sp.
硅藻门	双菱藻	*Surirella* spp.
硅藻门	双眉藻	*Amphora* spp.
硅藻门	弯楔藻	*Rhoicosphenia* sp.
硅藻门	楔桥弯藻	*Gomphocymbella* sp.
硅藻门	针杆藻	*Synedra* spp.
硅藻门	真卵形藻	*Eucocconeis* sp.
硅藻门	舟形藻	*Navicula* spp.
硅藻门	异极藻	*Gomphonema* spp.
绿藻门	辐丝藻	*Radiofilum* sp.
绿藻门	绿梭藻	*Chlorogonium* sp.
绿藻门	毛枝藻	*Stigeoclonium* sp.
绿藻门	丝藻	*Ulothrix* spp.
绿藻门	小球藻	*Chlorella* sp.
绿藻门	栅藻	*Scenedesmus* sp.
绿藻门	衣藻	*Chlamydomonas* sp.
金藻门	金粒藻	*Chrysococcus* sp.
隐藻门	隐藻	*Cryptomonas* sp.

附录二　物种红色名录

1. 高等植物红色名录

序号	科名	属名	中文名	拉丁名	红色名录
1	水龙骨科	槲蕨属	川滇槲蕨	*Drynaria delavayi* Christ	VU
2	松科	冷杉属	鳞皮冷杉	*Abies squamata* Mast.	VU
3	松科	冷杉属	紫果冷杉	*Abies recurvata* Mast.	VU
4	禾本科	三芒草属	三刺草	*Aristida triseta* Keng	NT
5	禾本科	羊茅属	中华羊茅	*Festuca sinensis* Keng ex S. L. Lu	NT
6	百合科	贝母属	甘肃贝母	*Fritillaria przewalskii* Maxim.	VU
7	百合科	贝母属	梭砂贝母	*Fritillaria delavayi* Franch.	VU
8	兰科	角盘兰属	角盘兰	*Herminium monorchis* (Linn.) R. Br.	NT
9	兰科	舌喙兰属	扇唇舌喙兰	*Hemipilia flabellata* Bureau & Franch.	NT
10	兰科	手参属	西南手参	*Gymnadenia orchidis* Lindl.	VU
11	兰科	手参属	手参	*Gymnadenia conopsea* (L.) R. Br.	EN
12	兰科	小红门兰属	华西小红门兰	*Ponerorchis limprichtii*	NT
13	兰科	杓兰属	紫点杓兰	*Cypripedium guttatum* Sw.	EN
14	杨柳科	柳属	新山生柳	*Salix neoamnematchinensis* T. Y. Ding & C. F. Fang	NT
15	杨柳科	杨属	康定杨	*Populus kangdingensis* C. Wang et Tung	VU
16	毛茛科	独叶草属	独叶草	*Kingdonia uniflora* Balf. f. et W. W. Sm	VU
17	毛茛科	乌头属	褐紫乌头	*Aconitum brunneum* Hand. -Mazz.	VU
18	小檗科	桃儿七属	桃儿七	*Sinopodophyllum hexandrum* (Royle) T. S. Ying	NT
19	罂粟科	绿绒蒿属	红花绿绒蒿	*Meconopsis punicea* Maxim.	VU
20	罂粟科	绿绒蒿属	多刺绿绒蒿	*Meconopsis horridula* Hook. f. & Thomson	NT
21	景天科	红景天属	大花红景天	*Rhodiola crenulata* (Hook. f. & Thomson) H. Ohba	EN
22	景天科	红景天属	四裂红景天	*Rhodiola quadrifida* (Pall.) Schrenk & C. A. Mey.	NT
23	景天科	红景天属	异色红景天	*Rhodiola discolor* (Franch.) S. H. Fu	NT
24	豆科	锦鸡儿属	青海锦鸡儿	*Caragana chinghaiensis* Liou f.	NT

序号	科名	属名	中文名	拉丁名	红色名录
25	芸香科	花椒属	微柔毛花椒	*Zanthoxylum pilosulum* Rehd. et Wils.	NT
26	胡颓子科	沙棘属	西藏沙棘	*Hippophae tibetana* Schltdl.	NT
27	报春花科	报春花属	金川粉报春	*Primula fangii* F. H. Chen & C. M. Hu	NT
28	报春花科	报春花属	紫罗兰报春	*Primula purdomii* Craib	NT
29	报春花科	点地梅属	高葶点地梅	*Androsace elatior* Pax & K. Hoffm.	NT
30	报春花科	点地梅属	直立点地梅	*Androsace erecta* Maxim.	NT
31	报春花科	羽叶点地梅属	羽叶点地梅	*Pomatosace filicula* Maxim.	NT
32	龙胆科	龙胆属	毛花龙胆	*Gentiana pubiflora* T. N. Ho	NT
33	龙胆科	辐花属	辐花	*Lomatogoniopsis alpina* T. N. Ho et S. W. Liu	EN
34	唇形科	鳞果草属	西藏鳞果草	*Achyrospermum wallichianum* (Benth.) Benth. ex Hook. f.	NT
35	茄科	山莨菪属	赛莨菪	*Scopolia carniolicoides* C. Y. Wu & C. Chen	EN
36	玄参科	马先蒿属	斗叶马先蒿	*Pedicularis cyathophylla* Franch.	NT
37	紫葳科	角蒿属	四川波罗花	*Incarvillea beresovskii* Batalin	VU
38	败酱科	甘松属	匙叶甘松	*Nardostachys jatamansi* (D. Don) DC.	NT
39	菊科	风毛菊属	水母雪兔子	*Saussurea medusa* Maxim.	VU
40	菊科	绢毛苣属	金沙绢毛菊	*Soroseris gillii* (S. Moore) Stebbins	NT

注：红色名录等级缩写分别为：EX—灭绝，EW—野生灭绝，CR—极危，EN—濒危，VU—易危，NT—近危。

2. 哺乳动物红色名录

目名	科名	种名	拉丁名	红色名录
食肉目	猫科	荒漠猫	*Felis bieti*	CR
鲸偶蹄目	麝科	马麝	*Moschus chrysogaster*	CR
食肉目	鼬科	欧亚水獭	*Lutra lutra*	EN
食肉目	猫科	兔狲	*Otocolobus manul*	EN
食肉目	猫科	猞猁	*Lynx lynx*	EN
食肉目	猫科	雪豹	*Panthera uncia*	EN
鲸偶蹄目	鹿科	西藏马鹿	*Cervus wallichii*	EN
鲸偶蹄目	鹿科	白唇鹿	*Przewalskium albirostris*	EN
食肉目	熊科	黑熊	*Ursus thibetanus*	VU
食肉目	熊科	棕熊	*Ursus arctos*	VU
食肉目	鼬科	黄喉貂	*Martes flavigula*	VU
食肉目	猫科	豹猫	*Prionailurus bengalensis*	VU
鲸偶蹄目	牛科	中华鬣羚	*Capricornis milneedwardsii*	VU

目名	科名	种名	拉丁名	红色名录
鲸偶蹄目	牛科	中华斑羚	*Naemorhedus griseus*	VU
劳亚食虫目	鼩鼱科	藏鼩鼱	*Sorex thibetanus*	NT
劳亚食虫目	鼩鼱科	陕西鼩鼱	*Sorex sinalis*	NT
食肉目	犬科	狼	*Canis lupus*	NT
食肉目	犬科	赤狐	*Vulpes vulpes*	NT
食肉目	犬科	藏狐	*Vulpes ferrilata*	NT
食肉目	鼬科	香鼬	*Mustela altaica*	NT
食肉目	鼬科	亚洲狗獾	*Meles leucurus*	NT
食肉目	鼬科	猪獾	*Arctonyx collaris*	NT
鲸偶蹄目	鹿科	狍	*Capreolus pygargus*	NT
鲸偶蹄目	鹿科	毛冠鹿	*Elaphodus cephalophus*	NT
鲸偶蹄目	鹿科	水鹿	*Rusa unicolor*	NT
鲸偶蹄目	牛科	藏原羚	*Procapra picticaudata*	NT

注：红色名录等级缩写分别为：CR—极危，EN—濒危，VU—易危，NT—近危。

3. 鸟类红色名录

目名	科名	种名	拉丁名	红色名录
雁形目	鸭科	中华秋沙鸭	*Mergus squamatus*	EN
鹰形目	鹰科	草原雕	*Aquila nipalensis*	EN
隼形目	隼科	猎隼	*Falco cherrug*	EN
鸡形目	雉科	斑尾榛鸡	*Tetrastes sewerzowi*	VU
鸡形目	雉科	红喉雉鹑	*Tetraophasis obscurus*	VU
鹤形目	鹤科	黑颈鹤	*Grus nigricollis*	VU
鹳形目	鹳科	黑鹳	*Ciconia nigra*	VU
鹰形目	鹰科	秃鹫	*Aegypius monachus*	VU
鹰形目	鹰科	金雕	*Aquila chrysaetos*	VU
鹰形目	鹰科	大鵟	*Buteo hemilasius*	VU
雀形目	鸦科	黑头噪鸦	*Perisoreus internigrans*	VU
鸡形目	雉科	藏雪鸡	*Tetraogallus tibetanus*	NT
鸡形目	雉科	血雉	*Ithaginis cruentus*	NT
鸡形目	雉科	白马鸡	*Crossoptilon crossoptilon*	NT
鸡形目	雉科	蓝马鸡	*Crossoptilon auritum*	NT
雁形目	鸭科	花脸鸭	*Sibirionetta formosa*	NT
鸻形目	鹮嘴鹬科	鹮嘴鹬	*Ibidorhyncha struthersii*	NT

目名	科名	种名	拉丁名	红色名录
鹰形目	鹰科	胡兀鹫	*Gypaetus barbatus*	NT
鹰形目	鹰科	高山兀鹫	*Gyps himalayensis*	NT
鹰形目	鹰科	苍鹰	*Accipiter gentilis*	NT
鹰形目	鹰科	白尾鹞	*Circus cyaneus*	NT
隼形目	隼科	游隼	*Falco peregrinus*	NT
雀形目	山雀科	白眉山雀	*Poecile superciliosus*	NT
雀形目	长尾山雀科	凤头雀莺	*Leptopoecile elegans*	NT
雀形目	䴓科	黑头䴓	*Sitta villosa*	NT
雀形目	䴓科	白脸䴓	*Sitta leucopsis*	NT
雀形目	鹟科	白须黑胸歌鸲	*Calliope tschebaiewi*	NT
雀形目	燕雀科	拟大朱雀	*Carpodacus rubicilloides*	NT

注：红色名录等级缩写分别为：CR—极危，EN—濒危，VU—易危，NT—近危。

4. 两栖类和爬行类红色名录

序号	目名	科名	属名	中文名	拉丁名	保护级别	中国生物多样性红色名录级别
1	有尾目	小鲵科	山溪鲵属	西藏山溪鲵	Batrachuperus tibetanus	Ⅱ	VU
2	有鳞目	蝰科	亚洲腹属	高原蝮	Gloydius strauchi		NT

注：红色名录等级缩写分别为：CR—极危，EN—濒危，VU—易危，NT—近危。

5. 大型真菌红色名录

序号	中文名	拉丁名	中国生物多样性红色名录级别	食药用价值
1	金耳	*Naematelia aurantialba*	VU	食药用菌
2	冬虫夏草	*Ophiocordyceps sinensis*	VU	食药用菌
3	东方钉菇	*Gomphus orientalis*	NT	食用、毒菌
4	离生枝瑚菌	*Ramaria distinctissima*	NT	食用菌

注：红色名录等级缩写分别为：CR—极危，EN—濒危，VU—易危，NT—近危。

色达县地理位置示意图

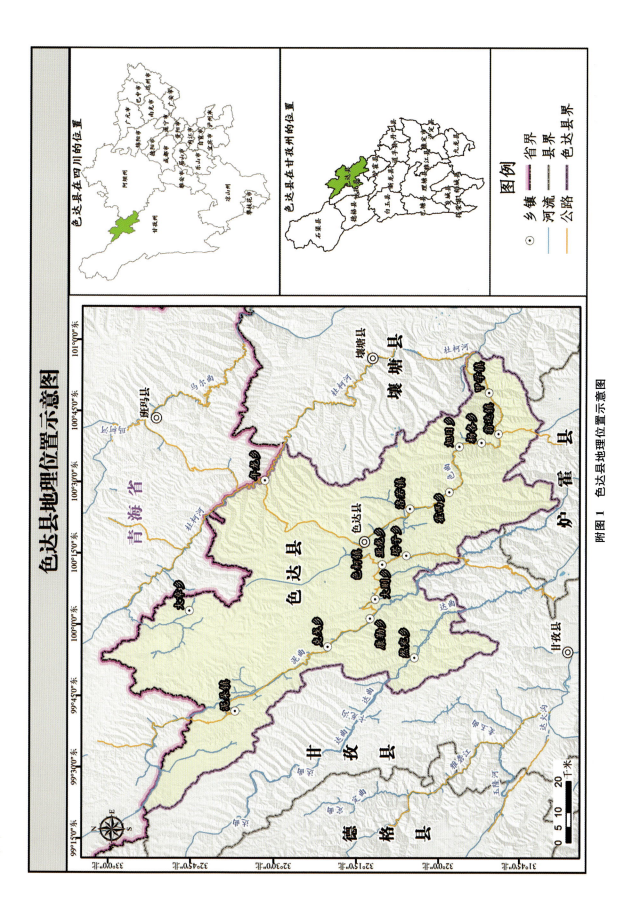

色达县在四川的位置

色达县在甘孜州的位置

图例

乡镇　省界
河流　县界
公路　色达县界

附图 1　色达县地理位置示意图

色达县自然保护地和生态保护红线分布图

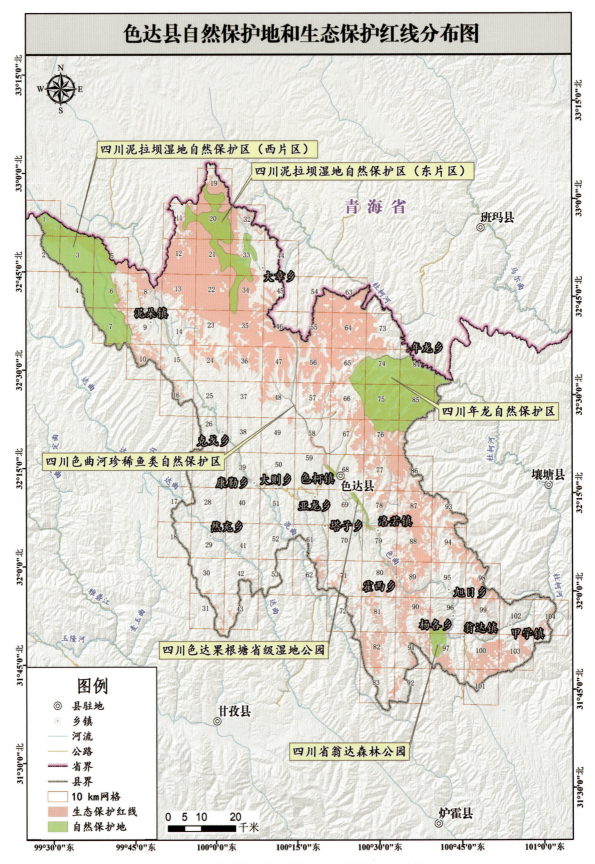

青海省

班玛县

壤塘县

甘孜县

炉霍县

四川泥拉坝湿地自然保护区（西片区）

四川泥拉坝湿地自然保护区（东片区）

四川年龙自然保护区

四川色曲河珍稀鱼类自然保护区

四川色达果根塘省级湿地公园

四川省翁达森林公园

大章乡

年龙乡

龙戈乡

康勒乡　大则乡　色柯镇

色达县

然充乡　亚龙乡

塔子乡　洛若镇

霍西乡

旭日乡

杨各乡　翁达镇

甲学镇

泥朵镇

图例

◎ 县驻地
⊙ 乡镇
── 河流
── 公路
━━ 省界
━━ 县界
□ 10 km网格
▨ 生态保护红线
▨ 自然保护地

0 5 10　20
千米

99°30'0"东　99°45'0"东　100°0'0"东　100°15'0"东　100°30'0"东　100°45'0"东　101°0'0"东

33°15'0"北　33°0'0"北　32°45'0"北　32°30'0"北　32°15'0"北　32°0'0"北　31°45'0"北　31°30'0"北　31°15'0"北

附图2　色达县自然保护地和生态保护红线分布图

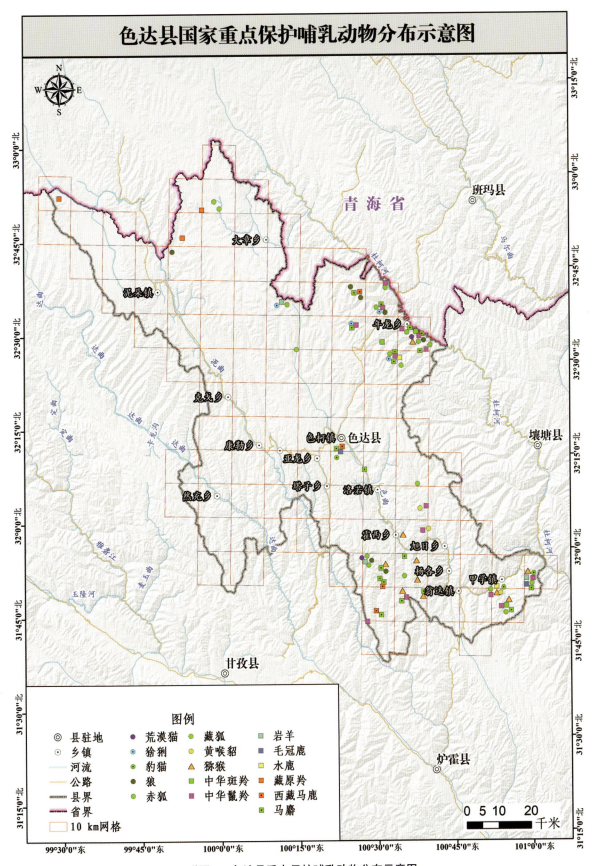

附图3 色达县重点保护哺乳动物分布示意图

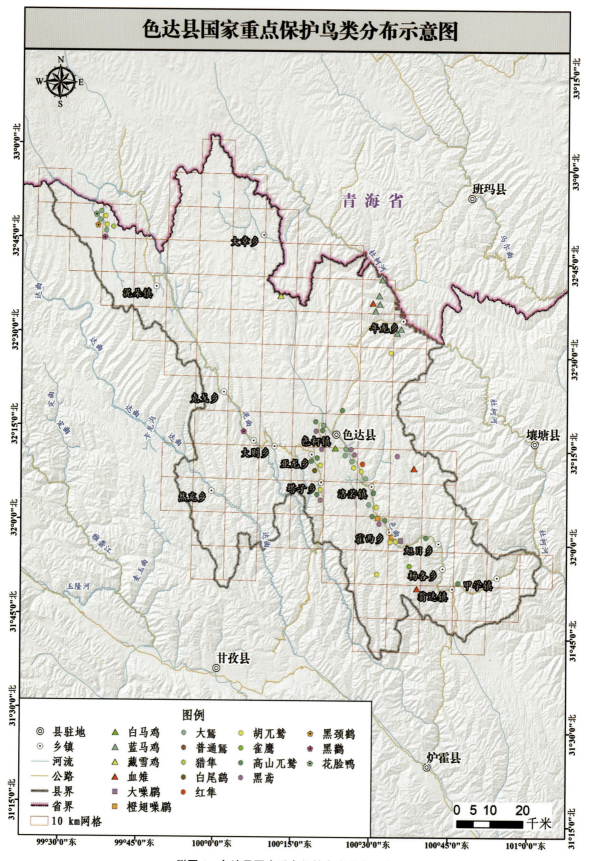

附图 4　色达县国家重点保护鸟类分布示意图

186

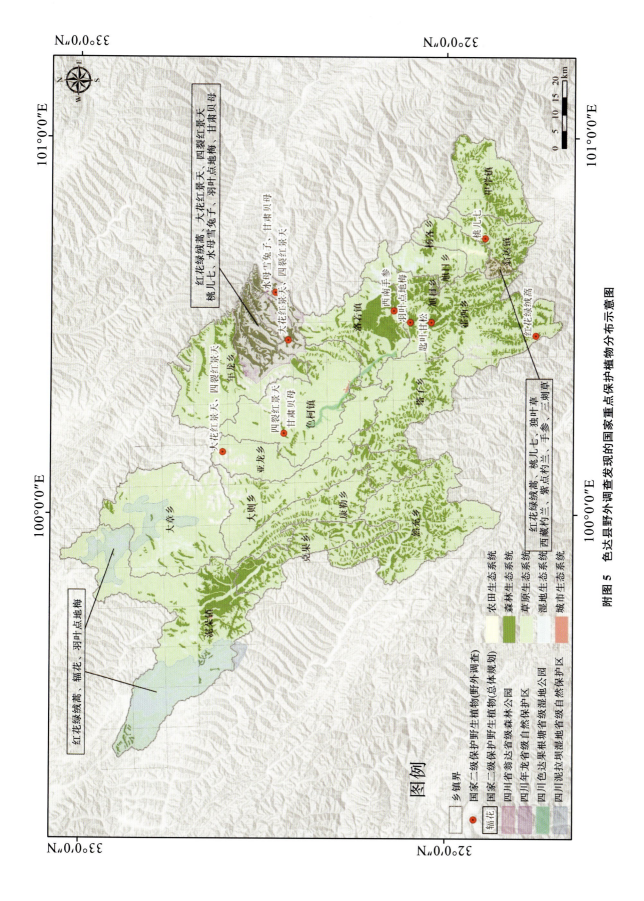

红花绿绒蒿，大花红景天，四裂红景天，
水母雪兔子，羽叶点地梅，甘肃贝母

红花绿绒蒿，大花红景天，
桃儿七，水母雪兔子，甘肃贝母
大花红景天、四裂红景天

四裂红景天、
甘肃贝母

红花绿绒蒿，辐花，羽叶点地梅

西南手参
羽叶点地梅

红花绿绒蒿

红花绿绒蒿，桃儿七，独叶草
西藏杓兰，紫花杓兰，手参，三刺草

图例

乡镇界
国家二级保护野生植物(野外调查)
国家二级保护野生植物(总体规划)
四川省翁达省级森林公园
四川年龙省级自然保护区
四川色达果根塘省级湿地公园
四川泥拉坝湿地省级自然保护区

辐花

农田生态系统
森林生态系统
草原生态系统
湿地生态系统
城市生态系统

附图5 色达县野外调查发现的国家重点保护植物分布示意图

187

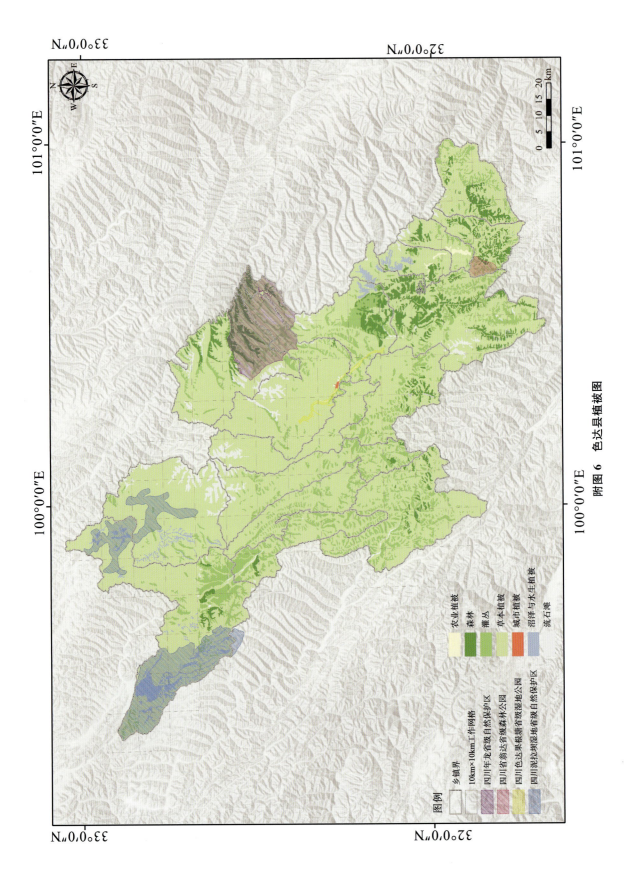

附图6 色达县植被图

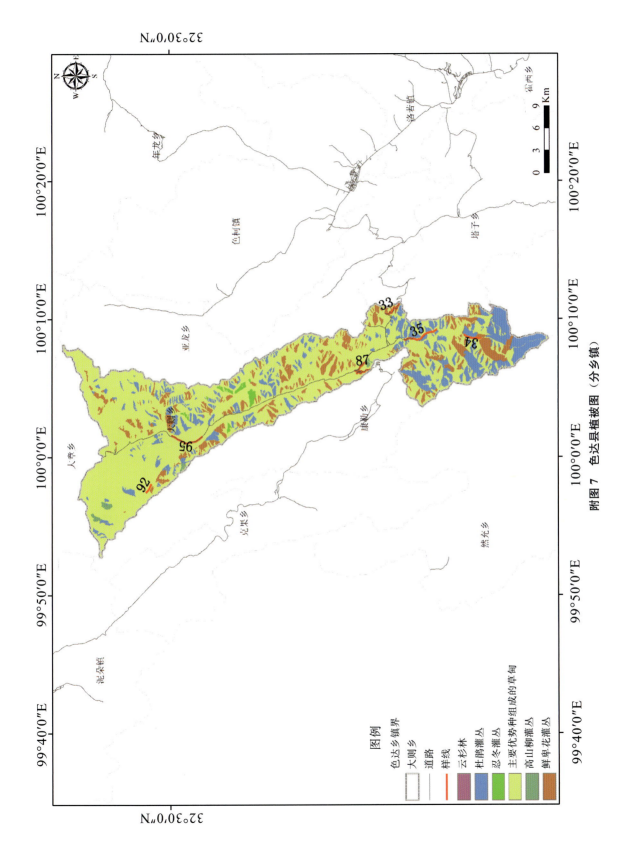

附图 7　色达县植被图（分乡镇）

图例

色达乡镇界
　　大则乡
道路
样线
　　云杉林
　　杜鹃灌丛
　　忍冬灌丛
　　主要优势种组成的草甸
　　高山柳灌丛
　　鲜卑花灌丛

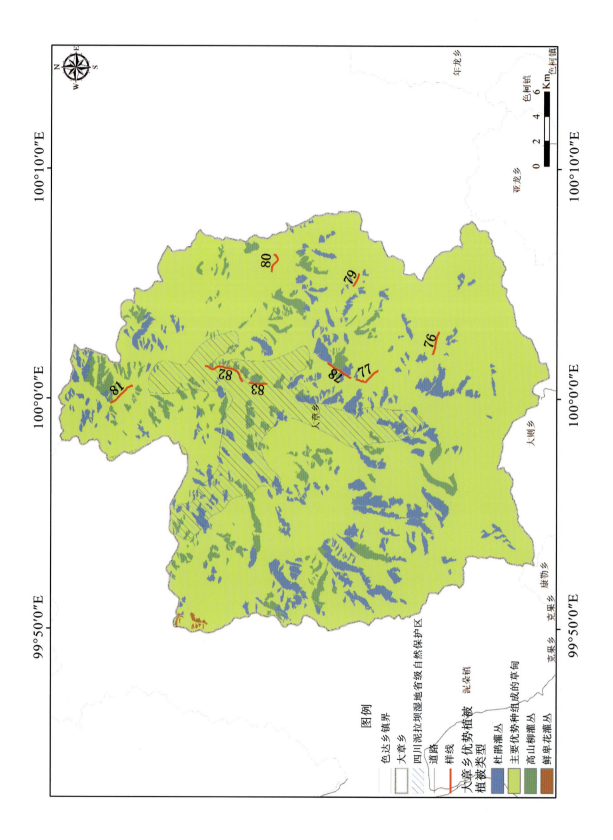

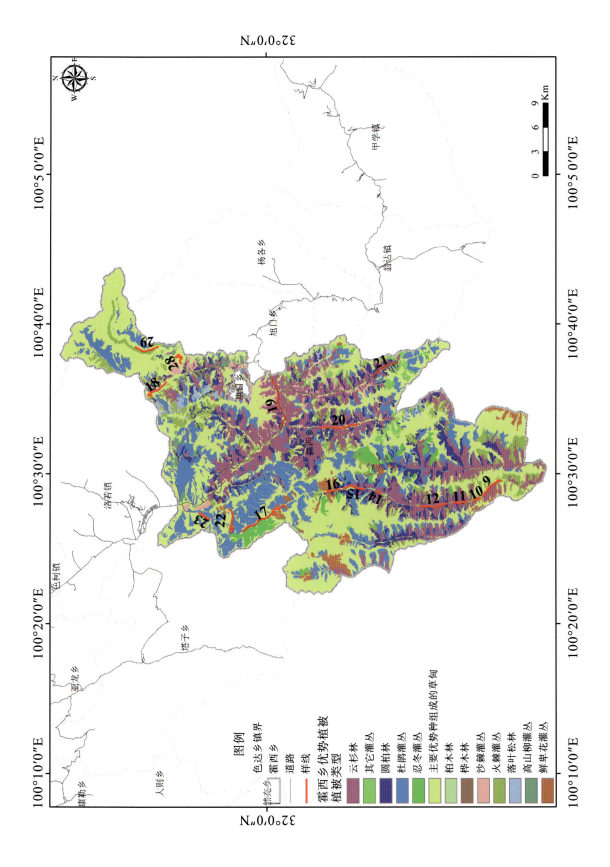

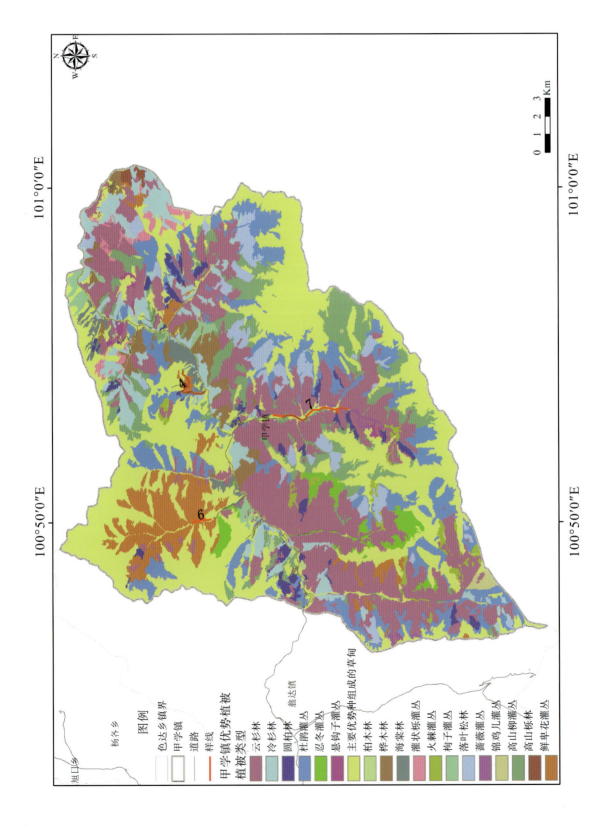

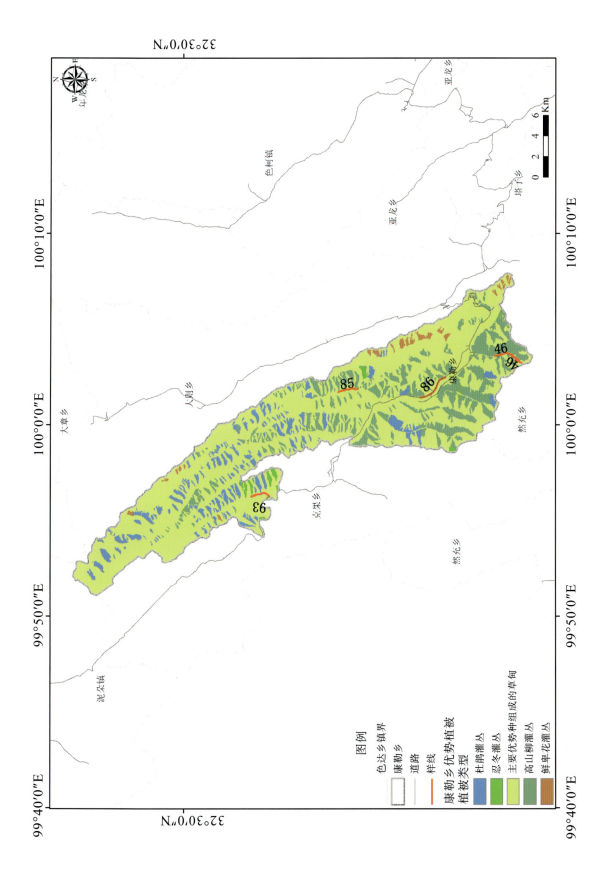

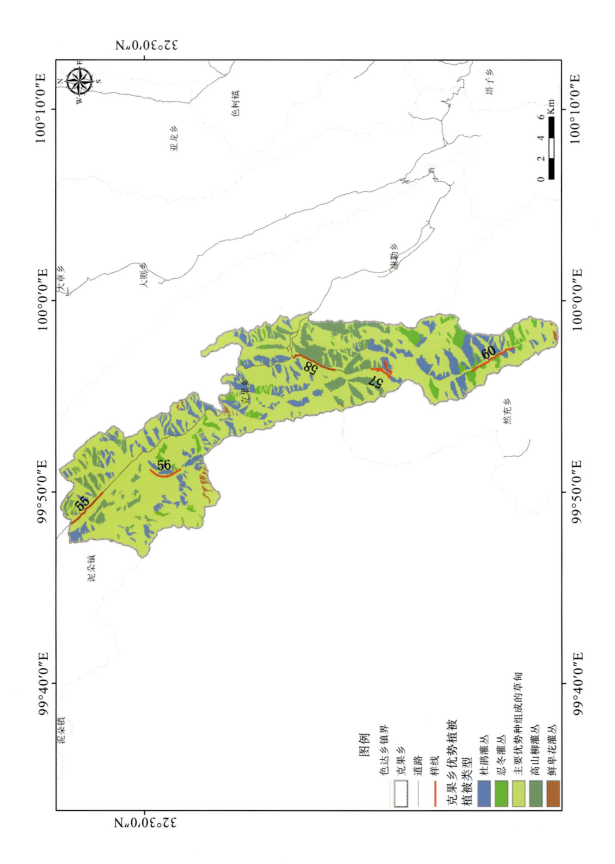

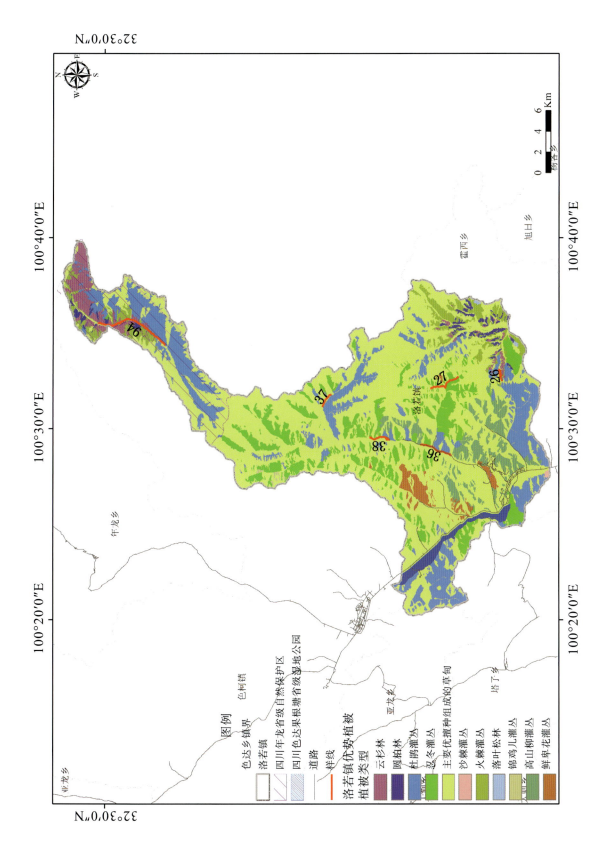

195

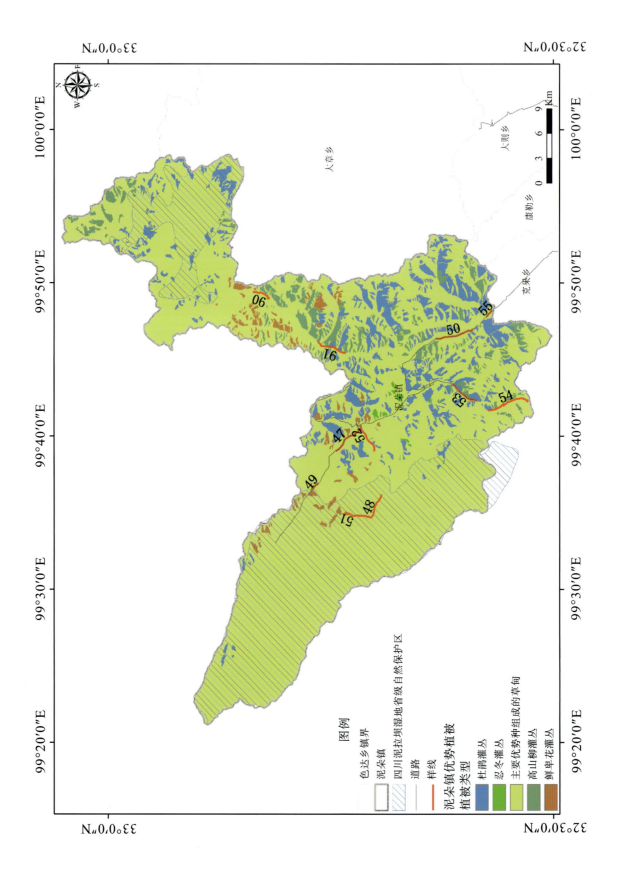

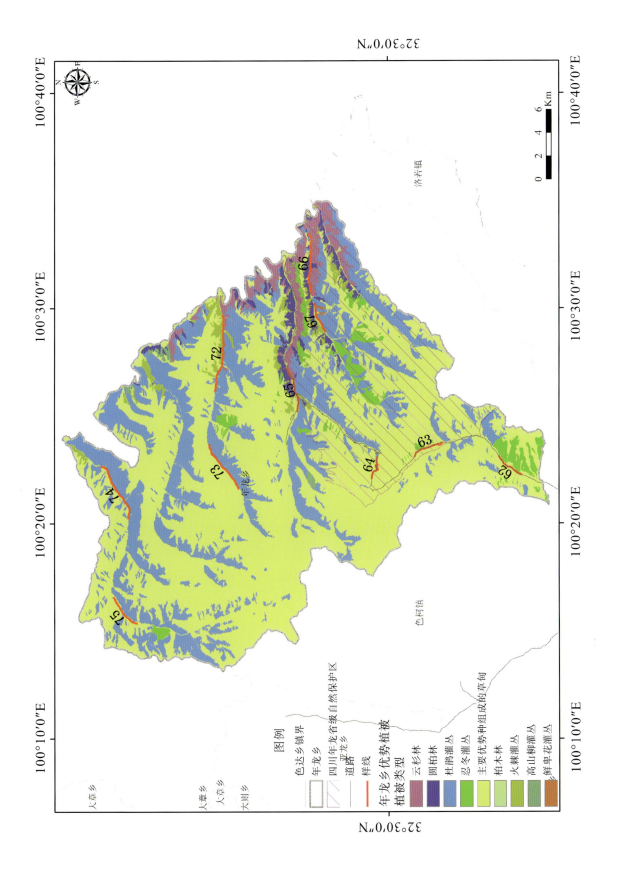

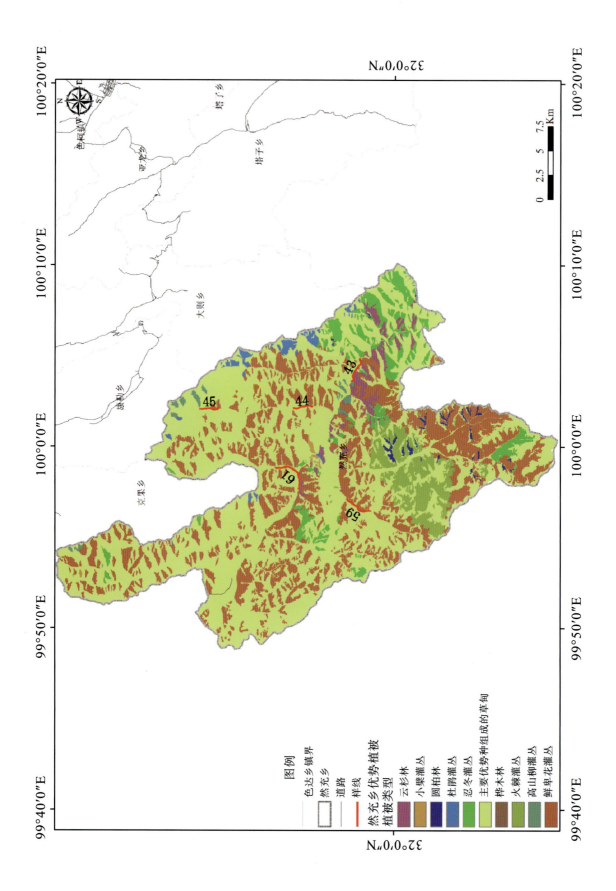

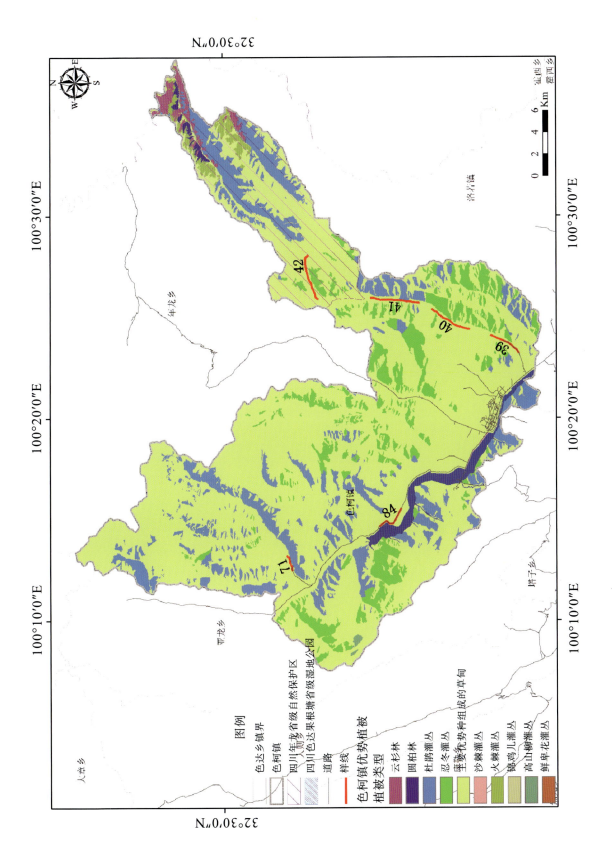

图例

色达乡镇界
色柯镇
四川年龙多省级自然保护区
四川色达果根塘省级湿地公园
道路
样线
色柯镇优势植被

植被类型
云杉林
圆柏林
杜鹃灌丛
忍冬灌丛
莲叶优势种组成的草甸
沙棘灌丛
火棘灌丛
锦鸡儿灌丛
高山柳灌丛
鲜卑花灌丛

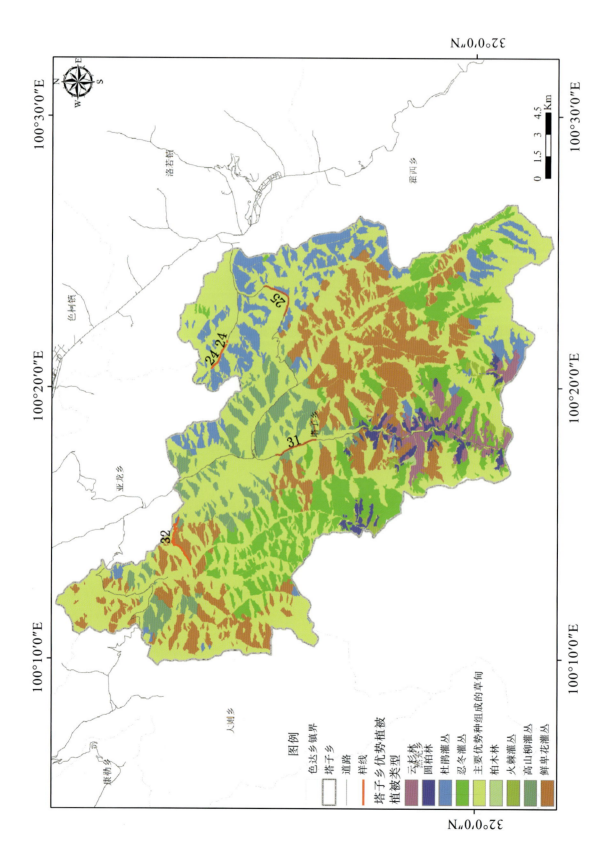

200

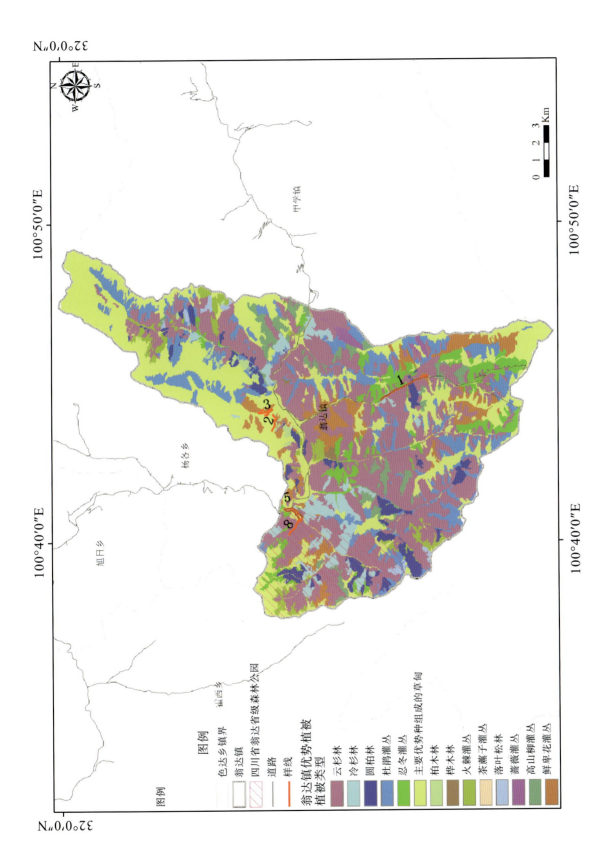

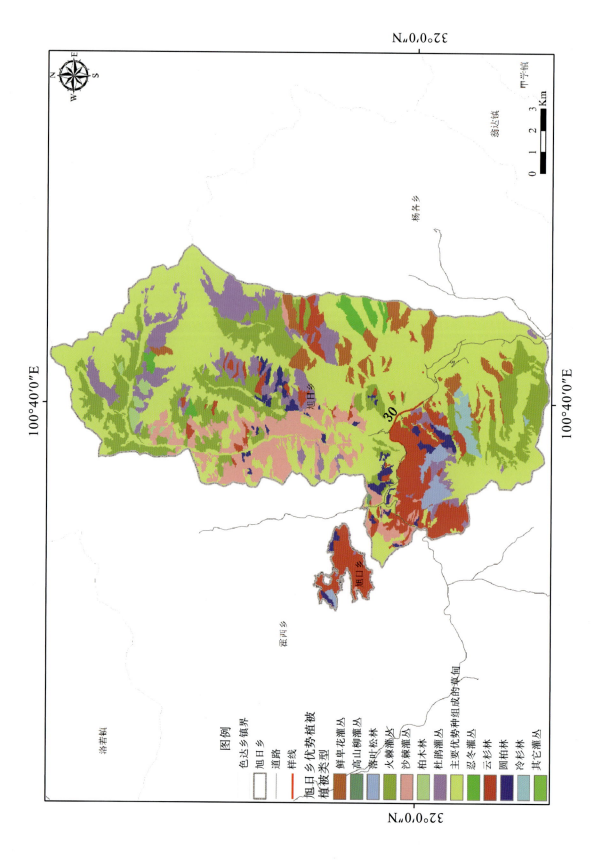

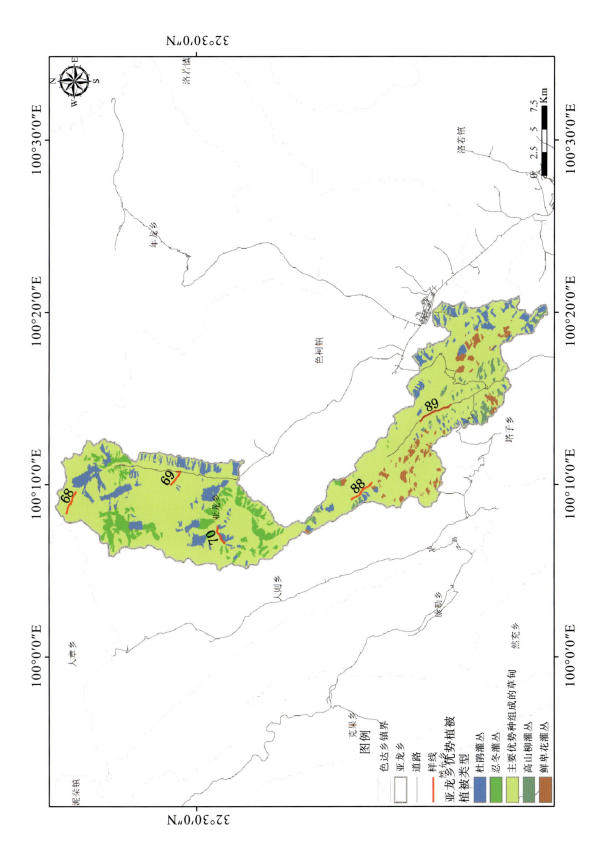

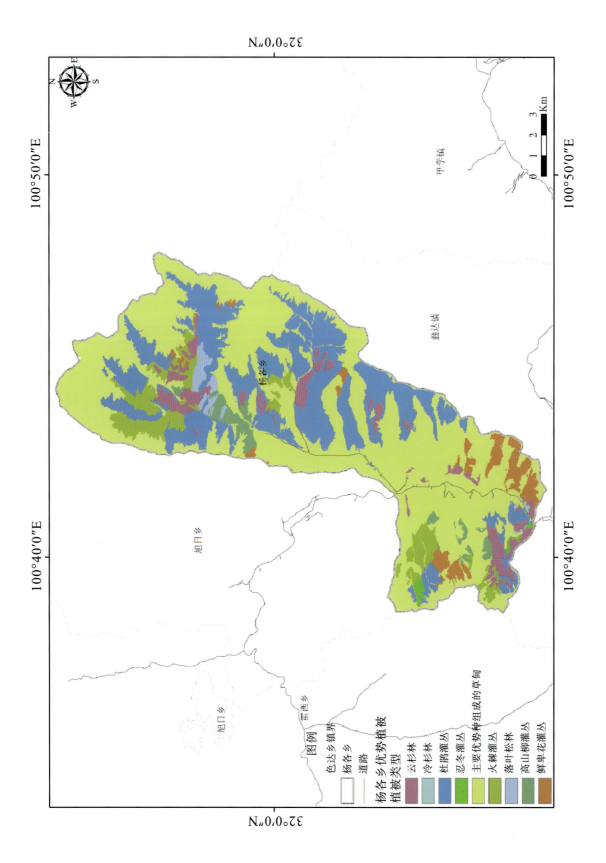

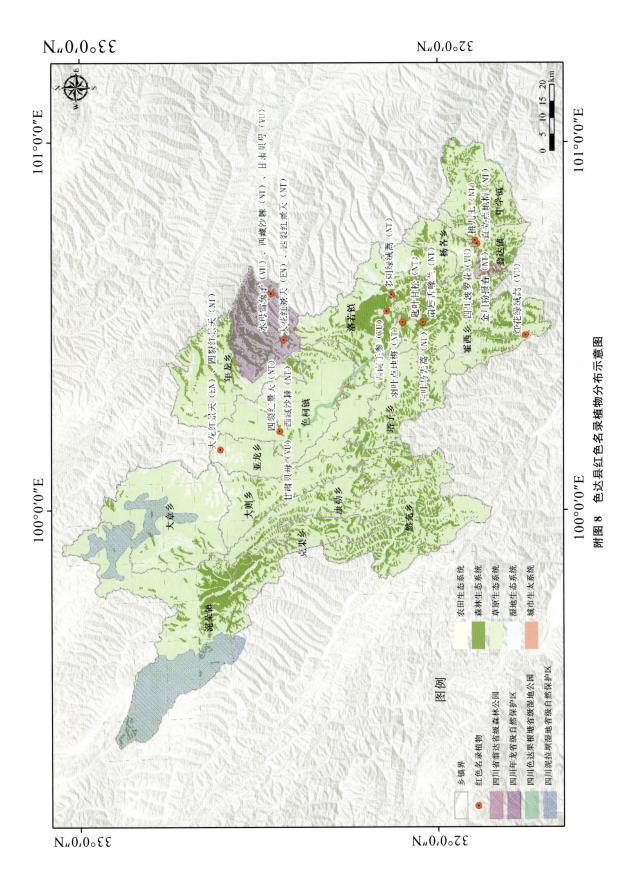

附图 8 色达县红色名录植物分布示意图

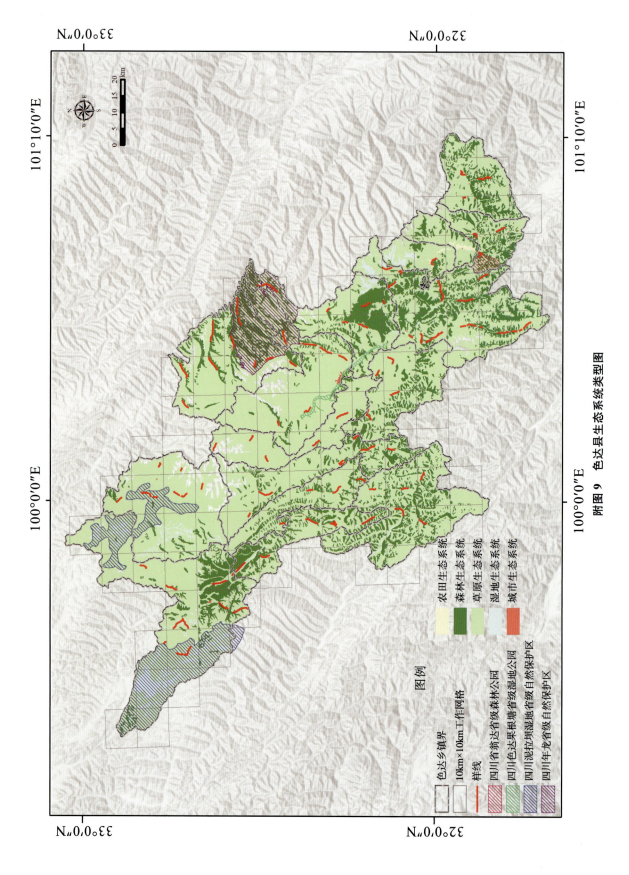

附图 9 色达县生态系统类型图

图例

色达乡镇界

10km×10km工作网格

样线

四川省翁达省级森林公园

四川色达果根塘省级湿地公园

四川泥拉坝省级湿地省级自然保护区

四川年龙省级自然保护区

农田生态系统

森林生态系统

草原生态系统

湿地生态系统

城市生态系统

206